工程测量

（第2版）

主　编　焦亨余

副主编　赵和鸣

重庆大学出版社

内容提要

本书是国家高职示范院校建设单位的核心课程教材。全书共8个学习情境,重点介绍了工程施工放样的基本方法;公路铁路线路的初测、定测、施工测量、纵横断面测量及土石方计算;建筑工程控制测量及施工测量;水利工程施工测量;矿山工程的地面及地下控制测量、中腰线放样、贯通测量方法和贯通误差预计等;最后介绍了变形观测、工程测量课程设计和生产实训。本课程与地形测量、测量平差、大地测量等课程之间联系密切,对培养学生的专业能力和岗位能力具有重要作用。

本书适合高职高专测绘类专业教学使用,也可作为成人教育及中等职业教育的教材,以及相关专业工程技术人员的参考用书。

图书在版编目(CIP)数据

工程测量/焦亨余主编.—2版.—重庆:重庆
大学出版社,2017.1(2024.7重印)
高职高专工程测量技术专业及专业群教材
ISBN 978-7-5624-5247-8

Ⅰ.①工… Ⅱ.①焦… Ⅲ.①工程测量—高等职业教
育—教材 Ⅳ.①TB22

中国版本图书馆 CIP 数据核字(2016)第 313540 号

工程测量

(第2版)

主 编 焦亨余
副主编 赵和鸣

责任编辑:朱开波 李定群 版式设计:朱开波
责任校对:邬小梅 责任印制:张 策

*

重庆大学出版社出版发行
出版人:陈晓阳
社址:重庆市沙坪坝区大学城西路 21 号
邮编:401331
电话:(023)88617190 88617185(中小学)
传真:(023)88617186 88617166
网址:http://www.cqup.com.cn
邮箱:fxk@cqup.com.cn(营销中心)
全国新华书店经销
POD:重庆新生代彩印技术有限公司

*

开本:787mm×1092mm 1/16 印张:19.25 字数:480 千
2017 年 1 月第 2 版 2024 年 7 月第 7 次印刷
ISBN 978-7-5624-5247-8 定价:48.00 元

前言

本书是以围绕国家示范性高等职业院校国家重点建设专业——工程测量技术专业的"以项目导向的工学结合人才培养模式"而制订的《工程测量》课程标准为主要依据，在总结多年教学经验，与企业合作的基础上共同编写而成的。

在教材编写时，为了体现高职教育的特点，满足高职教育培养高技能应用型人才的要求，以掌握典型测绘工程项目的知识和技能为目的，力求做到：概念准确，内容精炼，紧扣人才培养目标；不强调理论知识的系统性，以必需、够用为度，突出理论与实践的一体化。

工程测量是为工程建设服务的，是工程建设的基础和保障。工程测量技术是一门应用技术，随着科学技术的发展，测绘仪器的更新，计算机技术、光电技术和卫星技术在测绘行业的应用，测量方法、要求也在不断变化。本书在介绍传统的理论、方法的同时，也介绍了新仪器、新设备、新方法的应用，删除部分在现在基本不用的传统测量方法、测量手段的内容。全书共分为8个学习情境，主要有工程放样的基本方法、公路铁路工程测量、工业与民用建筑施工测量、地下工程施工测量、水利工程测量、建筑物变形监测和技能训练等内容。

本书由重庆工程职业技术学院焦亨余主编、赵和鸣副主编。长江水利委员会第八勘测院吴尚科、重庆工程职业技术学院的邓军参编，具体编写分工是：绪论、学习情境1、学习情境2、学习情境8、附录由焦亨余编写；学习情境3、学习情境6由邓军编写，学习情境4、学习情境7由赵和鸣编写，学习情境5由吴尚科编写。全书由焦亨余统一修改定稿。

本书在编写过程中参阅了大量文献资料，引用了同类书刊中的部分内容；重庆工程职业技术学院的李天和教授进行了认真细致的审阅，提出了许多宝贵的意见和建议，在此表示衷心的感谢。同时对重庆大学出版社的大力支持表示感谢。

由于编者的水平、时间有限,虽然进行了很大的努力,但书中难免有欠妥和错误之处,敬请专家和读者批评指正。

编　者
2016 年 9 月

目录

绪　论

工程测量是测绘学科的一个重要的分支，是研究地球空间中具体几何实体测量和抽象几何实体测设的理论、方法和技术的一门应用学科。它主要研究在工程建设中，进行地形和有关信息的采集与处理、施工放样、设备安装、变形监测与分析预报等方面的理论和技术，以及与之相关的信息管理与使用，是直接为工程建设服务的学科。

工程测量是为工程建设服务的，由于服务对象众多，因此，它包括的内容非常广泛。按照服务对象来划分，其内容大致可分为：工业与民用建筑工程测量，水利水电工程测量，铁路、公路、管线、电力线路等线型工程测量，桥梁工程测量，矿山测量，隧道及地下工程测量，等等。按照工程建设的顺序和相应作业的性质，可将工程测量的内容分为以下 3 个阶段的工作：

1. 建设工程勘测、规划与设计阶段的工作

工程建设都要经过可行性研究、项目评估、规划设计等工程建设的前期工作。在这个阶段里，测量作为工程建设的基础性工作，要为设计、可行性研究提供各种比例尺的地形图、纵横断面图等测绘资料；大区域的工程建设，要建立测量控制网；还要为工程地质、水文地质勘察和水文检测提供图纸、资料和具体点位；对于一些重要工程、复杂地质条件的地区，要进行上部岩层的稳定性监测等工作。可以说，这个阶段的测量工作是其他工作的基础。

2. 建设工程施工阶段的测量工作

设计好的工程在经过各项审批后，进入施工阶段。施工阶段的测量工作方法和理论是工程测量研究的主要内容，因工程的不同，其测量方法、要求也不同。在这个阶段，测量的主要工作是：根据不同的建设工程，建立不同等级、不同形状的建筑施工控制网；将设计的工程位置标定在现场；设备的安装测量；工程结束后的竣工测量；重要建筑物的变形监测。

3. 建设工程竣工后运营管理阶段的测量工作

建设工程是为了人类的生产、生活服务的，工程建设竣工后，进入运营管理阶段。在这个阶段，需要测绘工程竣工图或进行工程最终定位测量作为工程验收和移交的依据。对于一些大型工程和重要工程，还需对其安全性和稳定性进行监测，为工程的安全运营提供保障。

因此，测量工作贯穿于工程建设的始终。它是各种工程建设必不可少的基础工作和辅助工作。

近年来，随着测绘学科理论、技术和仪器设备的发展，对工程测量理论和方法也起到了变革性的作用。传统的测量方法逐渐被新技术所代替，主要表现在以下 4 个方面：

(1)全站仪的广泛使用。全站仪是全站式电子速测仪的简称,是集测角、测距、存储和运算等多种功能于一体的新型电子仪器。它具有速度快、精度高、存储量大、稳定性好、人为影响小等优点。由于测角和测距的电子化,使得传统的各种平面点位放样方法逐步被极坐标法所取代,改变了各种方法并用的格局。在各种工程建设过程中的施工放样和变形监测等工作中,极大地简化了测量工作,使得测量工作更简单、方便、快速。

(2)GPS 技术的应用。GPS 技术的发展,对于测量工作来说,是革命性的进步,把测量工作由传统的地面平台,发展到了空间;由传统的平面与高程分别测量发展到平面高程一体测量。GPS 技术在测量中的应用,简化了控制测量中点位选择、网线布设、边长限制等方面的要求,使得控制网根据工程特点在布设中更具有灵活性。RTK 技术的应用,改变了传统的碎部点测量、点位放样方法,使施工测量更灵活、更快速。其应用减轻了测量工作的劳动强度,节省了工作时间,提高了工作效率。

(3)激光技术应用。由于激光具有一些优良的特性,因此,激光技术在工程测量领域得到了广泛的应用,开发出各种测量仪器。例如,用于大型建筑工程施工中轴线投测和立井施工定向的激光铅垂仪;在施工场地上应用的激光经纬仪和激光扫平仪;应用于工业设备安装和变形监测的激光准直仪;地下工程掘进中的激光指向仪,等等。总之,这些激光仪器的使用,不仅节约了时间,提高了工效,保证了定线放样的精度,给施工放样工作带来很大的方便,而且为施工测量自动化创造了条件。

(4)计算机技术的应用。目前,计算机已成为测量工作的最优化设计、测量数据处理、自动化成图以及建立各种工程数据库与信息系统的最有效和必不可少的工具。测量的 3 项主要工作是测、绘、算。计算机技术的发展及其在测量中的应用,结合新型测量仪器,使得这 3 项工作已经逐渐融为一体。于 20 世纪 60 年代发展起来的新兴学科 GIS(地理信息系统),为测量工作提供了更好的平台。GIS 是在计算机硬件支持下,对地理空间数据进行采集、输入、存储、操作、分析和建模,以提供对资源、环境及各种区域性研究、规划管理及决策所需信息的人机系统。通过建立有效的数学模型,反映空间地理现象和事物的空间位置特征、属性特征和事态特征;具有区域性、层次性、数据量大和注重空间分析的特点。GIS 作为一个新兴的测绘学科分支,将测量的三维空间扩展到四维将事物由静态扩展到与时间相关的动态,给测绘学科赋予了更大的服务领域、研究内容和发展空间,是测绘学科对计算机应用的进一步发展。

工程测量是应用科学,是以现代测量理论为基础,应用新的测量设备和技术,服务于工程建设。随着测量仪器的不断发展和进步,"3S"集成及与计算机技术的不断融合,将会对工程测量学科的发展产生更大的促进作用。

本学科在测绘学科中占有重要地位,是测绘学科各个专业必学的应用技术。学习本学科,必须具有一定的测量基础知识,如测量学基础、控制测量和测量平差基础。同时,也应对所服务工程的结构、设计、要求等有所了解。在实际工作中,根据不同建筑的特性、要求,采取灵活多样的测量方法,以满足施工的需要。

学习本门课程,要求学习者在掌握必要的基本理论、基本技术的同时,重点掌握本门课程中的基本操作方法,学会根据工程项目最终点位精度要求,做出施工控制测量方法的技术设计,并能够依据技术设计进行施工测量。

学习情境 **1**
工程放样的基本方法

教学内容

主要介绍角度、长度、高程的放样方法和步骤,以及平面点位的放样方法和操作步骤,放样数据的计算,放样精度的计算和放样方法的选择。

知识目标

能正确陈述角度放样、长度放样、高程放样、极坐标法放样平面点位、直角坐标法放样点位、角度交会法放样点位的方法和操作步骤。

技能目标

能熟练操作经纬仪、全站仪和水准仪进行角度、长度、高程和平面点位的放样;能熟练地计算放样数据;能进行工程点位的标定工作;能进行放样精度估算,选择放样方法和仪器等。

学习导入

任何一项工程都需要经过"设计—施工—验收—运营管理"4个阶段。工程测量也不例外,在接受一项工程测量任务后,首先要根据工程的性质、精度要求、工期要求等,做一个技术设计,包括基本控制测量、施工测量、变形监测和竣工验收测量4个部分;经有关部门批准后,进入施工阶段;工程完工后要工程验收测量,如竣工图测绘,重要点位的检查;运营管理阶段常把重要的工业、民用建筑物的变形监测。本章要介绍的内容是施工测量阶段的主要测量方法。

测绘是将地面上的地物或地貌的位置测量完后用固定的符号在图纸上描绘出来。与测绘完全不同,放样又称为测设,是将图纸上设计好的建(构)筑物的平面和高程位置在实地标定出来。因此,在进行施工放样时,要具有高度的责任心,一旦出现差错,将严重影响建设工程的质量,给建设工程造成巨大的经济损失甚至人员的伤亡。工程测量也要遵循"先整体后局部,先控制后碎部,先高级后低级"的测量工作基本原则。

放样要素由放样依据、放样数据和放样方法3个部分组成。放样的依据是指放样的起始点位和起始方向,是已知的;放样数据是指为得到放样结果所必需的,在放样过程中所使用的数据,是由工程设计部门给定或由图中获得的;放样方法是根据待放样结果及其精度要求所设计的操作过程和所使用的仪器,是由有关部门设计的。

放样的基本内容按位置划分,可分为平面位置放样和高程放样;按结果划分,可分为角度放样(方向放样)、长度放样、高程放样和点位放样;按照放样的过程和精度划分,又可分为直接放样和归化放样。直接放样是根据放样依据与放样结果的几何位置关系,直接放样出实地位置;归化放样是直接放样后,对其进行精确测量,改化其与待定点之间的差值。其过程为"直接放样—精确测量—差值计算—位置改化"。归化放样的精度高于直接放样的精度。

建设工程对施工放样的精度要求取决于建设工程的重要程度。例如,金属或木质结构的高于砖结构的,砖混结构的高于土质结构的;有连接设备的高于无连接设备的;永久性的高于临时性的;装配式的高于整体式的。影响最终位置精度的因素有放样精度、施工精度和构件制作精度;放样精度取决起始数据等级、放样数据来源和放样方法,其中放样数据可由两种方法获取:一是设计给数据,二是图上量取数据。一般来说,图上量取数据的精度较低。局部的相对位置关系在工程放样中尤为重要。

为了达到放样的目的和精度要求,放样前,应做好如下准备工作:

(1)熟悉建设工程的具体设计和细部结构,确定建筑物的主轴线和重要点位的分布及相互关系。

(2)了解现场施工条件、基本控制点分布状况和位置关系。

(3)研究放样方案,计算放样数据,预计放样精度,绘制放样略图。

子情境 1   角度放样

角度放样又称为方向放样(指水平角或水平方向),是在一个已知方向上的端点设站,以该方向为起始方向,按设计转角放样出另一个方向。

一、放样方法

角度放样根据不同的精度要求分为直接放样和归化放样。

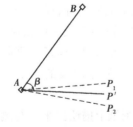

图 1-1   角度放样示意图

1.直接放样

如图 1-1 所示,A 和 B 为相互通视的已知点,欲在 A 点放样另一已知方向 AP。其具体步骤如下:

(1)在 A 点安置经纬仪,以正镜位置照准 B 方向,水平度盘置数为零。

(2)计算放样角值 β,β 角为 $\angle BAP$ 的值,即

$$\beta = \alpha_{AP} - \alpha_{AB} \qquad (1\text{-}1)$$

(3)顺时针转动照准部,使度盘读数为 β,制动照准部,在此方向线上距离 A_S(大小可根据实际情况确定)处确定一点 P_1。

（4）倒镜照准 B 方向，度盘置数为 $180°00'00''$，顺时针转动准部，使度盘读数为 $180°+\beta$，在视线方向上距 A 点 S 处确定一点 P_2。

（5）连接 P_1P_2，取中点 P'，则 AP' 即为待放样方向。$\angle BAP'$ 为放样的角。

直接放样法一般用于精度要求不高的角度（方向）放样。

2. 归化放样

当放样的角度（方向）精度要求较高时，可采取归化放样法。

将 P' 点作为过渡目标，精确测量 $\angle BAP'$ 的值，比较其与 β 的差值，并改正这一差值。如图 1-2 所示，具体步骤如下：

（1）先用直接放样法放样出 $\angle BAP'$，精确测量 $\angle BAP'$，得到其测量值为 β'，则

$$\Delta\beta = \beta' - \beta \tag{1-2}$$

（2）计算差值：

若 $\Delta\beta < 0$，角度放小了；若 $\Delta\beta > 0$，角度放大了，分别向外（向内）改化该角。由于 $\Delta\beta$ 很小，直接改化角度受仪器精度、操作过程的影响较大，因此，可以采用线量改正法。

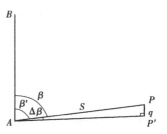

图 1-2　线量改化示意图

令 q 为线量改正值，则

$$q = \frac{\Delta\beta}{\rho}S \tag{1-3}$$

其中，$\rho = 206\ 265''$。

（3）在 P' 点作 AP' 的垂线，在垂线上由 P' 点起，按 $\Delta\beta$ 的符号向内（向外）量取 q 值，端点为 P，则 AP 方向即为待定方向，$\angle BAP$ 即为待放样的角 β（见图 1-2）。

为检验该角的正确性，可以测量 $\angle BAP$ 的值，若不满足精度要求，可以进一步改化。

二、角度放样精度

直接放样角度可视为是一个测回放样角度，其精度只与仪器的等级有关，归化放样角度时，由于是对直接放样的角度进行了观测，已经不存在直接放样角度的精度问题，因此只考虑归化过程的精度。按照归化放样的过程，其误差有两个来源：一是精确测量 β' 的测量误差 $m_{\beta'}$，二是改化 q 的误差 m_q。产生的角度误差 $m_{\Delta\beta}$，即由于改化 $\Delta\beta$ 产生的 $m_{\Delta\beta}$。令放样误差为 M，则有

$$M^2 = m_{\beta'}^2 + m_{\Delta\beta}^2 \tag{1-4}$$

将式（1-3）变换为

$$\Delta\beta = \frac{q}{S}\rho \tag{1-5}$$

对式（1-5）进行微分，得

$$\frac{\mathrm{d}\Delta\beta}{\Delta\beta} = \frac{\mathrm{d}q}{q} - \frac{\mathrm{d}S}{S} \tag{1-6}$$

转化为中误差式，得

$$\left(\frac{m_{\Delta\beta}}{\Delta\beta}\right)^2 = \left(\frac{m_q}{q}\right)^2 + \left(\frac{m_S}{S}\right)^2 \tag{1-7}$$

式中　m_S——量距误差；

　　　m_q——线量改化 q 的误差；

　　　$m_{\Delta\beta}$——由 m_q 产生的角度误差。

在同一工程中,量边的精度一般是相同的,故认为

$$\frac{m_q}{q} = \frac{m_S}{S} \tag{1-8}$$

综合式(1-7)和式(1-8)得

$$\frac{m_q}{q} = \frac{1}{\sqrt{2}} \frac{m_{\Delta\beta}}{\Delta\beta} \tag{1-9}$$

$$\frac{m_S}{S} = \frac{1}{\sqrt{2}} \frac{m_{\Delta\beta}}{\Delta\beta} \tag{1-10}$$

将式(1-5)代入式(1-9)得

$$m_q = \frac{m_{\Delta\beta} S}{\sqrt{2}\rho} \tag{1-11}$$

令 $m_{\Delta\beta} = \frac{1}{k} m_{\beta'}$,则

$$m_q = \frac{1}{\sqrt{2}k} \frac{m_{\beta'}}{\rho} S \tag{1-12}$$

$$\frac{m_q}{S} = \frac{1}{\sqrt{2}k} \frac{m_{\beta'}}{\rho} \tag{1-13}$$

当 $k \geqslant \sqrt{10}$ 时,$m_{\Delta\beta}$ 只有 M 的 $\frac{1}{10}$,可以略去 $m_{\Delta\beta}$ 的影响,认为 $M \approx m_{\beta'}$。

由上式可以看出:

(1)归化精度的高低与边长 S 的长度有关,在 $m_{\beta'}$ 不变的情况下,若 S 较大,则对 m_q 的要求较低;反之,若 S 较小,则对 m_q 的要求较高。

(2)$\frac{m_q}{S}$ 与 $m_{\beta'}$ 成正比,与 $\Delta\beta$ 成反比。即若量边精度低,则对测角的精度要求高。

由此可见,角度(方向)放样的精度主要取决于角度测量的精度。

三、误差分析

1. 测角误差的来源

对于光学经纬仪来说,水平角的观测误差包括:仪器对中误差 $m_{中}$,目标偏心误差 $m_{目}$,仪器误差 $m_{仪}$,外界环境影响误差 $m_{外}$ 和观测误差 $m_{观}$,即

$$m_{\beta'} = \pm \sqrt{m_{中}^2 + m_{目}^2 + m_{仪}^2 + m_{外}^2 + m_{观}^2}$$

2. 测角误差分析及计算

1)仪器对中偏差引起的测角误差 $m_{中}$

假设没有目标偏心存在,仅有测站对中误差 $e_{中}$,如图 1-3 所示,欲测量 $\angle A_0 C_0 B_0 = \beta_0$,因存在对中误差而实际测得 $\angle A_0 C B_0 = \beta$,过 C 点分别作平行线 $CA' \text{//} C_0 A_0$,$CB' \text{//} C_0 B_0$,得

$$\beta_0 + \delta_A = \beta + \delta_B$$

$$\Delta\beta = \beta_0 - \beta = \delta_B - \delta_A$$

由于 C 点的位置无法确定,故 $e_{中}$ 离开 $C_0 A_0$ 方向的夹角 θ 的变化范围为 $0° \sim 360°$,可以有 n 个 $\Delta\beta$,$\Delta\beta$ 是 $e_{中}$ 和 θ 的函数,即

$$n = \frac{2\pi}{\mathrm{d}\theta}$$

对中产生的测角中误差可表示为

$$m_{中}^2 = \frac{\Delta\beta^2}{n} = \frac{(\delta_B - \delta_A)^2}{n} \tag{1-14}$$

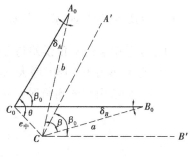

图 1-3 对中误差示意图

由图 1-3 可知:

$$\delta_A = \frac{e_{中}}{b}\rho \, \sin\theta$$

$$\delta_B = \frac{e_{中}}{a}\rho \, \sin(\theta - \beta_0)$$

则

$$\delta_B - \delta_A = -\rho e_{中}\left[\frac{1}{a}\sin(\beta_0 - \theta) + \frac{1}{b}\sin\theta\right]$$

将 $n = \dfrac{2\pi}{\mathrm{d}\theta}$ 代入式 (1-14) 中,并用积分形式表示,即

$$m_{中}^2 = \frac{\rho^2 e_{中}^2}{2\pi}\left\{\frac{1}{a^2}\int_0^{2\pi}\sin^2(\beta_0 - \theta)\,\mathrm{d}\theta + \right.$$

$$\left. \frac{2}{ab}\int_0^{2\pi}\sin(\beta_0 - \theta)\sin\theta \cdot \mathrm{d}\theta + \frac{1}{b}\int_0^{2\pi}\sin^2\theta \cdot \mathrm{d}\theta\right\}$$

式中

$$\int_0^{2\pi}\sin^2(\beta_0 - \theta)\,\mathrm{d}\theta = \pi$$

$$\int_0^{2\pi}\sin^2(\beta_0 - \theta)\sin\theta \cdot \mathrm{d}\theta = -\pi\cos\beta_0$$

$$\int_0^{2\pi}\sin^2\theta \cdot \mathrm{d}\theta = \pi$$

则

$$m_{中}^2 = \frac{\rho^2 e_{中}^2}{2}\left(\frac{1}{a^2} + \frac{2\cos\beta_0}{ab} + \frac{1}{b}\right)$$

$$= \frac{\rho^2 e_{中}^2}{2a^2 b^2}(a^2 + b^2 + 2ab\cos\beta_0)$$

$$m_{中} = \pm\frac{\rho e_{中}}{\sqrt{2}ab}\sqrt{a^2 + b^2 + 2ab\cos\beta_0} \tag{1-15}$$

由式 (1-15) 可知:

(1) 当 $\beta_0 = 180°$ 时,$\cos\beta_0 = -1$,$m_{中} = \pm\dfrac{\rho'' e_{中}}{\sqrt{2}ab}(a - b)$。

(2) 当 $\beta_0 = 90°$ 时,$\cos\beta_0 = 0$,$m_{中} = \pm\dfrac{\rho'' e_{中}}{\sqrt{2}ab}\sqrt{a^2 + b^2}$。

（3）当 $\beta_0 = 0°$ 时，$\cos \beta_0 = 1$，$m_{中} = \pm \dfrac{\rho'' e_{中}}{\sqrt{2}ab}(a+b)$。

对中误差引起的测角误差与夹角的边长成反比，边越长，对中误差对测角的影响越小；与所测角度有关，β 在 $0 \sim 180°$ 增大，$m_{中}$ 也增加。

2）目标偏心引起的测角误差 $m_{目}$

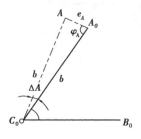

如图 1-4 所示，假设 C_0 点没有对中误差，B_0 点也没有目标偏心差，A_0 点目标偏心距为 e_A。由于 A_0 对目标的方向影响值为 ΔA，且 ΔA 随 φ_A 的大小不同而变化，而 φ_A 是随 e_A 的大小及位置而变化，可以认为 e_A 是 φ_A 的函数，φ_A 的变化范围为 $0° \sim 360°$，则

$$n = \frac{2\pi}{d\varphi_A}$$

产生了 n 个 ΔA，用测角中误差表达为

$$m_A = \pm \sqrt{\frac{(\Delta A \cdot \Delta A)}{n}}$$

图 1-4 偏心误差示意图

如图 1-4 所示，按正弦定理可得

$$\frac{\sin \Delta A}{e_A} = \frac{\sin \varphi_A}{b}$$

因为 ΔA 很小，则

$$\Delta A = \rho \frac{e_A}{b} \sin \varphi_A$$

$$m_A^2 = \frac{(\Delta A \cdot \Delta A)}{n} = \frac{\rho^2}{n} \cdot \frac{e_A^2}{b^2}(\sin^2 \varphi_A) \tag{1-16}$$

以 $n = \dfrac{2\pi}{d\varphi_A}$ 代入式 (1-16)，并用积分式表达为

$$m_A^2 = \frac{\rho^2 e_A^2}{2\pi b^2} \int_0^{2\pi} \sin^2 \varphi_A d\varphi_A$$

式中

$$\int_0^{2\pi} \sin^2 \varphi_A d\varphi_A = \pi$$

故

$$m_A = \frac{\rho'' e_A}{\sqrt{2}b} \tag{1-17}$$

同理，在 B 处，则

$$m_B = \frac{\rho'' e_B}{\sqrt{2}b} \tag{1-18}$$

A，B 两点目标偏心对 C 点角度观测值的影响为

$$m_{目} = \pm \sqrt{\frac{1}{2}\left(\frac{e_A^2}{b^2} + \frac{e_B^2}{a^2}\right)} \tag{1-19}$$

3. 仪器误差引起的测角误差 $m_{仪}$

仪器误差主要是由仪器轴系关系误差和度盘刻划不均匀而产生，主要有竖轴与水准管轴

不垂直、照准部偏心、横轴与竖轴不垂直、视准轴与横轴不垂直、调焦螺旋影响视准轴和度盘刻划不均匀。这些误差可以通过测量方法和校正来尽量减小，但是仍然会有残余误差存在。

4. 外界环境影响的测角误差 $m_{外}$

外界环境影响主要是大气折光、风力、空气透明度低、光照等，虽然在数值上无法计算和估计，但可以用一些方法减小，如选择观测时间、采取防护措施等。

5. 测量方法误差 $m_{观}$

对于光学经纬仪，存在读数误差 m_0 和照准误差 m_{ν}，而对于电子经纬仪和全站仪，只有照准误差 m_{ν}。n 个测回测角，其平均值中误差为

$$m_{观} = \sqrt{\frac{1}{n}(m_{\nu}^2 + m_0^2)} \tag{1-20}$$

$$m_{\nu} = \pm \frac{60''}{\nu} \tag{1-21}$$

式中　ν——望远镜放大倍率。

读数误差 m_0 可由以下两种方法求得：

（1）对于 J6 级经纬仪，其估读数为度盘最小刻划 1′的 0.1 倍，即一般为 6″，取 $m_0 = \pm 3''$。

（2）对于 J2 级及更高级别的仪器来说，通常是两次符合读数，其有互差限差要求，可取互差限差 Δ 的 1/2 作为读数误差。例如，J2 级经纬仪两次符合读数互差限差为 $\pm 3''$，读数误差取 $m_0 = \pm 1.5''$，取整数为 $m_0 \approx \pm 2''$。

【技能训练1】　角度放样

1. 技能训练目标
掌握用经纬仪进行角度放样的步骤和方法。

2. 技能训练的仪器与工具
每组 J6 级经纬仪 1 台（包括三脚架）、测钎两根。

3. 技能训练步骤

（1）指导教师先做示范，讲解原理与要领。

（2）如图 1-5 所示仪器安置（对中整平）于 A 点。

（3）盘左瞄准后视目标 B，度盘归零。

（4）顺转望远镜，转到所需要放样的角度值时（图中 C 方向），固定照准部，然后指挥前视人员在视线上打桩作点。

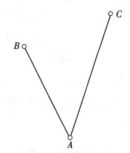

图 1-5　角度放样示意图

（5）盘右照准后视目标，读取读数，加上需要放样的角度值，然后顺转望远镜到这个角度值，固定照准部，指挥前视人员在视线上原桩位上作点；然后将两次的点位分中，此点即为放样的点位。

（6）以上（2）—（5）的步骤是直接法角度放样的全过程，每个学生均应独立操作 1 遍，熟悉角度放样的步骤和方法。

（7）对于归化法放样角度，精确测定由直接法放样出的点位的角值，求出两者之间的差值，再以原点位为准，改正这个差值，重新确定点位。

4. 技能训练基本要求

（1）遵照附录"测量实训的一般要求"中的各项规定。

（2）每组完成用直接法放样一个角度。

（3）完成用归化法放样一个角度。

（4）注意后视瞄准后度盘归零。

（5）注意放样角度值的计算。

5. 上交资料

每位学生的实训报告 1 份。

子情境 2　长度放样

在施工测量中，经常需要在某一已知的方向线上放样出一个长度，从而确定一个点位。长度放样常用的工具有经纬仪、钢尺或测距仪（全站仪），因此，长度放样又可分为钢尺放样和测距仪放样。

一、测距仪（全站仪）放样长度

由于现在一般的测距仪都具有斜距化算平距功能，因此，使用测距仪放样长度的方法很简单。如图 1-6 所示，具体步骤如下：

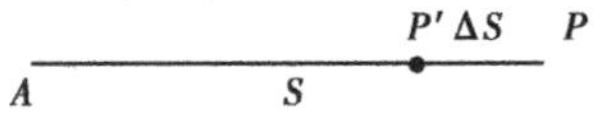

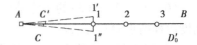

图 1-6　测距仪放样长度

（1）安置测距仪，照准放样方向，将温度、气压输入测距仪中。

（2）在目标方向线上移动反光镜，当平距读数为待放样距离 S 时，固定反光镜。

（3）镜站整平后，在目标方向上平移反光镜到目标方向、距离为待放样值 S 为止，固定反光镜。反光镜中心投影到地面点 P'，此点即为待定点。

（4）若需归化放样，则精确测量该距离，其值为 S'，差值为 $\Delta S = S - S'$。

（5）在 AP' 方向线上，按 ΔS 的符号，向内（外）量取 ΔS，定点 P，则 P 点为最终点位。

在使用测距仪放样长度时，首先要选择仪器的测程，一般要求测距仪的测程应不小于待放样距离的 1.5 倍；其次要了解仪器的性能，使待放样距离在测距仪器最佳测程范围内，使放样结果稳定可靠。最后按仪器的标称精度计算的测距相对中误差应小于该长度的允许相对中误差。

二、钢尺放样距离

1. 钢尺直接放样长度

钢尺直接放样长度一般用于精度要求较低的放样。如图 1-7 所示，钢尺从 A 点起在 AB 方向放样一段长度 S，其长度分解为 n 个整尺段长 S_0 和一个零尺段 S_0'。其具体步骤如下：

（1）在 A 点安置经纬仪，照准 B 方向确定出放样方向线。

（2）以 A 点为起点，在 AB 方向上量取一尺段长度 D_0 到 $1'$ 点；再次从 A 点起在 AB 方向量取一尺段长度 D_0 到 $1''$，取 $1'$ 和 $1''$ 的中间位置定点 1，如图 1-8 所示。

图 1-7　直线定线图

（3）从 1 点起，重复（2）步骤，定出 2 点。以此类推，放样出 n 个整尺段至 N 点。

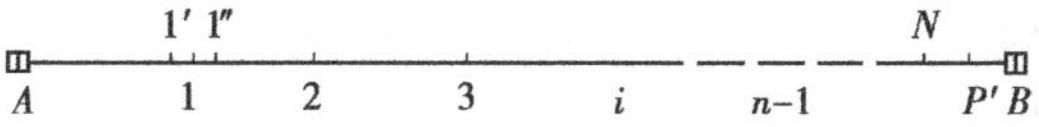

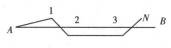

图1-8　钢尺量边分段图

(4)在 N 点沿 AB 方向放样出的长度 S_0'，定出 P' 点，则 AP' 的长度为 S。

在具体放样中，直线定线确定 $1,2,\cdots,N$ 的位置时，由于仪器和人为的因素，使各点不能完全在 AB 的直线方向上，产生了定线误差 Δ，如图1-9所示；Δ 的大小主要取决于经纬仪的照准误差 m_v 和标定误差 m_t，即

图1-9　定线误差影响图

$$\Delta^2 = \left(\frac{m_v}{\rho}S\right)^2 + m_t^2 \tag{1-22}$$

2. 钢尺归化放样长度

当放样精度要求较高时，可以采用归化法放样长度，具体步骤如下：

(1)首先按直接放样法定出 P' 点，精密丈量各个尺段的长度（进行尺长、温度、倾斜改正），$AP' = S'$。

(2)计算 $\Delta S = S - S'$，得到差值。若 $\Delta S > 0$，放样小了，应延长；若 $\Delta S < 0$，放样大了，应缩短。

(3)在 AB 方向，由 P' 点起，按步骤(2)的计算将 P' 点改化到 P 点，则 P 点即为 AB 方向上待定长度 S 的终点，即 $AP = S$。ΔS 一般较小，可以不考虑改化 ΔS 的尺长、温度和倾斜改正。当归化放样的 P 点需要长期使用和保存时，P 点需要埋设永久标志。为了便于埋设，有时人为地增大 ΔS，但当 ΔS 过大时，应考虑对 ΔS 进行尺长、温度和倾斜改正。

三、钢尺放样长度的精度

从放样过程可知，归化放样长度的误差 m_S 主要由两部分产生，即测量 S' 的误差 $m_{S'}$ 和改化 ΔS 产生的误差（包括标定误差）$m_{\Delta S}$，即

$$m_S^2 = m_{S'}^2 + m_{\Delta S}^2 \tag{1-23}$$

若量边的相对中误差为 $\frac{1}{T}$，则

$$m_{S'} = \frac{1}{T}S'$$

$$m_{\Delta S} = \frac{1}{T}\Delta S$$

即

$$m_S^2 = \left(\frac{1}{T}\right)^2 \left(\Delta S^2 + S'^2\right) \tag{1-24}$$

由于 ΔS 很小，ΔS^2 与 S'^2 相比更小，故当 ΔS 很小时，可忽略 $m_{\Delta S}$（一般认为 $m_{\Delta S}$ 小于 3 mm）对 m_S 的影响，取 $m_S \approx m_{S'}$，因此，归化放样长度的精度主要取决于精确测量长度 S' 的精度。

在精密测量边长时，尽管加入了尺长、温度和倾斜改正，但仍然存在残余误差以及其他误差，主要有以下7项：

(1)尺长改正误差（或称为检定误差）$m_{l尺}$。

（2）定线改正误差 m_{ld}。

（3）垂曲改正误差 m_{lf}。

（4）温度改正误差 m_{lt}。

（5）拉力改正误差 m_{lp}。

（6）倾斜改正误差 m_{lh}（或 $m_{l\delta}$）。

（7）钢尺读数误差 m_{l0}。

上述各项误差中，既有偶然误差，又有系统误差，其中（2）（3）项为系统误差，其余 5 项为偶然误差。在施工前进行的技术设计中，无法确定各项误差的具体数值，只能近似地采用等影响原则，即

$$m_{l\text{尺}} = m_{ld} = m_{lf} = m_{lt} = m_{lp} = m_{lh} = m_{l0} = m_l$$

其中，（2）、（3）项误差的影响全部为正，其余的误差有正有负，因此，将（2）、（3）项误差当成一项来考虑，其值为

$$m_{\text{系}} = m_{ld} + m_{lf} = 2m_l \qquad (1\text{-}25)$$

偶然误差为

$$m_{\text{偶}}^2 = m_{l\text{尺}}^2 + m_{lt}^2 + m_{lp}^2 + m_{lh}^2 + m_{l0}^2 = 5m_l^2 \qquad (1\text{-}26)$$

一尺段的总误差 m_0 为

$$m_0^2 = m_{\text{系}}^2 + m_{\text{偶}}^2 = (2m_l)^2 + 5m_l^2 = 9m_l^2$$

$$m_0 = 3m_l \qquad (1\text{-}27)$$

同时，丈量边长时，每一整尺段长 l_0 的误差 m_0 应保证

$$\frac{m_0}{l_0} \leq \frac{1}{T} \qquad (1\text{-}28)$$

式中 $\dfrac{1}{T}$——量边的相对中误差；

l_0——一整尺段的长度。

由式（1-27）和式（1-28），可得

$$\frac{m_l}{l_0} \leq \frac{1}{3T} \qquad (1\text{-}29)$$

影响一尺段长度测量的各单项相对中误差应不超过 $\dfrac{1}{3T}$，对于全长 S 而言也如此，可按此精度要求来对距离测量的误差及方法进行预计。

【技能训练 2】 距离放样

1. 技能训练目的

掌握用经纬仪配合钢尺和测距仪进行距离放样的方法和步骤。

2. 技能训练仪器与工具

每组借领 DJ6 经纬仪 1 台（包括三脚架），50 m 钢尺 1 把，记录板 1 块，三角板 1 副，木桩若干，铁钉若干，红、蓝铅笔各 1 支。

3. 技能训练步骤

（1）指导教师先做示范，讲解原理与要领。

（2）仪器安置（对中整平）。

（3）直线定线。

（4）分段丈量（用测距仪时，先粗测距离）。

（5）当丈量的距离与放样的距离相等时，定点。

（6）当用归化法时，先在放样方向上精确测定一段距离 S'。

（7）计算丈量值与放样值 S，求出差值 ΔS。在视线上丈量 ΔS，定出点位。

4. 技能训练基本要求

（1）遵照附录"测量实训的一般要求"中的各项规定。

（2）完成用经纬仪、钢尺进行一段距离的放样。

（3）完成用测距仪进行一段距离的放样。

（4）读数时，前后应该同时进行。

（5）当超过 1 尺段时，分段丈量的长度之和要计算正确。

（6）丈量应该串尺进行，两次丈量之差不超过 5 mm。

5. 上交资料

（1）各组的记录手簿 1 份。

（2）每位学生的实训报告 1 份。

子情境 3　高程放样

高程放样工作主要采用几何水准的方法，有时采用三角高程测量来代替。在向高层建筑物和井下坑道放样高程时，还要借助于钢尺和测绳来完成高程放样。

应用几何水准的方法放样高程时，首先应在作业区域附近有已知高程点；若没有，应从已知高程点处以必要的精度引测一个高程点到作业区域，并埋设固定标志。该点应有利于保存和放样，且应满足只架设一次仪器就能放出所需的高程。

一、高程放样的方法

1. 视线高法

根据已知水准点的高程，放样设计高程的方法如图 1-10 所示，具体步骤如下：

（1）在待定点 B 处（平面位置）钉一木桩，在 A，B 中间的等距离处安置一台水准仪，已知高程 H_A，H_B，确定放样点 B 点位置，在 A 点立尺，读数为 a_1。

（2）计算放样数据

$$b_1 = H_A + a_1 - H_B \tag{1-30}$$

在 B 点上靠桩立尺，上下移动水准尺，当读数为 b_1 时，标注尺底的位置 P_1。

（3）变换仪器高，读取 A 点尺读数为 a_2，计算出放样数据 b_2，照准 B 点水准尺，上下移动水准尺，当读数为 b_2 时，标注尺底的位置 P_2。

（4）取两次标注的中间位置 P，用红油漆画成"▼"符号，此位置的高程即为 H_B，"▼"的上部即为 B 点高程位置。

【例 1-1】　如图 1-10 所示，A 为水准点，$H_A = 75.678$ m，B 为需放样的点，设计高程为 $H_B =$

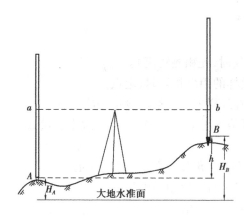

图 1-10　一测站放样高程点

75.828 m,若后视读数 $a = 1.050$ m,试求 B 点尺读数。

解　$b_{应} = H_A + a - H_B = 75.678$ m $+ 1.050$ m $- 75.828$ m $= 0.900$ m

如果地面坡度较大,无法将设计高程在木桩顶部或一侧标出时,可立尺于桩顶,读取桩顶前视读数,根据下式计算桩顶改正数:

桩顶改正数 = 桩顶前视 − 应读前视

假如应读前视读数为 1.600 m,桩顶前视读数是 1.150 m,则桩顶改正数为 − 0.450 m,表示设计高程的位置在自桩顶向下量 0.450 m,可在桩顶上注明"向下 0.450 m"即可。如果改正数为正,说明桩顶低于设计高程,应自桩顶向上量改正数得设计高程。

2. 高程传递法

当开挖较深的基槽,将高程引测到建筑物的上部时,由于水准点与测设点之间的高差很大,无法用水准尺测定点位的高程,此时应采用高程传递法,即用钢尺和水准仪将地面水准点的高程传递到低处或高处上设置的临时水准点,然后根据临时水准点测设所需的各点的高程。

如图 1-11 所示,已知水准点 A 的高程 H_A,深基坑内 B 点的设计高程为 H_B。其具体步骤如下:

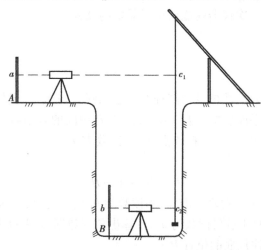

图 1-11　水准仪结合钢尺放样示意图

(1)首先,将钢尺悬挂在坑边的木杆上,下端挂约 10 kg 的重锤,使其自由铅垂。

(2)待钢尺稳定后,在地面已知点 A 和钢尺中间以及坑下钢尺与待定点之间分别安置水准仪。

（3）地面仪器精确整平后分别读取 A 点尺读数 a 和钢尺上刻划 c_1。

（4）坑下精确整平水准仪，读取钢尺上刻划 c_2。

（5）计算前视读数 $b = H_A + a - (c_1 - c_2) - H_B$。

（6）在 B 点做一标志，水准尺靠紧标志，并上下移动。当尺的读数为 b 时，紧靠尺底在标志上画一横线，此横线即为待定点 B 的位置。为求醒目，一般用红油漆画成"▼"符号。

为了检核，地面、坑下分别重新安置水准仪，重复上述步骤，再放样一次，取两次位置的中间位置为待定点 B 的高程位置。注意，地面和坑下水准仪读钢尺刻划时同时进行，$c_1 - c_2$ 较大时，应对钢尺进行尺长、温度、拉力和自重改正，之后确定 B 点位置。

二、高程放样精度分析

1. 几何水准测量误差

几何水准测量中，当不考虑起算点，则主要是前后视读数之中误差，而产生读数中误差 m_0 的因素有：

（1）水准仪和水准尺的质量，即望远镜的放大倍率和水准管的分划值，以及水准尺的刻划精度。

（2）测量时外界条件，如空气的透明度、折光等。

（3）器至水准尺的距离。

上述 3 个方面因素的综合影响主要表现在：

①由于照准水准尺的照准误差 Δ 引起的读数误差 m_ν；

②由于仪器水准管轴整平误差 τ 引起的读数误差 m_τ。

因此，读数中误差为

$$m_0 = \pm \sqrt{m_\nu^2 + m_\tau^2} \tag{1-31}$$

若仪器至水准尺的距离为 l 时，由照准误差 Δ 引起的读数误差 m_ν 为

$$m_\nu = \pm \frac{\Delta''}{\rho''} l$$

同经纬仪的情况一样，水准仪的照准误差 Δ'' 也可取：

$$\Delta'' = \pm \frac{60''}{\nu}$$

式中　ν——望远镜的放大倍率，则

$$m_\nu = \pm \frac{60''}{\nu \rho''} l \tag{1-32}$$

安置水准仪的基本要求是，仪器的视准线为一条水平直线。仪器的整平误差 m_τ 主要受到水准管的分划值 τ 的影响，如果水准仪至水准尺距离为 l，水准管气泡置于零点的中误差约为 0.1τ，则依照图 1-12，同理可得

$$m_\tau = \pm \frac{0.1\tau''}{\rho''} l \tag{1-33}$$

将式（1-32）和式（1-33）代入式（1-31），得

$$m_0 = \pm \frac{l}{\rho''} \sqrt{\frac{3\,600}{\nu^2} + 0.01\tau^2} \tag{1-34}$$

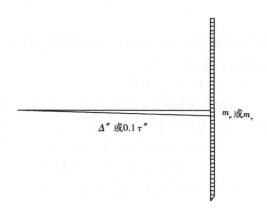

图 1-12 　照准误差引起的读数误差

对于一台水准仪,其望远镜得放大率,与水准管分划值必须相适应,并使水准管分划值有稍高精度,即

$$0.1\tau'' \leqslant \frac{60''}{\nu}$$

如果将上式看作等式,则

$$m_0 = \pm \frac{l}{\rho''}\sqrt{2 \times \frac{3\,600}{\nu}} = \pm 0.000\,4\,\frac{l}{\nu} \tag{1-35}$$

或

$$m_0 = \pm \frac{l}{\rho''}\sqrt{2 \times 0.01\tau^2} = \pm 0.000\,000\,7 l\tau \tag{1-36}$$

如已知水准仪得望远镜放大率或者已知水准管分划值时,则可利用式(1-35)式(1-36)计算出读数中误差。

【例 1-2】 已知水准仪望远镜放大率为 20 倍,而水准仪至水准尺之距离为 50 m 时,试计算其读数中误差。

解 　按式(1-35)可得

$$m_0 = \pm 0.000\,4\,\frac{l}{\nu} = \pm 0.000\,4 \times \frac{50\,000}{20}\ \text{mm} = \pm 1.0\ \text{mm}$$

2. 高程放样误差

通常高程放样的一般方法是用水准仪进行的,其放样高程的误差来源如下:

(1)读数误差 m_0。

(2)标定高程点的误差 m_t。

(3)起算点 A 的误差 m_A。但在建筑场地主要考虑相对误差,一般不考虑该项影响。

高程放样时,需观测后视 A 和前视 B,其读数误差分别为 m_a 和 m_b。一般仪器置于水准点与放样点中间,读数条件相同,故可认为

$$m_a = m_b = m_0$$

因此,放样点 B 的高程精度为

$$m_B^2 = 2m_0^2 + m_t^2 \tag{1-37}$$

当给出允许放样高差中误差时,则读数误差为

$$m_0 \leqslant \pm \sqrt{\frac{m_B^2 - m_t^2}{2}} \qquad (1\text{-}38)$$

【例1-3】　用已选定的 S_3 水准仪进行高程放样,其参数 $\tau = 60''$, $\nu = 10$ 倍,作业的要求初步拟定为: $m_t = \pm 2$ mm,仪器距已知点和放样点分别约为 $l = 50$ m,试预计放样点的高程精度。

解　(1)计算读数误差

$$m_0 = \pm 0.000\ 4\ \frac{l}{\nu} = 0.000\ 4 \times \frac{50\ 000}{10}\ \text{mm} = 2\ \text{mm}$$

(2)计算高程精度

$$m_B = \pm \sqrt{2m_0^2 + m_t^2} = \pm \sqrt{2 \times 2^2 + 2^2}\ \text{mm} = \pm 3.5\ \text{mm}$$

三、场地抄平测量

在施工测量中,往往遇到放样具有同一高程的许多点位,如平整场地、基础施工和梁面水平等,这在施工测量中俗称为"抄平"。

抄平工作除了可以应用上述方法逐点进行高程放样外,为提高放样速度,避免发生读数错误或减少放样时的读数误差影响,通常采用下述简便方法:

(1)如图1-13所示,首先通过已知高程点放出 A 点的高程,作出标记。

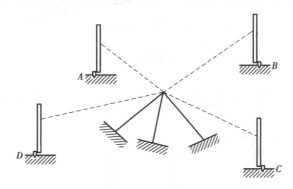

图1-13　场地抄平

(2)在距各抄平点距离均匀的位置刀安置水准仪,在 A 点的标记处立一长 $1.5 \sim 2.0$ m 的木条。

(3)水准仪视线水平时照准木条,指挥在木条上画一水平横线与十字丝横丝重合。

(4)在各个待抄平点 $B, C, D, \cdots$ 立尺,在水准仪不动的情况下,让视线与木条上的横线重合,在木条底部作出标志或对所放样部位采取削平、垫高等措施,即可满足要求。

由于放样时是单向的,而且水准仪距各点距离差不相等,存在 i 角误差的影响。因此,在放样前应对水准仪进行严格的检验校正。

四、斜坡放样

在场地平整、管线、道路、土方施工放样时,经常会有斜坡放样工作,如图1-14所示。 A 点设计高程为 H_A,欲在实地 A, B, C, D 等点的木桩上放样坡度为 i 的坡度线,可采用以下两种方法:

1. 水准仪法

（1）首先应根据设计坡度 i 和放样点至已知高程点之间的水平距离 D，算出放样点的高程 H。如图 1-14 所示，若放样 B, C, D 3 点，则需先求出该 3 点得设计高程 H_B, H_C, H_D。

因为

$$i = \frac{h}{D}$$

所以

$$H_B = H_A + i \cdot D_{AB}$$
$$H_C = H_B + i \cdot D_{BC}$$
$$H_D = H_C + i \cdot D_{CD}$$

上坡时 i 为正，下坡时 i 为负。

（2）利用几何水准测量的方法放样各点高程。

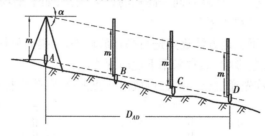

图 1-14　水准仪放样坡度线

2. 经纬仪法

在放样坡度较大时，应用几何水准测量方法放样不方便，可以采用经纬仪法来放样，如图 1-15 所示。

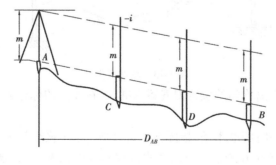

图 1-15　经纬仪放样

（1）在 A 点安置经纬仪，量取仪器高 m，照准线路方向给出竖直角为 i 的设计坡度线。

（2）分别在 B, C, D, $\cdots$ 各点靠控制桩立水准尺，使尺的读数均为 m 作标记，尺底位置的连线即为坡度线。

（3）为消除竖盘指标差，保证放样坡度的准确性，可倒镜重复（2）步，取两次标记的中间位置，定出坡度线。

【技能训练 3】　高程放样

1. 技能训练目标

学习利用几何水准进行高程放样的步骤和作业方法。

2. 技能训练内容

由已知高程点,放样出未知高程点的位置。

3. 技能训练的仪器与工具

每组 DS3 水准仪 1 台(包括三脚架),双面水准尺 1 对,记录板 1 块,方桩(或板桩)若干,斧头(锤子)1 把,油漆 1 小瓶。

4. 技能训练步骤

(1)指导教师先讲解要求和要领。

(2)由指导教师为各组提供水准基点的高程值,待放样点的位置和高程值。

(3)在适当位置架设水准仪,后视已知水准点,读取读数 a,计算出视线高;由放样点高程与视线高,求出前视尺读数 b。

(4)瞄准前视水准尺,指挥前视人员上下移动水准尺,直至读数为 b 时,前视人员在零刻度位置作出标记。

(5)然后再瞄准后尺,读取读数 a',如果 a' 与 a 差值在 2 闭合差允许之内时,则此放样位置为最终位置。

(6)如果一次设站不能放出点位时,必须转站,放样完成后,同样必须返回已知点。

(7)每个学生都应该轮流独立完成观测、记录、计算、作点、立水准尺等工种。

5. 技能训练基本要求

(1)遵照附录"测量实训的一般要求"中的各项规定。

(2)每组完成由已知高程点,放样出 3~4 个未知高程点的位置,并检查。

(3)记录、计算、读数一律取至毫米单位。

(4)注意读数时,必须符合管水准气泡。

(5)记录员听到观测者报数时,必须向观测者回报;同样,计算出数据后,观测者听到计算者报数时,也必须向计算者回报。

6. 上交资料

(1)各组的记录和计算手簿 1 份。

(2)每位学生的实训报告 1 份。

子情境 4　平面点位放样

工程施工测量中,最终的要求是根据已知的控制点来确定一个待定点的位置。平面点位放样最常用的方法有极坐标法、直角坐标法、角度交会法及轴线法等。

一、极坐标法放样

极坐标法放样点位是最常用,也是最简单的一种方法。它是在控制点上测设一个角度和一段距离来确定点的平面位置。此法适用于测设点离控制点较近且便于量距的情况。若用全站仪测设则不受这些条件限制。

1. 放样方法

如图 1-16 所示，A，B 点为控制点，其坐标为 x_A，y_A，x_B，y_B 为已知，P 点为设计的待定点，其坐标为 x_P，y_P。在 A 点利用已知方向点 B，欲将 P 点测设于实地。

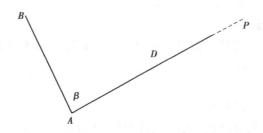

图 1-16　极坐标法放样示意图

1）计算放样元素

极角

$$\left.\begin{aligned} \alpha_{AB} &= \arctan \frac{y_B - y_A}{x_B - x_A} \\ \alpha_{AP} &= \arctan \frac{y_P - y_A}{x_P - x_A} \\ \beta &= \alpha_{AP} - \alpha_{AB} \end{aligned}\right\} \tag{1-39}$$

极距

$$D_{AP} = \sqrt{(x_P - x_A)^2 + (y_P - y_A)^2} \tag{1-40}$$

2）测设 P 点

（1）在 A 点安置仪器，整平对中。

（2）后视 B 点，归零。

（3）顺时针拨 β 角度。

（4）在此方向上量 D_{AP}，确定点的大致位置，打木桩（注意要保证放样的距离和方向都在木桩上）。

（5）在木桩上按正倒镜分中法测设出 β，标出方向线。

（6）然后在此方向上用钢尺或测距仪精确测定距离 D_{AP}，即定出 P 点。

虽然放样元素的计算和实际操作非常简单，但应用此方法放样时为避免出错，必须采取必要的措施进行检校，确保正确无误。

①要仔细校核已知点的坐标和设计点的坐标与实地和设计图给定的数据相符。

②尽可能用不同的计算工具或计算方法两人进行计算。

③用放样出的点进行互相检核。

【**例 1-4**】　如图 1-16 所示。已知 $x_A = 100$ m，$y_A = 100.00$ m，$x_B = 80.00$ m，$y_B = 150.00$ m，$x_P = 130.00$ m，$y_P = 140.00$ m。求测设数据 β，D_{AP}。

解　将已知数据代入式（1-27）和式（1-28），可得

$$\alpha_{AB} = \arctan \frac{y_B - y_A}{x_B - x_A} = \arctan \frac{150.00 - 100.00}{80.00 - 100.00} = 111°48'05''$$

$$\alpha_{AP} = \arctan \frac{y_P - y_A}{x_P - x_A} = \arctan \frac{140.00 - 100.00}{130.00 - 100.00} = 53°07'48''$$

$$\beta = \alpha_{AP} - \alpha_{AB} = 53°07'48'' - 111°48'05'' = -58°40'17''$$

β 为负值,表示逆时针拨角,可加上 360°变为顺时针拨角,则

$$\beta = -58°40'17'' + 360° = 301°19'43''$$

$$D_{AP} = \sqrt{(x_P - x_A)^2 + (y_P - y_A)^2} = \sqrt{(130 - 100)^2 + (140 - 100)^2} \text{ m} = 50.00 \text{ m}$$

2. 精度分析

极坐标法归化放样一个点 P 的误差 m_P 有 4 个方面来源:一是起始点 A 的点位误差 m_A,二是放样误差 $m_{放}$,三是标定误差 $m_{标}$,四是对中误差 $m_{中}$。而在实际工程中,主要是要求工程各部分的相对位置关系,因此,起算点位误差 m_A 一般不考虑。

1)放样误差

放样误差由角度放样误差 m_β 和长度放样误差 m_D 产生,如图 1-17 所示。设 A,B 为已知点,P 为待定点的正确位置。由放样 β 角的误差 m_β 使点位产生横向位移 Δ_1。该误差为偶然误差,位移值与距离 D 大小有关,即

$$\Delta_1 = \pm \frac{m_\beta}{\rho''} \cdot D$$

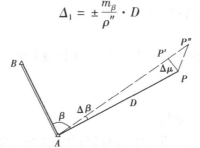

图 1-17　放样角度、距离的误差对放样点位的影响

而放样距离 D 的误差为 m_D,使点位产生纵向位移 Δ_2,即

$$\Delta_2 = m_D$$

角度和距离的误差都是独立的,若将它们对点位的综合影响转化为中误差,则有

$$m_P = \pm \sqrt{\Delta_1^2 + \Delta_2^2} = \pm \sqrt{\frac{m_\beta^2}{\rho''^2} \cdot D + m_D^2}$$

2)仪器对中误差

如图 1-18 所示,O 为测站点,A 为定向点,$OA = a$,放样角度为 β,放样距离为 D,P 为待定点的正确位置。对中误差 e 使角顶点由 O 移到 O'。设测站点为坐标原点,起始边 X 轴方向;e 在 OX 方向的分量为 e_x,在 OY 方向的分量为 e_y。由于对中误差 e 的存在,使 P 点既产生平移 PP'',又产生偏转 $P''P'$,致使正确位置 P 移到了 P' 点,PP' 即为对中误差 e 产生的对放样点位的影响。

其大小为

$$m_{中}^2 = m_e^2 + \frac{D}{a}\left(\frac{D}{2} - 2\cos\beta\right)m_{e_y}^2$$

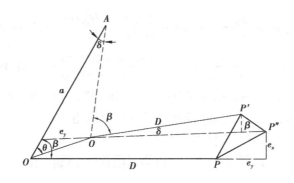

图 1-18　仪器对中误差对放样点位的影响

3）标定误差是标定 P 点位置时产生的误差，一般为估算值。一般用刻线法标定误差约为 $\pm 1\,\mathrm{mm}$，用木桩钉小钉标定约为 $\pm 3\,\mathrm{mm}$。

综合以上误差即得

$$m_P^2 = m_{放}^2 + m_{标}^2 + m_{中}^2 \tag{1-41}$$

【技能训练 4】　极坐标放样

1. 技能训练目标

学习极坐标法进行点位放样的步骤和作业方法。

2. 技能训练的仪器与工具

每组全站仪 1 台（包括三脚架），对中杆 1 根，单棱镜 1 个，钢卷尺 1 把，斧头 1 把，记录板 1 块，三角板 1 副，木桩若干。

3. 技能训练步骤

（1）指导教师先讲解原理和要领。

（2）由指导老师指出控制点 A,B，给出坐标值；并给出待放样点 C 的坐标值。

（3）由学生计算出以 A 点置镜，后视 B 点，放样 C 点的放样数据（距离 L 和拨角 β_0）。

（4）置镜 A 点，盘左后视 B 点，度盘归零（或读取角度值 α）。

（5）顺拨 $\beta_0(\alpha + \beta_0)$。

（6）按距离放样的方法放出点位。

（7）盘右后视 B 点，度盘设置 180°（或读取角度值）。

（8）按（5）、（6）步放出点位。理论上盘左盘右放出的点位应为同一点，如果不为同一点，则两点分中，中点即为 C 点。

（9）一般情况下放样，不止放 1 个点。检核时，由几个放出的点检查它们之间的相互关系是否正确。

4. 技能训练基本要求

（1）遵照附录"测量实训的一般要求"中的各项规定。

（2）每人独立完成计算点位放样数据。

（3）每组完成用极坐标法放样点位。

（4）应注意在后视时，一般度盘要归零（或者读取后视读数）。

（5）拨角时，先在测微器中标出分、秒值。

（6）拨角时，必须顺时针转动照准部。

5. 上交资料

（1）每位学生的计算资料 1 份。

（2）每位学生的实训报告 1 份。

二、直角坐标法放样

1. 放样方法

直角坐标法放样点位是极坐标法的一种特殊形式。在已经布设了厂区建筑方格网或直角坐标系统的工业厂区里比较常用。如图 1-19 所示，A,B,C,D 点是建筑方格网的顶点，其坐标值已知；1，2，3，4 点为拟测试的建筑物的 4 个角点，坐标已给出，现用直角坐标法测试 4 个角点，具体步骤如下：

（1）计算放样数据。放样数据 a,b 可直接用坐标差算得：

$$a = y_1 - y_A = 420 \text{ m} - 400 \text{ m} = 20 \text{ m}$$
$$b = x_1 - x_A = 632 \text{ m} - 600 \text{ m} = 32 \text{ m}$$

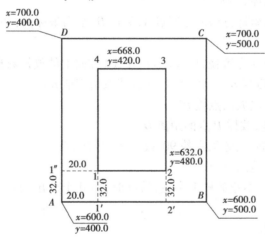

图 1-19　直角坐标法放样点位

（2）仪器安置在控制点 A 上，对中、整平，后视 B 点，放样长度 a，得 1′点。

（3）仪器移到点 1′，对中、整平，后视 A 点，转 90°，在此方向上放样 b 的长度得 1。

也可在 AC 方向上量 $c = b$，得点 1″，由 1″反拨 90°，量 $d = a$ 放出点 1，可作检核。

可以用上述方法放出点 2，3，4，然后丈量点之间的水平距离，与设计比较进行检核。

2. 精度分析

如图 1-19 所示，放样 1 点需经过两个阶段：一是沿控制点 AB 方向定线，放样长度 x，得点 1′；二是在 1′点处作直角量 y 长得 P 点。

定 1′点时，有定线误差 m_β 和测设 x 得误差 m_x，则 1′得点位误差为

$$m_{1'}^2 = m_x^2 + \left(\frac{m_\beta}{\rho''} \cdot x \right)^2$$

在 1′点放样 P 点，当不考虑对中误差时，则由拨 90°的误差 m_β 和量取 y 的误差 m_y 引起的 P 点的位置误差 m_2 为

$$m_2^2 = m_y^2 + \left(\frac{m_\beta}{\rho''} \cdot y\right)^2$$

综合上述两项误差的影响,并顾及标定误差 $m_标$,得出直角坐标法放样 P 点的中误差 m_P 为

$$m_P^2 = m_{1'}^2 + m_2^2 = m_x^2 + m_y^2 + \left(\frac{m_\beta}{\rho''}\right)^2 (x^2 + y^2)$$

【技能训练5】 直角坐标法放样

1. 技能训练目标

学习直角坐标法进行点位放样的步骤和作业方法。

2. 技能训练的仪器与工具

每组全站仪 1 台(包括三脚架),对中杆 1 根,单棱镜 1 个,钢卷尺 1 把,斧头 1 把,记录板 1 块,三角板 1 副,木桩若干。

3. 技能训练步骤

(1)指导教师先讲解原理和要领。

(2)由指导老师指出坐标方格网控制点 A,B,C,D,给出坐标值;并给出待放样点 P 的坐标值。

(3)由学生计算出以 A 点置镜,后视 B 点,在 AB 方向上的放样数据(距离 D')。

(4)置镜 A 点,盘左后视 B 点,度盘归零(或读取角度值 α)。

(5)按距离放样的方法放出点位 P'。

(6)计算在 P' 点置镜,放样 P 点的距离 D''。

(7)在 P' 点置镜,后视 A 或 B,顺拨 $90°$ 或 $270°$,放样 D''。

(8)同样可以放样其他的点位。

(9)一般情况下放样,不止放样 1 个点,检核时,由几个放出的点检查它们之间的相互关系是否正确。

4. 技能训练基本要求

(1)遵照附录"测量实训的一般要求"中的各项规定。

(2)每人独立完成计算点位放样数据。

(3)每组完成直角坐标法放样点位。

(4)应注意在后视时,一般度盘要归零(或者读取后视读数)。

(5)拨角时,必须顺时针转动照准部。

5. 上交资料

(1)每位学生的计算资料 1 份。

(2)每位学生的实训报告 1 份。

三、角度前方交会法

在边长放样不方便的条件下,如放样水中桥墩中心、烟囱顶部中心等,则可用两台经纬仪采用前方交会的方法,放样平面点位。

1. 角度前方交会法

如图 1-20 所示,已知 A,B 为实地已知点,欲放样另一已知坐标点 P。其方法如下:

（1）计算放样数据

$$\beta_A = \alpha_{AB} - \alpha_{AP}$$
$$\beta_B = \alpha_{BP} - \alpha_{BA}$$

（2）用两台经纬仪同时在 A，B 点设站，按计算数据，在 A 点顺拨 $360° - \beta_A$ 得 AP 方向；在 B 顺拨 β_B 得 BP 方向。用 AP 和 BP 的视线指挥打桩，将两方向线按正倒镜分中法投到桩顶表面，交出 P' 点，此点即为所求点位。

（3）如果是在 3 个已知点上交会，要产生示误三角形，此时，可以其重心作为交会点 P'。

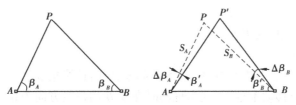

图 1-20　角度前方交会示意图

2. 前方交会归化法放样

如果要求对 P 点放样具有较高精度时，可以直接将初步放样出来的 P' 点进行归化改正，其方法如下：

（1）精确观测 $\angle P'AB$ 和 $\angle P'BA$，计算角差：

$$\Delta\beta_A = \beta_A - \beta'_A$$
$$\Delta\beta_B = \beta_B - \beta'_B$$

（2）由于 $\Delta\beta_A$ 和 $\Delta\beta_B$ 较小，可用图解法归化改正：

①如图 1-21 所示，取一张白纸，在其上适当位置做一点，当作 P' 点。

②过 P' 点作两条相交直线，使夹角为 $\angle BP'A = 180° - \beta'_A - \beta'_B$

③计算平移量

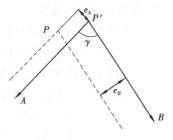

$$\varepsilon_A = \frac{\Delta\beta_A}{\rho''} \cdot D_A$$

$$\varepsilon_B = \frac{\Delta\beta_B}{\rho''} \cdot D_B$$

图 1-21　角度前方交会改化图

④根据算得的 ε_A 和 ε_B 的大小和平移方向，按 1:1 的比例尺，由 P' 点作 $P'A$，$P'B$ 两条平行线，间距分别为 ε_A 和 ε_B，其交点即为 P 点。

⑤将图纸与地面点重合，对准 $P'A$，$P'B$ 方向，将 P 点投到地面，则此点即为放样点。

【技能训练6】　角度交会法放样

1. 技能训练目标

学习角度交会法进行点位放样的步骤和作业方法。

2. 技能训练内容

（1）计算点位放样数据。

（2）用角度交会法放样点位。

3. 技能训练的仪器与工具

每组 DJ6 经纬仪 2 台(包括三脚架),钢卷尺 1 把,斧头 1 把,记录板 1 块,三角板 1 副,木桩若干。

4. 技能训练步骤

(1)指导教师先讲解原理和要领。

(2)由指导老师指出控制点 A,B,给出坐标值;并给出待放样点 P 的坐标值。

(3)由学生计算出以 A 点置镜,后视 B 点的放样数据(角度 β_1)和以 B 点置镜,后视 A 点的放样数据(角度 β_2)。

(4)置镜 A 点,盘左后视 B 点,度盘归零。

(5)顺时针拨角 β_1。

(6)同时在 B 点置镜,盘左后视 A 点,度盘归零;顺时针拨角 β_2。

(7)指挥前视人员移动木桩,直到木桩同时在 A,B 的视线方向为止,打下木桩。

(8)在 A 点方向,指挥前视人员按视线方向在木桩顶面上作两个点,连成一条线;盘右时,按同样得方法作一条线。理论上盘左盘右放出的线应为同一条线,如果不为同一条线,则分中,此线即为 AP 方向。

(9)同样在木桩顶面上放样出 BP 方向线。

(10)AP 和 BP 的交点即为 P 点。

(11)一般情况下放样,不止放样 1 个点。检核时,由几个放出的点检查它们之间的相互关系是否正确。

5. 技能训练基本要求

(1)遵照附录"测量实训的一般要求"中的各项规定。

(2)每人独立完成计算点位放样数据。

(3)根据计算数据,每组完成用角度交会法放样点位。

(4)应注意在后视时,一般度盘要归零(或者读取后视读数)。

(5)注意计算时的拨角值。

(6)拨角时,必须顺时针转动照准部。

6. 上交资料

(1)每位学生的计算资料 1 份。

(2)每位学生的实训报告 1 份。

四、其他放样方法

1. 全站仪坐标法放样点位

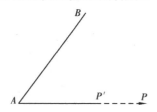

图 1-22 全站仪坐标法放样点位示意图

如图 1-22 所示,以 A 点为起算点,AB 为起始方向,放样一点 P。

(1)在 A 点安置全站仪,照准 B 点,将全站仪设置成放样状态,按照提示,分别输入测站点 A 和后视点 B 的坐标,完成设站。

(2)测量 B 点坐标,检查测站设置是否正确。如果正确,则继续;如果不正确,则重新输入 A,B 坐标,再检查。

（3）输入放样点 P 的坐标。

（4）转动仪器，直到角差为 0 时，指挥前视人员移动到视线方向，测距，显示移动方向和距离，指挥前视人员移动，直到显示距离差为 0 时，确定点位。

2. 距离交会法

距离交会法一般可分为短距离交会和长距离交会，短距离交会适用于长度不超过一个整尺段、地势比较平坦的地区。

1）短距离交会

（1）计算放样数据：如图 1-23 所示，A,B 为两已知点，P 为待定点，则

$$D_{AP} = \sqrt{(X_P - X_A)^2 + (Y_P - Y_A)^2}$$

$$D_{BP} = \sqrt{(X_P - X_B)^2 + (Y_P - Y_B)^2}$$

（2）以 A 点为圆心，D_{AP} 为半径画弧 AP'。

（3）以 B 点为圆心，D_{BP} 为半径画弧，与前段弧 AP' 相交于 P 点，则 P 点为所求。

实际作业时，先判断 P 点在 AB 的左边还是右边。

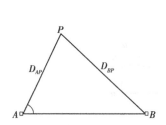

图 1-23　短距离交会法放样

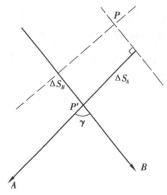

图 1-24　距离交会改化图

2）长距离交会

可采用电磁波测距仪，但直接画弧交会出点位很难做到，只有在上述直接法放样的点位基础上，再用归化改正。其具体操作步骤如下：

（1）在过渡点 P' 上安置仪器，整平，对中。

（2）分别测出 $D_{P'A}$ 和 $D_{P'B}$ 的长度。

（3）计算

$$\Delta D_a = D_{PA} - D_{P'A}$$

$$\Delta D_b = D_{PB} - D_{P'B}$$

（4）做模片改正，如图 1-24 所示，在白纸上做一角度为 $\angle AP'B$（可用余弦定理反求该角），再由 P' 点沿 $P'A$ 及 $P'B$ 方向，根据 ΔD 的正负号分别量取 ΔD_a，ΔD_b，得垂足点。由此点再分别作 $P'A$，$P'B$ 的垂线，两垂线之交点即为 P 点。

（5）现场将模片图纸上 P' 点与过渡点 P' 点重合，使 $P'A$ 及 $P'B$ 方向与实地方向一致，此时图上 P 即为所求点位，可在实地标定出来。

3. 轴线法（方向线交会法）

柱列轴线法是利用两条相互垂直的方向线相交来放样点位，常用于矩形厂房柱列中心的

确定,一般是在厂房矩形控制线上设置了矩形指示桩的条件下采用此法。

如图 1-25 所示,1,2,3,…,1′,2′,3′,…和Ⅰ,Ⅱ,…,Ⅰ′,Ⅱ′,…为厂房矩形控制网上的距离指示桩。K 点为设定的柱子中心点。

(1)先在 1,Ⅰ点安置经纬仪,在 1′和Ⅰ′方向视线上找到其交点 K,确定出柱子中心。

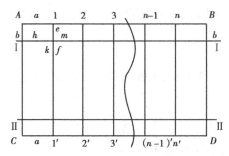

图 1-25　轴线法放样点位示意图

(2)在 K 点周围的 1-1′和Ⅰ-Ⅰ′线上,确定 e,f,m,h 4 点,钉木桩确定控制桩位置,以恢复 K 点处挖基础时破坏的 K 点位置。其他矩形网内的桩基基础点也可用此方法定位。

4. 正倒镜投点法(置镜法)

正倒镜投点法多用于在互相不通视的两个点,或者两个点都无法安置仪器时放样点位,使其在一条直线上。

如图 1-26 所示,要求在 AB 直线上放样一点 P。

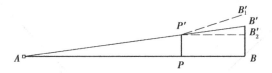

图 1-26　正倒镜投点法放样点位示意图

(1)目估,将经纬仪安置在靠近 AB 直线上的某点 P′处。

(2)正镜照准 A,倒转望远镜,在视线上靠近 B 点处取一点 B_1'。

(3)倒镜照准 A,再倒转望远镜,在视线上靠近 B 点处取一点 B_2',并使 $P'B_1' = P'B_2'$。

(4)取 B_1',B_2' 的中间位置 B′,量取 AP′,P′B 和 B′B,计算 PP′两点的间距:

$$D_{PP'} = \frac{D_{AP'}}{D_{AB'}} \cdot D_{BB'}$$

(5)在 P′点向垂直于直线 AB 方向量取 $D_{PP'}$,即得 P 点。

(6)重复(1)—(4)步骤,直至 P′点在 AB 直线上。

知识技能训练 1

1. 放样工作的实质是什么?与测图工作相比较,它们之间有何不同?

2. 试比较几种平面点位放样方法的特点和各自的适用范畴。

3. 设用极坐标法放样 P 点,假如 P 点距置镜点 100 m,要求放样的极限偏差≤20 mm,请按测角和量距误差等影响的要求来确定测角的精度要求 m_β 和量距的精度要求 m_D。

4. 用极坐标法放样 P_1，P_2 点，已知点和待设点的坐标见表 1-1，试计算在 A 点置镜，后视 B，放样所需测设数据。

表 1-1

点　名		X/m	Y/m
控制点	A	1 236.310	578.297
	B	1 135.476	518.338
待设点	P_1	1 217.409	590.173
	P_2	1 179.384	546.529

5. 试叙述全站仪坐标放样点位与传统点位放样方法比较的优点。

学习情境 2
公路铁路工程测量

教学内容

主要介绍线路施工测量的方法和步骤,包括公路铁路的初测、定测、复测;线路中线测量、纵横断面测量、土石方测量及计算;路基施工测量中线放样、边坡放样等;重点是平面圆曲线、综合曲线、复曲线、回头曲线以及竖曲线的多种放样方法及计算等。

知识目标

能正确陈述线路测量的内容及方法;能陈述线路中桩、边桩的放样方法和竣工测量的内容;能陈述桥梁施工测量的顺序和放样方法。

技能目标

能熟练对工程图进行识读,计算工程点的坐标和放样数据;能对工程测量规范进行理解和应用,能制订施工测量方案,进行竣工测量的资料编写;能熟练利用测量仪器,运用适当的放样方法对线路中线、墩台位置进行放样。

子情境 1 公路铁路初测

公路、铁路、输电线、输油线路、灌渠及各种地下管线等线性工程在勘测设计、施工建设和竣工验收及运营管理阶段的测量工作,统称为线路工程测量。通常线性工程的中线称为线路。这些国家基础建设工程,对国民经发展和改善人民生活都有非常重要的意义,是工程测量为国民经济建设服务的重要方面。在这些线性工程中,公路、铁路工程规模大、结构复杂,所需进行的测量工作较为细致全面,因此,这里以公路和铁路为代表,主要介绍线路测量的有关勘测和施工测量工作。

一、公路铁路工程测量的内容

1. 勘测设计阶段的测量工作

线路在勘测设计阶段的测量工作是为线路设计收集一切必要的地形资料。线路设计除了地形资料以外,还必须考虑线路所经地区的工程地质、水文地质以及经济等方面的问题,因此,线路设计一般分阶段进行,其勘测工作也要分阶段进行。

公路铁路勘测分为踏勘和详细测量两个阶段。公路铁路踏勘主要是了解线路所经地区的自然地理条件(包括地形、土壤、地质、水文及气象等情况),选择线路的大致位置,为初步设计收集资料。公路详细测量是全面深入地研究线路的各项情况,精确地测定线路的长度和位置,为编制施工图收集资料。

1)线路初测

线路初测是根据计划任务书确定的修改原则和线路的基本走向,通过对几条有比较价值的线路进行实地勘测,从中确定最佳方案,为编制初步设计文件提供资料。测量的主要内容有控制测量、高程测量、纵横断面测量及地形测量。

2)线路定测

线路定测是根据批准的初步设计文件和确定的最佳线路方向及有关构造建筑物的布设方案将图纸上初步设计的线路和构筑物位置测设到实地,并根据现场的具体情况,对不能按原设计之处作局部线路调整,为施工图提供设计资料。它包括中线测量、高程测量和纵横断面测量。

2. 施工阶段的测量工作

在施工阶段,首先要检测设计阶段所建立的平面、高程控制桩位,在检测基础上进行线路中线的恢复。另外,要进行路基放样、边坡放样、建(构)筑物的定位放样等工作。

3. 竣工验收和运营管理阶段的测量工作

线路工程竣工后,为了检查工程质量是否符合要求,需进行竣工测量。其主要是在控制测量和高程测量的基础上进行中线位置和里程桩的标定。测绘线路中心线纵断面和路基横断面图,在大型构筑物附近设置平面和高程控制点,供以后工程养护管理使用。在工程运营过程中,还需对路面、构筑物和护坡进行沉降、位移观测,为线路安全运营提供可靠保障。

线路工程测量的主要内容有中线测量,纵、横断面测量,带状地形测量,施工放样,竣工测量,有关调查工作,等等。其主要目的是为设计、施工、运营管理提供必要的基础资料。各种线状工程测量工作的内容和方法基本相同,只要掌握一两种典型线路工程的测量内容、方法与精度要求等,即可举一反三,针对其他某一线路工程的具体情况,完成该工程的测量工作。

近年来,国家重点工程,大型工程已采用航测技术进行勘测(如青藏铁路等),减轻了劳动强度,缩短了勘测周期,提高了勘测设计质量。我国科技工作者随着我国公路、铁路、输电、输气工程的建设已提出了很多好的办法,开发了设计软件,为勘测设计自动化迈出了坚实的一步。

二、公路铁路初测中的测量工作

初测是根据勘测设计任务书,对方案研究中确定的一条主要线路及有价值的比较线路,结合现场实际情况予以标定,沿线测绘大比例尺带状地形图并收集地质、水文等方面的资料,供初步设计使用。初测中的测量工作主要包括选点插旗、导线测量、高程测量及带状地形图测绘。

1. 选点插旗

根据方案研究中在 1∶50 000 或 1∶100 000 比例尺地形图上所选线路位置,结合实际情况,在野外用"红白旗"标出其走向和大概位置,并在拟订的线路转向点和长直线的转向处插上标旗,并记录沿线特征,为导线测量及各专业调查指明方向。大旗插完后需要绘制线路的平、纵断面图,以研究确定地形图测绘的范围。当发现个别大旗位置不当或某段线路还可改善时,应及时改插或补插。大旗间的距离以能表示线路走向及清晰地观察目标为原则。

2. 导线测量

初测导线是测绘线路带状地形图和定线、放线的基础,导线应全线贯通。初测导线的选点工作是在插大旗的基础上进行的。导线点的位置应满足以下 6 项要求:

(1)尽量接近线路通过的位置。大桥及复杂中桥和隧道口附近,严重地质不良地段以及越岭垭口地点,均应设点。

(2)地层稳固,便于保存。

(3)视野开阔,测绘方便。

(4)点间的距离以不小于 50 m 且不大于 400 m 为宜。采用全站仪或光电测距仪时,导线点的间距可增加到 1 000 m,但应在不长于 500 m 处设置加点。当采用三角高程时,导线边长为 200～600 m。

(5)在大河两岸及重要地物附近,都应设置导线点。

(6)当导线边比较长时,应在导线边上加设转点,以方便测图。

导线点位一般用大木桩标志,并钉上小钉。为防止破坏,可将木桩打入与地面齐平,并在距点 30～50 cm 处设置指示桩,在指示桩上注明点名。

公路和铁路初测导线的水平角观测,应使用不低于 DJ6 型经纬仪或精度相同的全站仪观测一个测回。两半测回间角值较差的限差:J2 型仪器为 15″,J6 型仪器为 30″,在限差以内时取平均值作为导线转折角。导线边长用全站仪往返观测,往返限差为 $2\sqrt{2}m_D$,其中,m_D 为仪器标称精度。采用其他测距方法时,精度要求为 1/2 000。

由于初测导线一般延伸很长,为了检核导线的精度并取得统一坐标,导线的起、终点,以及中间每隔一定距离(30 km 左右)的导线点,应尽可能与国家或其他部门不低于四等的平面控制点或 GPS 点进行联测。当与已知控制点联测有困难时,可采用天文测量的方法或用陀螺经纬仪测定导线边的方位以控制角度测量的误差积累。

当前,随着测量仪器设备的发展,在公路和铁路线路平面控制测量中,初测导线越来越多地使用 GPS 和全站仪配合施测。从道路的起点开始沿线路方向直至终点,尽可能收集国家等级控制点,考虑加密导线时,作为起始点应有联测方向,一般要求 GPS 网每 5 km 左右布设一对点,每对点之间的间距约为 0.5 km,并保证点对之间通视。在 GPS 对点之间按规范要求加密导线点,用全站仪测量相邻导线点间的边长和角度,之后使用专用测量软件,进行导线精度检核及成果计算,最终获得各初测导线点的坐标。若条件允许,在对点之间的导线点,也可全部使用 RTK 施测。利用已知控制点进行联测时,要注意所用的控制点与被检核导线的起算点是否处于同一投影带内。若在不同带时应进行换带计算,然后进行检核计算。换带计算方法见大地测量中相关内容。

3. 水准测量

初测水准测量的任务:一是沿着线路设立水准点,测定各水准点的高程;二是测定导线点和加桩点的高程。前者称为基平测量,后者称为中平测量。初测高程测量通常采用水准测量或光电测距三角高程测量方法进行。

1) 基平测量

线路高程系统宜采用 1985 年国家高程基准。水准点沿线布设,一般要求每 1~2 km 设立一个水准点,在山区水准点密度应加大,遇有 300 m 以上的大桥和隧道、大型车站或重点工程地段应加设水准点。水准点应选在离线路 100 m 的范围内,设在未被风化的基岩或稳固的建筑物上,也可在坚实地基上埋设。其标志一般采用木桩、混凝土桩或条石等,也可将水准点选在坚硬稳固的岩石上,或利用建筑物基础顶面作为其标志。

采用水准测量时,基平测量应采用不低于 S₃ 的水准仪用双面水准尺、中丝法进行往返测量,或两个水准组各测一个单程。读数至毫米单位,闭合差限差为 $\pm 30 \sqrt{L}$(mm)(L 为相邻水准点之间的路线长度,以 km 计),限差符合要求后,取红黑面高差的平均数作为本站测量成果。高程测量限差见表 2-1 视线长度 ≤150 m,满足相应等级水准测量规范要求。在跨越 200 m 以上的大河或深沟时,应按跨河水准测量方法进行。有关跨河水准测量具体作业在控制测量课程相关章节中详细阐述。采用光电测距三角高程测量时,可与平面导线测量合并进行,导线点应作为高程转点,高程转点之间及水准点之间的距离和竖直角必须往返观测。

2) 中平测量

中平测量一般可使用 S₃ 级水准仪,采用单程。水准路线应起、闭于基平测量中所测位置的水准点上。闭合差限差为 $\pm 50 \sqrt{L}$(mm)(L 为相邻水准点之间的路线长度,以 km 计),在加桩较密时,可采用间视法。在困难地区,加桩点的高程路线可起、闭于基平测量中测定过高程的导线点上,其路线长度一般不宜大于 2 km。

4. 地形测量

公路勘测中的地形测量,主要是以导线点为依据,测绘线路数字带状地形图。数字带状地形图比例尺多数采用 1:2 000 和 1:1 000,测绘宽度为导线两侧各 100~200 m。对于地物、地貌简单的平坦地区,比例尺可采用 1:5 000,但测绘宽度每侧不应小于 250 m。对于地形复杂或是需要设计大型构筑物地段,应测绘专项工程地形图,比例尺采用 1:500~1:1 000,测绘范围视设计需要而定。

表 2-1   初测线路高程测量限差

	项 目	往返测高差不符值	符合导线闭合差	检 测
水准点	水准测量	$30\sqrt{K}$	$30\sqrt{L}$	$30\sqrt{K}$
	光电测距三角高程测量	$30\sqrt{D}$	$30\sqrt{L}$	$30\sqrt{D}$
加桩	水准测量		$50\sqrt{L}$	
	光电测距三角高程测量		$50\sqrt{L}$	

注:K 为相邻水准点间水准路线长度;L 为符合水准路线长度;D 为光电测距边的长度。K,L,D 均以 km 为单位。

地形测量中尽量利用导线点做测站,必要时设置支点,困难地区可设置第二支点。一般采用全站仪数字测图的方法。地形点的分布及密度应能反映出地形的变化,以满足正确内插等高线的需要。若地面横坡大于 1:3 时,地形点的图上间距一般不大于图上 15 mm;地面横向坡度小于 1:3 时,地形点的图上间距一般不大于图上 20 mm。

5. 初测后应提交的资料

1)初测后应提交的测量资料

(1)线路(包括比较线路)的数字带状地形图及重点工程地段的数字地形图。

(2)横断面图,比例尺为1:200。

(3)各种测量表格,如各种测量记录本,水准点高程误差配赋表,导线坐标计算表。

2)初步勘测的说明书

(1)线路勘测的说明书。

(2)选用方案和比较方案的平面图,比例尺为1:10 000或1:2 000。

(3)选用方案和比较方案的纵断面图,比例尺横向为1:10 000,纵向为1:1 000。

(4)有关调查资料。

子情境2　公路铁路详细测量

详细测量的主要任务是把图纸上初步设计的公路测设到实地,并要根据现场的具体情况,对不能按原设计之处做局部的调整。另外,在详细测量阶段还要为下一步施工设计准备必要的资料。

详细测量的具体工作如下:

①定线测量:将批准了的初步设计的中线移设于实地上的测量工作,也称放线。

②中线测量:在中线上设置标桩并量距,包括在路线转向处放样曲线。

③纵断面高程测量:测量中线上诸标桩的高程,利用这些高程与已量距离,绘制纵断面图。

④横断面测量。

一、定线测量

在定线测量中,所讲的设计中线仅是在带状地形图上图解设计的中线,并不是解析设计的数据。因此,放样所需的数据要从带状地形图上量取。

在路线测设时,应选定出路线的转折点,这些转折点称为交点,它是中线测量的控制点。交点的测设可采用现场标定的方法,即根据既定的技术标准,结合地形、地质等条件,在现场反复比较直接定出路线交点的位置。这种方法不需测地形图,比较直观,但只适用于等级较低的公路。对于高等级公路或地形复杂、现场标定困难的地段,应采用纸上定线的方法,先在实地布设导线,测绘大比例尺地形图(通常为1:2 000或1:1 000),在图上定出路线,再到实地放线,把交点在实地标定下来。

常用的定线测量方法有穿线放线法、拨角放线法和导线法3种。当相邻两交点互不通视时,需要在其连线或延长线上测设出转点,供交点、测角、量距或延长直线时瞄准之用。现将几4种方法分述如下:

1. 穿线放线法

这种方法是利用地形图上的测图导线点与图上定出的路线之间的角度和距离关系,在实地将路线中线的直线段测设出来,然后将相邻直线延长相交,定出交点桩的位置。其具体测设步骤如下:

1）放点

在地面上测设路线中线的直线部分,只需定出直线上若干个点,就可确定这一直线的位置。如图 2-1 所示,欲将纸上定线的两直线 JD_3-JD_4 和 JD_4-JD_5 测设于地面,只需在地面上定出 1,2,3,4,5,6 等临时点即可。这些临时点可选择支距点,即垂直于导线边,垂足为导线点的直线与纸上定线的直线相交的点,如 1,2,4,6 点;也可选择测图导线边与纸上定线的直线相交的点,如 3 点;或选择能够控制中线位置的任意点,如 5 点,用极坐标法放样。为便于检查核对,一条直线应选择 3 个以上的临时点。这些点一般应选在地势较高、通视良好、距导线点较低、便于测设的地方。

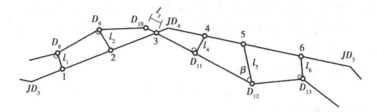

图 2-1　穿线放线法

临时点选定之后,即可在图上用比例尺和量角器量取放点所用的距离和角度,图 2-1 中距离 l_1,l_2,l_3,l_4,l_5,l_6 和角度 β。然后绘制放点示意图,标明点位和数据作放点的依据。

放点时,在现场找到相应的导线点。临时点如果是支距点,可用支距法放点,用方向架定出垂线方向,再用皮尺量出支距定出点位;如果是任意点,则用极坐标法放点,将经纬仪安置在相应的导线点上,拨角定出临时点方向,再用皮尺量距定出点位。

2）穿线

由于测量仪器、测设数据及放点操作存在误差,在图上同一直线上的各点放于地面后一般均不能准确位于同一直线上。因此,需要通过穿线定出一条尽可能多的穿过或靠近临时点的直线。穿线可用目估或经纬仪进行,如图 2-2 所示。

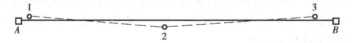

图 2-2　穿线

采用目估法,先在适中的位置选择 A,B 点竖立花杆,一人在 AB 延线上观测,看直线是否穿过多数临时点或位于它们之间的平均位置。否则移动 A 或 B,直到达到要求为止。最后在 AB 或其方向线上打下两个以上的控制桩,称为直线转点桩 ZD,直线即固定在地面上。采用经纬仪穿线时,仪器可置于 A 点,然后照准大多数临时点所靠近的方向定出 B 点。也可将仪器置于直线中部较高的位置,瞄准一端多数临时点都靠近的方向,倒镜后如视线不能穿过另一端多数临时点所靠近的方向,则将仪器左右移动,重新观测,直到达到要求为止,最后定出转点桩。

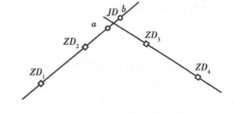

图 2-3　交点的钉设

3）交点

当相邻两直线在地面上定出后,即可延长直线进行交会定出交点。如图 2-3 所示,先将经

纬仪置于 ZD_2，盘左瞄准转点 ZD_1，倒镜在视线方向，于交点 JD 的概略位置前后打下两个木桩（俗称骑马桩），并沿视线方向用铅笔在两桩顶上分别标出 a_1 和 b_1 点。盘右仍瞄准 ZD_1，倒镜在两桩顶上又标出 a_2 和 b_2 点。分别取 a_1 与 a_2 和 b_1 和 b_2 的中点钉上小钉得 a 和 b，用细线将 a,b 两点连接。这种以盘左、盘右两个盘位延长直线的方法称为正倒镜分中法。将仪器置于转点 ZD_3，瞄准转点 ZD_4，倒镜后视在 ab 细线相交处打下木桩，然后用正倒镜分中法在桩顶上精确定出交点 JD 位置钉上小钉。

4）测交角

在路线转折处，为了测设曲线，需要测定转角。所谓转角，是指路线由一个方向偏转至另一方向时，偏转后的方向与原方向间的夹角，以 α 表示。如图 2-4 所示，当偏转后的方向位于原方向左侧时，为左转角；当位于原方向右侧时，为右转角。在路线测量中，转角通常是通过观测路线的右角 β 计算求得。

当右角 $\beta < 180°$ 时，为右转角，此时：

$$\alpha_y = 180° - \beta \tag{2-1}$$

当右角 $\beta > 180°$ 时，为左转角，此时：

$$\alpha_z = \beta - 180° \tag{2-2}$$

右角 β 的测定，通常用 J6 级经纬仪以测回法观测一个测回，两个半测回所测角值的不符值视公路等级而定，一般不超过 $1'$。例如，在允许范围内可取其平均值作为最后结果。

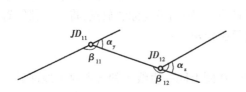

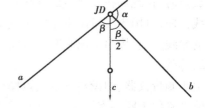

图 2-4　转角的测设　　　　　　　　　图 2-5　分角线的测设

由于测设曲线的需要，在右角测定后，保持水平度盘位置不变，在路线设置曲线的一侧，定出分角线方向。如图 2-5 所示，测角时后视方向的水平度盘读数为 a，前视方向的读数为 b，则分角线方向的水平度盘读数 c 应为

$$c = b + \frac{\beta}{2}$$

因为 $\beta = a - b$，则

$$c = \frac{a + b}{2} \tag{2-3}$$

在实践中，无论是在路线右侧还是左侧设置分角线，均可按式（2-3）计算。当转动照准部使水平度盘读数为 c 时，望远镜所指方向有时会指在相反的方向，这时需倒转望远镜，在设置曲线一侧定出分角线方向。

为了保证测角的精度，还须进行路线角度闭合差的检核。当路线导线与高级控制点连接时，可按附合导线计算角度闭合差。如在限差之内，则可进行闭合差的调整。当路线未与高级控制点联测时，可每隔一段距离，观测一次真方位角用来检核角度。为了及时发现测角错误，可在每日作业开始与收工前用罗盘仪各观测一次磁方位角，与以角度推算的方位角相核对。

此外,在角度观测后,还须用视距测量方法测定相邻交点间的距离,以检核中线测量钢尺量距的结果。

2. 拨角定线法

当初步设计的图纸比例尺大,测交点的坐标比较精确可靠时,或线路的平面设计为解析设计时,定线测量可采用拨角定线法。使用这种方法时,首先根据导线点的坐标和交点的设计坐标,用坐标反算方法计算出测设数据,用极坐标法、距离交会法或角度交会法测设交点。如图2-6所示,拨角放线时首先标定分段放线的起点 JD_{13}。这时可将经纬仪置于 C_{45} 点上,以 C_{46} 定向,拨 β_0 角,量取水平距离 L_0,即可放样 JD_{13}。然后迁仪器于 JD_{13},以 C_{45} 点定方向,拨 β 角,量取 L_1 定交点 JD_{14}。同法放样其余各交点。

为了减小拨角放线的误差积累,每隔5 km,将放样的交点与初测导线点联测,求出交点的实际坐标,与设计坐标进行比较,求得闭合差。

若方向和坐标闭合差超过 $\pm 1/2\,000$,应查明原因,改正放样的点位。若闭合差在允许的范围以内,对前面已经放样的点位常常不加改正,而是按联测所得的实际坐标推算后面交点的放样数据,继续定向。

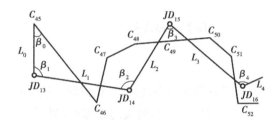

图 2-6　拨角定线

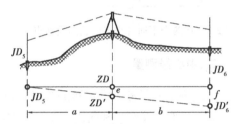

图 2-7　在两个不通视交点测设转点

3. 导线法

当交点位于陡壁、深沟、河流及建筑物内时,人往往无法到达,不能将交点标定于实地。这种情况称为虚交,此时可采用全站仪导线法、全站仪自由设站法或用 RTK 实时动态定位的方法进行。

4. 转点的测设

路线测量中,当相邻两交点互不通视时,需要在其连线或延长线上定出一点或数点以供交点、测角、量距或延长直线时瞄准之用。这样的点称为转点,其测设方法如下:

1) 在两交点间设转点

如图2-7所示,设 JD_5,JD_6 为相邻两交点,互不通视,ZD' 为粗略定出的转点位置。将经纬仪置于 ZD',用正倒镜分中法延长直线 JD_5-ZD' 于 JD_6'。如 JD_6' 与 JD_6 重合或偏差 f 在路线允许移动的范围内,则转点位置即为 ZD',这时应将 JD_6 移至 JD_6',并在桩顶上钉小钉表示交点位置。

当偏差 f 超过允许范围或 JD_6 不许移动时,则需重新设置转点。设 e 为 ZD' 应横向移动的距离,仪器在 ZD' 用视距测量方法测出 a,b 距离,则

$$e = \frac{a}{a+b} \cdot f \tag{2-4}$$

将 ZD' 沿偏差 f 的相反方向横移 e 至 ZD。将仪器移至 ZD,延长直线 JD_5-ZD 看是否通过 JD_6,或偏差 f 是否小于允许值。否则,应再次设置转点,直至符合要求为止。

2)在两交点延长线上设转点

如图 2-8 所示,设 JD_8,JD_9 互不通视,ZD' 为其延长线上转点的概略位置。仪器置于 ZD',盘左瞄准 JD_8,在 JD_9 处标出一点;盘右再瞄准 JD_8,在 JD_9 处也标出一点,取两点的中点得 JD_9'。若 JD_9' 与 JD_9 重合或偏差 f 在允许范围内,即可将 JD_9' 代替 JD_9 作为交点,ZD' 即作为转点。否则,应调整 ZD' 的位置。设 e 为 ZD' 应横向移动的距离,用视距测量方法测量出 a,b 距离,则

$$e = \frac{a}{a-b} \cdot f \tag{2-5}$$

将 ZD' 沿与 f 相反方向移动 e,即得新转点 ZD。置仪器于 ZD,重复上述方法,直至 f 小于允许值为止。最后将转点和交点 JD_9 用木桩标定在地面上。

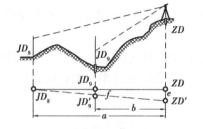

图 2-8　在两个不通视交点延长测设转点

图 2-9　路线中线

二、中心线测量

中线测量的任务是沿定测的线路中心线丈量距离,设置百米桩及加桩,并根据测定的交角、设计的曲线半径 R 和缓和曲线长度计算曲线元素,放样曲线的主点和曲线的细部点(见子情境 4),如图 2-9 所示。

1. 里程桩及桩号

在路线定测中,当路线的交点、转点及转角测定后,即可沿路线中线设置里程桩(由于路线里程桩一般设置在道路中线上,故又称中桩),以标定中线的位置。里程桩上写有桩号,表达该中桩至路线起点的水平距离。如果中桩距起点的距离为 1 234.56 m,则该桩桩号记为 $K1 + 234.56$,如图 2-10(a) 所示。

如图 2-10 所示,中桩分整桩和加桩两种。路线中桩的间距,不应大于表 2-2 的规定。整桩是按规定间隔(一般为 10,20,50 m)桩号为整倍数设置的里程桩,如百米桩、千米桩均属于整桩。加桩分为地形加桩、地物加桩、曲线加桩与关系加桩,如图 2-10(b)、(c)所示。

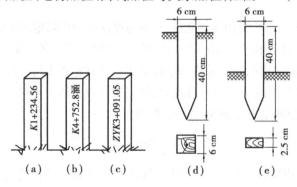

图 2-10　里程桩

地形加桩是指沿中线地面起伏变化处,地面横坡有显著变化处,以及土石分界处等地所设置的里程桩。

地物加桩是指沿中线为拟建桥梁、涵洞、管道、防护工程等人工构建物处,与公路、铁路、田地及城镇等交叉处,以及需拆迁等处理的地物处,所设置的里程桩。

曲线加桩是指曲线交点(如曲线起、中、终)处设置的桩。

表 2-2　中桩间距

直线/m		曲线/m			
平原微丘区	山岭重丘区	不设超高的曲线	$R > 60$	$30 < R < 60$	$R < 30$
≤50	≤25	25	20	10	5

注:表中 R 为平曲线的半径,以 m 计。

按桩距 l_0 在曲线上设桩,通常有两种方法:

①整桩号法。将曲线上靠近起点 ZY 的第一个桩的桩号凑成为 l_0 倍数的整桩号,然后按桩距 l_0 连续向曲线终点 YZ 设桩。这样设置的桩均为整桩号。

②整桩距法。从曲线起点 ZY 和终点 YZ 开始,分别以桩距 l_0 连续向曲线中点 QZ 设桩。由于这样设置的桩均为零桩号,因此,应注意加设百米桩和千米桩。

关系加桩是指路线上的转点(ZD)桩和交点(JD)桩。

钉桩时,对于交点桩、转点桩、距路线起点每隔 500 m 处的整桩、重要地物加桩(如桥隧位置桩)以及曲线主点桩,均应打下断面为 6 cm × 6 cm 的方桩(见图 2-10(d)),桩顶露出地面约 2 cm,并在桩顶中心钉一小钉,为了避免丢失,在其旁边钉一指示桩(见图 2-10(e))。交点桩的指示桩应钉在圆心和交点连线外离交点约 20 cm 处,字面朝向交点。曲线主点的指示桩字面朝向圆心。其余里程桩一般使用板桩,一半露出地面,以便书写桩号,字面一律背向路线前进方向。

中线测量中一般均采用整桩号法。

中桩测设的精度要求见表 2-3。

表 2-3　中线量距精度和中桩桩位限差

公路等级	距离限差	桩位纵向误差/m		桩位横向误差/cm	
		平原微丘区	山岭重丘区	平原微丘区	山岭重丘区
高速公路、一级公路	1/2 000	$S/2\,000 + 0.05$	$S/2\,000 + 0.1$	5	10
二级及以下公路	1/1 000	$S/1\,000 + 0.10$	$S/1\,000 + 0.1$	10	15

注:表中为转点至桩位的距离,以 m 计。

曲线测量闭合差,应符合表 2-4 的规定。

表 2-4　曲线测量闭合差

公路等级	纵向闭合差		横向闭合差/cm		曲线偏角闭合差 /(″)
	平原微丘区	山岭重丘区	平原微丘区	山岭重丘区	
高速公路、一级公路	1/2 000	1/1 000	10	10	60
二级及以下公路	1/1 000	1/500	10	15	120

在书写曲线加桩和关系加桩时,应先写其缩写名称,后写桩号。如图 2-10 所示,曲线主点缩号名称有汉语拼音缩写和英语缩写两种(见表 2-5),目前,我国公路铁路主要采用汉语拼音的缩写名称。

表 2-5　中线桩制桩点缩写名称

标志名称	简　称	汉语拼音缩写	英语缩写
交点	交点	*JD*	*IP*
转点	转点	*ZD*	*TP*
圆曲线起点	直圆点	*ZY*	*BC*
圆曲线中点	曲中点	*QZ*	*MC*
圆曲线终点	圆直点	*YZ*	*EC*
公切点	公切点	*GQ*	*CP*
第 1 缓和曲线起点	直缓点	*ZH*	*TS*
第 1 缓和曲线终点	缓圆点	*HY*	*SC*
第 2 缓和曲线起点	圆缓点	*YH*	*CS*
第 2 缓和曲线终点	缓直点	*HZ*	*ST*

2. 断链处理

中线丈量距离,在正常情况下,整条路线上的里程桩号应当是连续的。但是出现局部改线,或者在事后发现距离测量中有错误,都会造成里程的不连续,这在线路中称为"断链"。

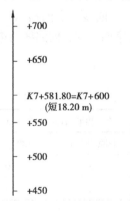

图 2-11　断链处理

断链有长链与短链之分,当原路线记录桩号的里程长于地面实际里程时为短链,反之则称长链。

出现断链后,要在测量成果和有关设计文件中注明断链情况,并要在现场设置断链桩。断链桩要设置在直线段中的 10 m 整倍数上,桩上要注明前后里程的关系及长(短)多少距离。如图 2-11 所示,在 $K7 + 550$ 桩至 $K7 + 650$ 之间出现断链,所设置的断链上写有

$$K7 + 581.8 = K7 + 600(短 18.20 \text{ m})$$

其中,等号前面的桩号为来向里程,等号后面的桩号为去向里程,即表明断链与 $K7 + 550$ 桩间的距离为 31.8 m,而与 $K7 + 650$ 桩的距离是 50 m。

三、水准测量

定测阶段的水准测量也称为线路的纵断面测量,它是根据基平测量中设置的水准点,施测中线上所有中桩点的地面高程,然后按测得的中桩点高程和其里程(桩号)绘制纵断面图。纵断面图反应沿中线的地面起伏情况,它是设计路面高程、坡度和计算土方量的重要依据。

进行纵断面测量前,先要对初测阶段设置的水准点逐一进行检测,其不符值在 $\pm30\sqrt{L}$ mm(L 为相邻水准点间的路线长度,以 km 计)以内时,采用初测成果。超过时 $\pm30\sqrt{L}$ mm,如果是附合水准路线,则应在高级水准点间进行往返测量,确认是初测中有错或点位被破坏,需要根据新的资料重新平差,推算其高程。另外,还应根据工程的需要,在部分地段加密或增补水准点,新设水准点的测量要求与基平测量相同。

纵断面测量一般都采用间视水准测量的方法,间视点的标尺读数需要读到厘米单位,路线水准闭合差不应超过 $\pm50\sqrt{L}$ mm。

在纵断面测量中,当线路穿过架空线路或跨越涵管时,除了要测出中线与它们相交处(一般都已设置了加桩)的地面高程外,还应测出架空线路至地面的最小净空和涵管内径等,这些参数还需要注记在纵断面图上。线路跨越河流时,应进行水深和水位测量,以便在纵断面图上反映河床的断面形状及水位。

四、横断面测量

定测阶段的横断面测量,是要在每个中桩点测出垂直于中线的地面线、地物点至中桩的距离和高差,并绘制成横断面图。横断面图反映垂直于线路中线方向上的起伏情况,它是进行路基设计、土石方计算及施工中确定路基填挖边界的依据。

横断面施测的宽度,根据路基宽度及地形情况确定,一般为中线两侧各测 15~50 m。地面点距离和高差精度为 0.1 m。检测限差应符合表 2-6 的规定。

表 2-6　横断面检测限差

路　线	距　离	高　程
铁路、一级及以上公路	$l/100+0.1$	$h/100+l/200+0.1$
二级及以下公路	$l/50+0.1$	$h/50+l/100+0.1$

注:l—测点至线路中线桩的水平距离,m;

　　h—测点至中桩的高差,m。

横断面测量应逐桩施测,其方向应与路线中线垂直,曲线段与测点的切线垂直。整个横断面测量可分为测定横断面方向、施测横断面和绘制横断面图。

1. 测定横断面方向

1)直线段横断面方向的测设

在直线段上,横断面方向可利用经纬仪测设直角后得到,但通常是采用十字方向架来测定。

方向架的结构如图 2-12(a)所示,它是由相互垂直的照准杆 aa'、bb' 构成的十字架,cc' 为定向杆,支撑十字架的杆约高 1.2 m。

工作时,将方向架置于中线桩点上,以方向架对角线上的两个小钉,瞄准线路中心的标桩,并固定十字架,这时方向架另一个所指方向即为横断面方向,如图 2-12(b)所示。

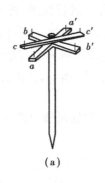
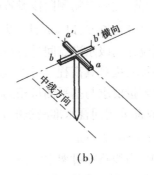

（a）　　　　　　　　　　（b）

图 2-12　使用方向架测设直线的横断面方向

2）圆曲线横断面方向的测设

在曲线段上，横断面的方向与该点处曲线的切线方向相垂直，标定的方法如下：如图 2-13 所示，将方向架置于 ZY 点，使照准杆 aa' 指向交点 JD，这时照准杆方向指向圆心。旋松定向杆 cc'，使其照准圆曲线上的第 1 个细部点 P_i，旋紧定向杆 cc' 的制动钮。将方向架置于 P_i 点，使照准杆 bb' 指向 ZY 点，这时定向杆 cc' 所指的方向就是圆心方向。

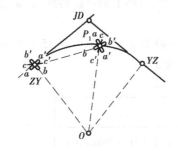

图 2-13　在圆曲线上测设横断面方向　　　图 2-14　用方向架在缓和曲线上标定横断面方向

3）缓和曲线横断面方向的测设

若要用方向架在缓和曲线上标定横断面方向，可在方向架的竖杆上套一简易木质水平度盘，这样便能使其根据偏角关系来标定横断面方向，标定方法如图 2-14 所示，P_1，P_2 为回旋线上的两点，若要测设 P_1 点的横断面方向，则先要根据公式计算出回旋线在 P_1 点的切线角为

$$\beta_1 = \frac{l_1^2}{Rl_0} \cdot \frac{90}{\pi} \tag{2-6}$$

根据坐标计算公式（公式推导参见子情境 4）计算出 P_1，P_2 点在图示独立坐标系中的坐标 (x_1', y_2')，(x_2', y_2')，由此求出弦线 P_1P_2 与 P_1 点切线的水平夹角 δ_1 为

$$\delta_1 = 90° - \beta_1 - \theta_{12} \tag{2-7}$$

在 P_1 点上将简易木质水平度盘（也可以用经纬仪）对准 P_2 点，将水平度盘读数配置为 $0°00'00''$，则水平度盘读数为 δ_1 的方向即为回旋线在 P_1 点的切线方向，$90° + \delta_1$ 方向即为横断面方向。

2. 施测横断面

施测横断面的方法主要有水准仪施测法、经纬仪施测法和花杆皮尺法等。

1）水准仪施测法

当横向坡度小、测量精度较高时,横断面测量通常采用水准仪施测法,如图2-15所示。欲测中心标桩($K0+050.00$)处的横断面,可用方向架定出横断面方向后在此方向上插两根花杆,并在适当位置安置水准仪。持水准尺者在线路中线标桩上以及在两根花杆所标定的横断面方向内选择的坡度变化点上逐一立尺,并读取各点的标尺读数,用皮尺量出各点的距离,然后将这些观测数据记入横断面测量手簿中(见表2-7)。各点的高程可由视线高程推算而得。如果横断面方向上坡度较大,一次安置仪器不能施测线路两侧的坡度变化点时,可用两台水准仪分别施测左右两侧的断面。

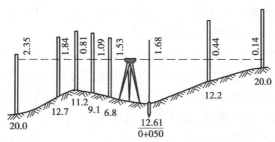

图2-15　水准仪施测法

表2-7　横断面测量记录

$\dfrac{前视读数}{距离}$(左侧)					$\dfrac{后视读数}{距离}$(桩号)	$\dfrac{前视读数}{距离}$(右侧)	
$\dfrac{2.35}{20.0}$	$\dfrac{1.84}{12.7}$	$\dfrac{0.81}{11.2}$	$\dfrac{1.09}{9.1}$	$\dfrac{1.53}{6.8}$	$\dfrac{1.68}{0+050}$	$\dfrac{0.44}{12.2}$	$\dfrac{0.14}{20.0}$

水准仪施测横断面的精度较高,但在横向坡度大或地形复杂的地区则不宜采用。

2)经纬仪施测法

当横向坡度变化较大时,横断面的施测通常采用经纬仪进行。首先在欲测横断面的中线桩点上安置经纬仪,并用钢尺量出仪器高,然后照准横断面方向,并将水平方向制动。持尺者在经纬仪视线方向的坡度变化点上立尺。观测者用视距测量的方法读取视距读数、中丝读数、垂直角α,并计算出各个地形特征点与中桩的平距和高差。

3)花杆皮尺法

当横断面精度要求较低时,多采用花杆皮尺法。

4)全站仪直接测量

全站仪直接测量的原理与经纬仪施测法相同,其区别在于全站仪可自由设站,利用其内置程序(如对边测量等)测定各特征点的坐标或与中桩的平距、高差。这种方法适合于任何地形条件。

五、纵横断面图的绘制

1.纵断面图的绘制

纵断面图是以中桩的里程为横坐标、以中桩的地面高程为纵坐标绘制的,展绘比例尺,里程(横向)其比例尺应与线路带状地形图的比例尺一致,高程(纵向)比例尺通常比里程(横向)大10倍,如里程比例尺为1∶1 000,则高程比例尺为1∶100 纵断面图应使用透明的毫米格纸的背面自左至右进行展绘和注记,图幅设计应视线路长度、高差变化及晒印的条件而定。

纵断面图包括图头、图尾、注记、展线等 4 部分。图头内容包括高程比例尺和测图比例尺。设计应注记的主要内容(如桩号、地面高、设计高、设计纵坡及平曲线等),因工程不同,注记的内容也不一样。

当中线加桩较密,其桩号注记不下时,可注记最高和最低高程变化点的桩号,但绘地面线时不应漏点。中线有断链,应在纵断面图上注记断链桩的里程及线路总长应增减的数值,增值为长链,地面线应相互搭接或重合;减值为短链,地面线应断开。

纵断面图是反映中平测量成果的最直观的图件,是进行线路竖向设计的主要依据。纵断面图包括图头、注记、展线和图尾 4 部分。不同的线路工程其具体内容有所不同,下面以道路设计纵断面图为例,说明纵断面图的绘制方法。

如图 2-16 所示,在图的上半部,从左至右绘有两条贯穿全图的线:一条是细线,表示中线方向的地面线,是以中桩的里程为横坐标,以中桩的地面高程为纵坐标绘制的。里程的比例尺一般与线路带状地形图的比例尺一致,高程比例尺则是里程比例尺的若干倍(一般取 10 倍),以便更明显地表示地面的起伏情况,如里程比例尺为 1:1 000 时,高程比例尺可取 1:100。另一条是粗线,表示带有竖曲线在内的纵坡设计线,根据设计要求绘制。

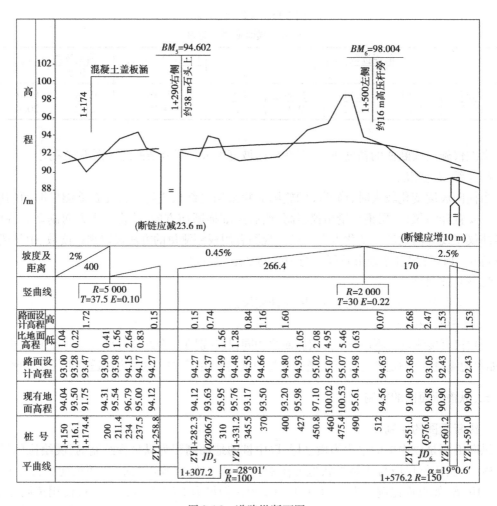

图 2-16　道路纵断面图

在图 2-16 的顶部是一些标注,如水准点位置、编号及其高程,桥涵的类型、孔径、跨数、长度、里程桩号及其设计水位,与某公路、铁路交叉点的位置、里程及其说明,等等,根据实际情况进行标注。

图 2-16 的下部绘有 7 栏表格,注记有关测量和纵坡设计的资料,自下而上分别是平曲线、桩号、现有地面高程、路面设计高程、路面设计高程、现有地面高程、竖曲线、坡度及距离。其中平曲线是中线的示意图,其曲线部分用成直角的折线表示,上凸的表示曲线右偏,下凸的表示曲线左偏,并注明交点编号和曲线半径,带有缓和曲线的应注明其长度,在不设曲线的交点位置,用锐角折线表示;里程栏按横坐标比例尺标注里程桩号,一般标注百米桩和千米桩;地面高程栏按中平测量成果填写各里程桩的地面高程;设计高程栏填写设计的路面高程;设计与地面的高差栏填写各里程桩处,设计高程减地面高程所得的高差;竖曲线栏标绘竖曲线的示意图及其曲线元素;坡度栏用斜线表示设计纵坡,从左至右向上斜的表示上坡,下斜的表示下坡,并在斜线上以百分比注记坡度的大小,在斜线下注记坡长。

2. 横断面图的绘制

根据横断面测量得到的各点间的平距和高差,在毫米方格纸上绘出各中桩的横断面图。水平方向表示距离,竖直方向表示高程。为了便于土方计算,一般水平比例尺应与竖直比例尺相同,采用 1∶100 或 1∶200 的比例尺绘制横断面图。如图 2-17 所示的细实线,绘制时,先标定中桩位置,由中桩开始,逐一将特征点画在图上,再直接连接相邻点,即绘出横断面的地面线。

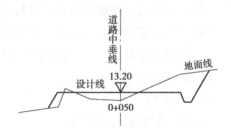

图 2-17　横断面与设计路基图

横断面图画好后,经路基设计,先在透明纸上按与横断面图相同的比例尺分别绘出路室、路堤和半填半挖的路基设计线,称为标准断面图,然后按纵断面图上该中桩的设计高程把标准断面图套在实测的横断面图上。也可将路基断面设计线直接画在横断面图上,绘制成路基断面图,该项工作俗称"戴帽子"。

如图 2-17 所示粗实线为半填半挖的路基断面图。根据横断面的填、挖面积及相邻中桩的桩号,可以算出施工的土、石方量。

【技能训练7】　线路纵横断面测量

1. 技能训练目标

(1)掌握线路纵断面的测量及绘制。

(2)掌握线路横断面的测量及绘制。

2. 技能训练仪器与工具

每组 DJ6 级经纬仪(或全站仪)1 台、记录板 1 块、塔尺(标尺)2 根,皮尺 1 把,方向架 1 个。

3. 技能训练步骤

(1)指导教师先讲解要求与要领。

（2）由指导教师为每组给出一组在直线上的中线点。

（3）在一个中线点安置经纬仪（或方向架），照准另一个中线点。

（4）经纬仪转90°，此方向即为横断面方向。由经纬仪视距测量测出此方向上各特征点与置镜点之间的距离和高差。

（5）当用方向架时，由方向架对角线上的两个小钉，瞄准一个中线点，并固定十字架，这时方向架另外两个小钉的连线方向即位横断面方向。在此方向上，由中线点出发，用皮尺配合塔尺（或标尺）量出每一段中，相对于靠近中线点端的距离和高差。

（6）每个学生均应独立完成记录、读数、丈量看方向等操作项目。

（7）以中线点为准，绘制出横断面图；比例尺一般取1∶200。

（8）对于纵断面测量，方法与横断面测量方法相同，但绘制纵断面图时，要注意比例尺，水平方向常取1∶10 000，而竖直方向一般为1∶1 000。

4. 技能训练基本要求

（1）遵照附录"测量实训的一般要求"中的各项规定。

（2）每组完成线路纵断面的测量和绘制。

（3）每组完成线路横断面的测量与绘制。

（4）距离的取位至0.1 m，高差的取位至0.01 m。

（5）用方向架时，要随时指挥量距人员沿断面方向前进。

（6）皮尺丈量时要水平。

5. 上交资料

（1）各组的原始记录1份。

（2）每位学生的实训报告1份。

子情境3　公路铁路施工测量

道路施工测量的主要任务包括恢复中线测量、施工控制桩、边桩和竖曲线的测设。

在恢复中线测量后，就要进行路基的放样工作，在放样前首先要熟悉设计图纸和施工现场情况。通过熟悉图纸了解设计意图及对测量的精度要求，掌握道路中线与边坡脚和边坡顶的关系，并从中找出施测数据，方能进行路基放线。常采用的路基有如图2-18所示的几种形式。只有深刻了解典型的路基、路面结构，才能很好地进行施工测量。

所谓的典型路基、路面，就是在公路建设中经常出现和采用的几种特例。常用路基形式归纳起来分为一般路堤、一般路堑、半挖半填路基、陡坡路基、沿河路基及挖渠填筑路基。在施工测量中，应认真研究其特点，从中找出放样规律，为日后工作打下基础。

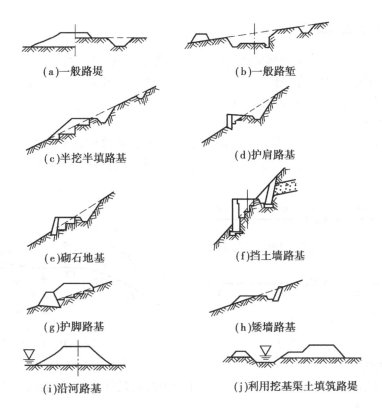

图 2-18　典型路基横断面图

一、恢复中线测量

道路勘测完成到开始施工这一段时间内,有一部分中线桩可能被碰动或丢失,因此,施工前应进行复测。线路复测内容包括转向角测量、直线转点测量、曲线控制桩测量和线路水准测量。其目的是恢复定测桩点和检查定测质量,而不是重新测设,故要尽量按定测桩点进行。若桩橛有丢失和损坏,则应予以恢复;在恢复中线时,应将道路附属物,如涵洞、检查井和挡土墙等的位置一并定出。若复测和定测成果的误差在表 2-8 的允许范围之内,则以定测成果为准;若超出允许范围,应查找原因,确定证明定测资料错误或桩点位移时,方可采用复测资料。

表 2-8　中线桩复测与原测成果较差的限差

线路名称	水平角/(″)	距离相对中误差	转点横向误差/mm	曲线横向闭合差/cm	中线桩高程/cm
铁路、一级及以上公路	≤30	1/2 000	每 100 m 小于 5,点位距大于等于 400 m 小于 20	≤10	≤10
二级及以下公路	≤60	1/1 000	每 100 m 小于 10	≤10	≤10

分改线地段应重新定线,并测绘相应的纵横断面图。

二、施工控制桩的测设

由于中线桩在路基施工中都要被挖掉或堆埋,为了在施工中能控制中线位置,应在不受施工干扰、便于引用、易于保存桩位的地方测设施工控制桩。测设方法主要有平行线法和延长线法两种,可根据实际情况互相配合使用。

1. 平行线法

如图 2-19 所示,平行线法是在设计的路基宽度以外,测设两排平行于中线的施工控制桩。为了施工方便,控制桩的间距一般取 10～20 m。平行线法多用于地势平坦、直线段较长的道路。

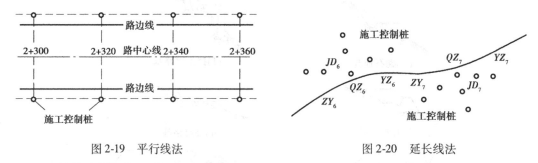

图 2-19　平行线法　　　　　　　　　图 2-20　延长线法

2. 延长线法

如图 2-20 所示,延长线法是在道路转折处的中线延长线上,以及曲线中点至交点的延长线上测设施工控制桩。

每条延长线上应设置两个以上的控制桩,量出其间距及与交点的距离,作好记录,据此恢复中线交点。延长线法多用于地势起伏较大、直线段较短的道路。

三、路基边桩的测设

路基边桩测设就是根据设计断面图和各中桩的填挖高度,把路基两旁的边坡与原地面的交点在地面上钉设木桩(称为边桩),作为路基的施工依据。

每个断面上在中桩的左、右两边各测设一个边桩,边桩距中桩的水平距离取决于设计路基宽度、边坡坡度、填土高度或挖土深度以及横断面的地形情况。边桩的测设方法如下:

1. 图解法

图解法是将地面横断面图和路基设计断面图绘在同一张毫米方格纸上,设计断面高出地面部分采用填方路基,其填土边坡线按设计坡度绘出,与地面相交处即为坡脚;设计断面低于地面部分采用挖方路基,其开挖边坡线按设计坡度绘出,与地面相交处即为坡顶。得到坡脚或坡顶后,用比例尺直接在横断面图上量取中桩至坡脚点或坡顶点的水平距离,然后到实地,以中桩为起点,用皮尺沿着横断面方向往两边测设相应的水平距离,即可定出边桩。

2. 解析法

解析法是通过计算求出路基中桩至边桩的距离,从路基断面图中可以看出,路基断面大体分平坦地面和倾斜地面两种情况。

1)平坦地面

如图 2-21 所示,平坦地面的路堤与路堑的路基放线数据可计算为

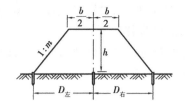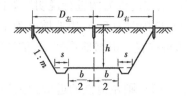

图 2-21　平坦地面的路基边桩的测设

路堤：

$$D_{左} = D_{右} = \frac{b}{2} + mh \qquad (2\text{-}8)$$

路堑：

$$D_{左} = D_{右} = \frac{b}{2} + s + mh \qquad (2\text{-}9)$$

式中　$D_{左}, D_{右}$——道路中桩至左、右边桩的距离；

　　　b——路基的宽度；

　　　$1：m$——路基边坡坡度；

　　　h——填土高度或挖土深度；

　　　s——路堑边沟顶宽。

2）倾斜地面

如图 2-22 所示为倾斜地面路基横断面图，设地面为左边低、右边高，则由图可知：

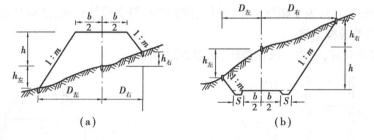

图 2-22　倾斜地面路基边桩测设

路堤：

$$D_{左} = \frac{b}{2} + m(h + h_{左}) \qquad (2\text{-}10)$$

$$D_{右} = \frac{b}{2} + m(h - h_{右}) \qquad (2\text{-}11)$$

路堑：

$$D_{左} = \frac{b}{2} + s + m(h - h_{左}) \qquad (2\text{-}12)$$

$$D_{右} = \frac{b}{2} + s + m(h + h_{右}) \qquad (2\text{-}13)$$

式中，b, m 和 s 均为设计时已知，因此 $D_{左}, D_{右}$ 随 $h_{左}, h_{右}$ 而变化，而 $h_{左}, h_{右}$ 为左右边桩地面与路基设计高程的高差，由于边桩位置是待定的，故 $h_{左}, h_{右}$ 均不能事先知道。在实地测设工作中，是沿着横断面方向，采用逐渐趋近法测设边桩。

现以测设路堑左边桩为例进行说明。如图 2-22（b）所示，设路基宽度为 10 m，左侧边沟顶宽度为 2 m，中心桩挖深为 5 m，边坡坡度为 1∶1，测设步骤如下：

（1）估计边桩位置。根据地形情况，估计左边桩处地面比中桩地面低 1 m，即

$$h_{左} = 1 \text{ m}$$

则代入式（2-12），则左边桩的近似距离为

$$D_{左} = \frac{10 \text{ m}}{2} + 2 \text{ m} + 1 \times (5 - 1) \text{ m} = 11 \text{ m}$$

在实地沿横断面方向往左侧量 11 m，在地面上定出 1 点。

（2）实测高差。用水准仪实测 1 点与中桩之高差为 1.5 m，则 1 点距中桩之平距应为

$$D_{左} = \frac{10 \text{ m}}{2} + 2 \text{ m} + 1 \times (5 - 1.5) \text{ m} = 10.5 \text{ m}$$

此值比初次估算值小，故正确地边桩位置应在 1 点的内侧。

（3）重估边桩位置。正确的边桩位置应在距离中桩 10.5～11 m，重新估计边桩距离为 10.8 m，在地面上定出 2 点。

（4）重测高差。测出 2 点与中桩的实际高差为 1.2 m，则 2 点与中桩之平距应为

$$D_{左} = \frac{10 \text{ m}}{2} + 2 \text{ m} + 1 \times (5 - 1.2) \text{ m} = 10.8 \text{ m}$$

此值与估计值相符，故 2 点即为左侧边桩位置。

四、路基边坡的放样

当路基边桩放出后，为了指导施工，使填、挖的边坡符合设计要求，还应把边坡放样出来。

1. 用麻绳竹竿放样边坡

（1）当路堤不高时，采用一次挂绳法，如图 2-23 所示。

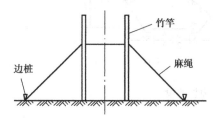

图 2-23　麻绳竹竿放样边坡

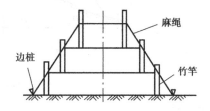

图 2-24　分层挂线放样边坡

（2）当路堤较高时，可选用分层挂线法，如图 2-24 所示。每层挂线前应标定公路中线位置，并将每层的面用水准仪抄平，方可挂线。

2. 用固定边坡架放样边坡

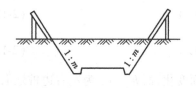

图 2-25　固定架放样边坡

如图 2-25 所示，开挖路堑时，在坡顶外侧即开口桩处立固定边坡架。

五、铺设测量

1. 路面放样

在铺设公路路面时，应先把路槽放样出来，具体放样方法如下：

从最近的水准点出发,用水准仪测出各桩的路基设计标高,然后在路基的中线上按施工要求每隔一定的间距设立高程桩,用放样已知高程点的方法,使各桩桩顶高程等于将来要铺设的路面标高。如图 2-26 所示,用皮尺由高程桩(M 桩)沿横断面方向左、右各量路槽宽度的一半,钉出路槽边桩 A,B,使其桩顶标高等于铺设路面的设计标

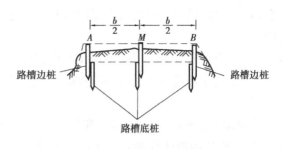

图 2-26 路槽放样示意图

高。在 A,B,M 桩旁边挖一小坑,在坑中钉一木桩,使桩顶的标高符合路槽底的设计标高,即可开挖路槽。

2. 路拱放样

所谓路拱,就是在保证行车平稳的情况下,为有利于路面排水,使路中间按一定的曲线形式(抛物线、圆曲线)进行加高,并向两侧倾斜而形成的拱状。其放样方法与竖曲线相同。

六、竣工测量

公路铁路在竣工验收时的测量工作,称为竣工测量。施工过程中,由于修改设计变更了原来设计中线的位置或者是增加了新的建(构)筑物,如涵洞、人行通道等,使建(构)筑物的竣工位置往往与设计位置不完全一致。为了给公路铁路运营投产后的改建、扩建和管理养护提供可靠的资料和图纸,应该测绘公路竣工总图。

竣工测量的内容与线路测设基本相同,包括中线测量、纵横断面测量和竣工总图的编制。

1. 中线竣工测量

中线竣工测量一般分两步:首先,收集该线路设计的原始资料、文件及修改设计资料、文件,然后根据现有资料情况分两种情况进行。当线路中线设计资料齐全时,可按原始设计资料进行中桩测设,检查各中桩是否与竣工后线路中线位置相吻合。当设计资料缺乏或不全时,则采用曲线拟合法,即先对已修好的公路进行分中,将中线位置实测下来并以此拟合平曲线的设计参数。

2. 纵、横断面测量

纵、横断面测量是在中桩竣工测量后,以中桩为基础,将道路纵、横断面情况实测下来,看是否符合设计要求。其测量方法同前。

上述中桩和纵、横断面测量工作,均应在已知施工控制点的基础上进行,如已有的施工控制点已被破坏,应先恢复控制系统。

在实测工作中对已有资料(包括施工图等)要进行详细实地检查、核对,其检查结果应满足国家有关规程。

当竣工测量的误差符合要求时,应对曲线的交点桩、长直线的转点桩等路线控制桩或坐标法施测时的导线点埋设永久桩,并将高程控制点移至永久性建筑物上或牢固的桩上。然后重新编制坐标、高程一览表和平曲线要素表。

3. 竣工总图的编制

对于已确实证明按设计图施工、没有变动的工程,可以按原设计图上的位置及数据绘制竣

工总图,各种数据的注记均利用原图资料。对于施工中有变动的工程,按实测资料绘制竣工总图。

不论利用原图绘制还是实测竣工总图,其图式符号、各种注记、线条等格式都应与设计图完全一致,对于原设计图没有的图式符号,可以按《1∶500,1∶1 000,1∶2 000 地形图图式》设计图例。

编制竣工总图时,若竣工测量所得出的实测数据与相应的设计数据之差在施工测量的允许误差内,则应按设计数据编绘竣工总图,否则按竣工测量数据编绘。

【技能训练8】 路基边桩放样

1. 技能训练目标

(1)掌握图上丈量尺寸的能力。

(2)掌握趋近法放样边桩的能力。

2. 技能训练仪器设备

全站仪 1 台,计算器 1 台,脚架 1 个,木桩,锤子,小钉若干。

3. 技能训练步骤

(1)指导教师先讲解要求和要领。

(2)图纸上量取边桩到中桩的距离。

(3)计算放样的数据。

(4)用极坐标法根据计算数据放样点位,并测量放样点的高程。

(5)根据测量的高程计算移动的方向。

(6)根据移动距离放样新的点位,并测量高程。

(7)根据设计计算该点是否符合设计;如果不符,重复(5)、(6)步,直至满足要求为止。

4. 技能训练基本要求

(1)遵照附录"测量实训的一般要求"中的各项规定。

(2)每组完成一组边桩点的放样。

(3)计算外移时要注意外侧或内侧。

5. 上交成果

(1)各组的记录和计算手簿 1 份。

(2)每位学生的实训报告 1 份。

子情境 4　曲线测设

一、概述

曲线放样是公路铁路等线型工程放样的重要组成部分。下面主要介绍各种曲线元素的计算以及曲线放样的方法。

　　无论是铁路、公路还是地铁隧道，由于受到地形、地物、地质及其他因素的限制，经常要改变线路前进的方向。当线路方向改变时，在转向处需要用曲线将两直线连接起来。因此，线路工程总是由直线和曲线组成，如图 2-27(a) 所示。

　　道路曲线分为平面曲线(平曲线)和立面曲线(竖曲线)。连接不同方向线路的曲线称为平曲线；当相邻两段直线段存在不同坡度时，也必须用曲线连接，这种连接不同坡度的曲线称为竖曲线。

　　平曲线按其线形可分为圆曲线、缓和曲线和复曲线等。

　　圆曲线又分单曲线和复曲线两种。具有单一半径的曲线称为单圆曲线。具有两个或两个以上不同半径的曲线称为复曲线，如图 2-27(b) 所示。

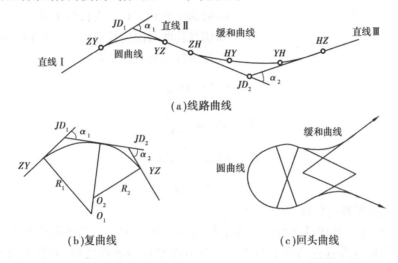

(a)线路曲线

(b)复曲线　　　　　　　　(c)回头曲线

图 2-27　线路曲线图

　　在一般情况下，为了保证车辆运输的安全与平顺，都要在直线与圆曲线之间设置缓和曲线。缓和曲线的曲率半径是从 ∞ 逐渐变到圆曲线半径 R 的变量。在与直线连接处半径为 ∞，与圆曲线连接处半径为 R。

　　由于线路要克服各种地形障碍，为满足行车要求，有时线路一次改变方向 180° 以上，这种曲线称为回头曲线，如图 2-27(c) 所示。在公路曲线测设中，还有一种用以连接不同平面上直线的曲线称为立交曲线。

　　在铁路线路上，厂区内的线路除联络线外均采用圆曲线，在国家的等级铁路和厂外区的专用铁路线路上，当曲线半径超过一定的数值时，也可以只采用圆曲线。在公路线路上，当二级线路的半径在平原微丘区大于 2 500 m，在山岭重丘区大于 600 m，三级线路的半径在平原微丘区大于 1 500 m，在山岭重丘区大于 350 m 时可以采用圆曲线。除以上情况外，均应在直线和圆曲线之间插入缓和曲线。

二、圆曲线的放样

1. 圆曲线元素的计算、主点里程计算

　　单圆曲线简称为圆曲线。圆曲线放样通常分两步进行：首先测设曲线上起控制作用的点子，称为主要点测设；然后根据主要点加密曲线其他的点子，称为圆曲线的详细测设。在实地测设之前，必须进行曲线要素及主要点的里程计算。

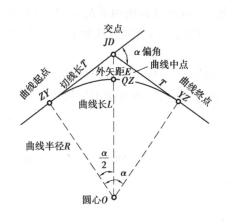

图 2-28　圆曲线示意图

圆曲线的主要点包括：

ZY 点（直圆点）：直线与圆曲线的连接点。

QZ 点（曲中点）：圆曲线的中点。

YZ 点（圆直点）：圆曲线与直线的连接点。

1）圆曲线元素的计算

如图 2-28 所示，已知数据为路线中线交点（JD）的偏角 α 和圆曲线的半径 R，线路的转向角 α 是定测时在现场测得的，圆曲线的半径 R 是根据线路的等级和地形情况由设计人员决定的。要计算的圆曲线的元素有切线长度 T、曲线长 L、外矢距 E 和切线长度与曲线长度之差（切曲差）q。各元素可以按照以下公式计算：

切线长度：
$$T = R \cdot \tan \frac{\alpha}{2} \tag{2-14a}$$

曲线长度：
$$L = R \cdot \alpha \cdot \frac{\pi}{180°} \tag{2-14b}$$

外矢距：
$$E = R\left(\sec \frac{\alpha}{2} - 1\right) \tag{2-14c}$$

切曲差：
$$q = 2T - L \tag{2-14d}$$

2）圆曲线主点里程的计算

里程桩也称中桩，是埋设在线路中线上标有水平距离的桩。路线的里程是指线路的中线点沿中线方向距线路起点的水平距离。里程桩有整桩和加桩之分，并按起点至该桩的里程进行编号，并用红油漆写在木桩侧面。例如，某桩距线路起点的水平距离为 15 639.74 m，则其桩号记为 K15 + 639.74。其中，加号前为千米数，加号后为米数；在公路、铁路勘测设计中，通常在千米数前加注"K"。

曲线上各点的里程都是从一已知里程的点开始沿曲线逐点推算的。一般已知交点 JD 的里程，它是从前一直线段推算而得，然后再由交点的里程推算其他各主点的里程。由于路线中线不经过交点，故圆曲线的终点、中点的里程必须从圆曲线起点的里程沿着曲线长度推算。根据交点的里程和曲线测设元素，就能够计算出各主点的里程，如图 2-28 所示。

$$\left.\begin{aligned}
ZY_{点里程} &= JD_{点里程} - T \\
YZ_{点里程} &= ZY_{点里程} + L \\
QZ_{点里程} &= YZ_{点里程} - \frac{L}{2} \\
JD_{点里程} &= QZ_{点里程} + \frac{q}{2}（校核）
\end{aligned}\right\} \tag{2-15}$$

【例 2-1】　已知某交点的里程为 K4 + 542.36 m，测得偏角 $\alpha_{右} = 30°25'36''$，圆曲线的半径 $R = 150$ m，求圆曲线的元素和主点里程。

解　（1）主点测设数据的计算。

切线长：
$$T = R \cdot \tan \frac{\alpha}{2} = 4.79 \text{ m}$$

曲线长：
$$L = R \cdot \alpha \cdot \frac{\pi}{180°} = 79.66 \text{ m}$$

外矢距：
$$E = R\left(\sec\frac{\alpha}{2} - 1\right) = 5.45 \text{ m}$$

切曲差：
$$q = 2T - L = 1.92 \text{ m}$$

（2）主点里程的计算。
$$ZY_{里程} = 4 + 542.36 - 40.79 = 4 + 501.57$$

$$QZ_{里程} = 4 + 501.57 + \frac{79.66}{2} = 4 + 541.40$$

$$YZ_{里程} = 4 + 541.40 + \frac{79.66}{2} = 4 + 581.23$$

检核计算为
$$YZ_{里程} = 4 + 542.36 + 40.79 - 1.92 = 4 + 581.23$$

2. 圆曲线测设

1）圆曲线主点的测设

在圆曲线元素及主点里程计算无误后，即可进行主点测设（见图2-29），其测设步骤如下：

（1）测设圆曲线起点（ZY）和终点（YZ）

安置经纬仪在交点 JD_2 上，后视中线方向的相邻点 JD_1，自 JD_2 沿着中线方向量取切线长度 T，得曲线起点 ZY 点位置，插上测纤；逆时针转动照准部，测设水平角（$180° - \alpha$）得 YZ 点方向，然后从 JD_2 出发，沿着确定的直线方向量取切线长度 T，得曲线终点 YZ 点位置，也插上测纤。再用钢尺丈量插测纤点与最近的直线桩点距离，如果两者的水平长度之差在允许的范围内，则在插测纤处打下 ZY 桩与 YZ 桩。如果误差超出允许的范围，则应该找出原因，并加以改正。

（2）测设圆曲线的中点（QZ）

经纬仪在交点 JD_2 上照准前视点 JD_3 不动，水平度盘置零，顺时针转动照准部，使水平度盘读数为 β（$\beta = (180° - \alpha)/2$），得曲线中点的方向，在该方向从上交点 JD_2 丈量外矢距 E，得曲线的中点（QZ），插上测纤。主点放样后，可用偏角法检核所放主点是否正确。如图2-29所示，曲线终点对起点切线的偏角为 $\alpha/2$，曲线中点对起点切线的偏角为 $\alpha/4$，或按上述方法丈量与相邻桩点距

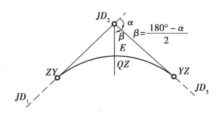

图2-29　圆曲线主点测设示意图

离进行校核，如果误差在允许的范围内，则在插测纤处打下 QZ 桩。

2）圆曲线详细测设

当地形变化比较小，而且圆曲线的长度小于40 m时，测设圆曲线的3个主点就能够满足设计与施工的需要。如果圆曲线较长，或地形变化比较大时，则在完成测定3个圆曲线的主点以后，还需要按照表2-9中所列的桩距 l，在曲线上测设整桩与加桩。这就是圆曲线的详细测设。

表 2-9　中桩间距

直线/m		曲线/m			
平原微丘区	山岭重丘区	不设超高的曲线	$R > 60$	$30 < R < 60$	$R < 30$
≤50	≤25	25	20	10	5

注:表中 R 为平曲线的半径,以 m 计。

圆曲线详细测设的方法较多,但随着全站仪的广泛使用,在曲线放样中,极坐标法是一种最常用的方法。其原理是以圆曲线的起点 ZY 或终点 YZ 为坐标原点,以切线 T 为 x 轴,以通过原点的半径为 y 轴,建立独立坐标系,计算圆曲线上细部点 P_i 在直角坐标系中的坐标(x_i, y_i),通过在控制点上架设仪器,采用极坐标法放样点位。极坐标法放样圆曲线的关键是计算曲线上点的坐标。

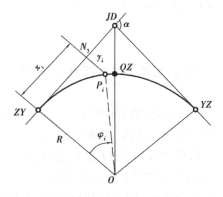

图 2-30　极坐标法详细测设圆曲线

（1）测设数据的计算

如图 2-30 所示,P_i 为圆曲线上任意一点,则该点坐标可计算为

$$\left.\begin{aligned} \varphi_i &= \frac{l_i}{R} \times \frac{180°}{\pi} \\ x_i &= R \sin \varphi_i \\ y_i &= R(1 - \cos \varphi_i) \end{aligned}\right\} \quad (2\text{-}16)$$

式中　l_i——P_i 点到 ZY 点的里程差。

（2）极坐标法测设步骤

①如图 2-30 所示,安置仪器在交点 JD 位置,后视 ZY,仪器归零。

②计算放样数据:

$$D_i = \sqrt{\left(x_{P_i} - x_{JD}\right)^2 + \left(y_{P_i} - y_{JD}\right)^2}$$

$$\alpha_{JD\text{-}P_i} = \arctan \frac{y_{P_i} - y_{JD}}{x_{P_i} - x_{JD}}$$

$$\alpha_{JD\text{-}ZY} = 180°$$

$$\beta_i = \alpha_{JD\text{-}P_i} - \alpha_{JD\text{-}ZY}$$

③根据计算的拨角和距离,按极坐标法进行放样。依次放样需要放样的点位。

④在该曲线段的放样完成后,应量取各个相邻桩点之间的距离与计算出的弦长进行比较,如果两者之间的差异在允许的范围之内,则曲线测设合格,在各点打上木桩。如果超出限差,应及时找出原因并加以纠正。

如果曲线主点上不便架设仪器,可在曲线上任意一点或其他控制点上架设仪器放样。

三、综合曲线放样

1. 综合曲线概述

汽车在直线上行驶时,离心力为零;在平曲线上行驶时,产生离心力。路线的直线段与圆曲线直接连接时,行车状态为汽车进入圆曲线后,突然产生离心力,驶出圆曲线后离心力又立即消失。同时,驾驶员在进入圆曲线前需要迅速改变行车方向,操纵困难,因而造成行车不安全、乘客不舒适。在以高速度进入较小半径曲线时,这种现象尤为明显。为了缓和行车方向的突变和离心力的突然产生与消失,确保高速行车的安全和舒适,需要在直线与圆曲线之间插入一段曲率半径由无穷大逐渐变化至圆曲线半径的过渡性曲线,此曲线称为缓和曲线。

缓和曲线的作用是使汽车在不降低车速的情况下能均匀徐缓转向,由直线段逐渐过渡到圆曲线段或由圆曲线段逐渐过渡到直线段,从而保证行车平稳,旅客舒适。在设有超高和加宽时,缓和曲线部分也作为逐步超高及加宽的部分。

由缓和曲线和圆曲线组成的平面曲线称为综合曲线。如图 2-31 所示,综合曲线共由 5 部分组成,即第 1 直线段;第 1 缓和曲线段 ZH-HY;圆曲线段 HY-YH、第 2 缓和曲线段 YH-HZ、第 2 直线段。整个曲线共有 5 个主点,即直缓点(ZH),缓圆点(HY),曲中点(QZ),圆缓点(YH),缓直点(HZ)。

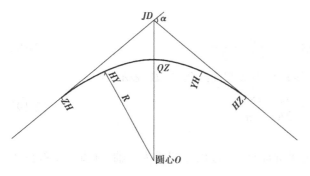

图 2-31　综合曲线组成

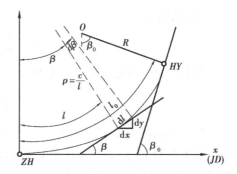

图 2-32　缓和曲线的切线角

2. 缓和曲线的测设

1)缓和曲线的特征及曲线方程

缓和曲线的形式可采用回旋线、三次抛物线及双扭线等。目前,我国公路铁路设计中,多以回旋线作为缓和曲线,如图 2-32 所示。从直线段连接处起,缓和曲线上各点单位曲率半径 ρ 与该点离缓和曲线起点的距离 l 成反比,即

$$\rho_i = \frac{c}{l_i}$$

式中,c 是一个常数,称为缓和曲线变更率。

在与圆曲线连接处,l_i 等于缓和曲线全长 l_0,ρ 等于圆曲线半径 R,故

$$c = \rho l = R l_0 \tag{2-17}$$

c 一经确定,缓和曲线的形状也就确定。c 越小,半径变化越快;反之,c 越大,半径变化越慢,曲线也就越平顺。当 c 为定值时,缓和曲线长度视所连接的圆曲线半径而定。

我国线路测量中,当缓和曲线与圆曲线衔接时,采用 c(公路)$= 0.035\ v^3$,c(铁路)$= 0.098\ v^3$,v 为车辆平均车速(km/h),则相应的缓和曲线长度为

$$l_0 \geq 0.035\ \frac{v^3}{R}（公路）$$

$$l_0 \geq 0.098\ \frac{v^3}{R}（铁路）$$

由上式可见,当 v 一定时 ,R 越大则 l_0 越短。故当行车速度 v 小到一定数值或圆曲线半径

R 大到一定数值时，则可不设置缓和曲线，为安全起见，l_0 应取较计算结果稍大的值，且取5 m 和 10 m 的整倍数。

2）缓和曲线的切线角公式

缓和曲线上任意一点 P 的切线与曲线直缓点 ZH 的切线所组成的夹角为 β，β 称为缓和曲线的切线角。缓和曲线的切线角 β 实际上等于曲线直缓点 ZH 至曲线上任一点 P 之间的弧长所对应的圆心角 β，如图 2-32 所示。

在 P 点取一微分弧长 $\mathrm{d}l$，它所对应的圆心角为 $\mathrm{d}\beta$，则

$$\mathrm{d}\beta = \frac{\mathrm{d}l}{\rho}$$

将式（2-17）代入，则

$$\mathrm{d}\beta = \frac{l\mathrm{d}l}{Rl_0}$$

将上式积分，则

$$\beta = \int_0^l \mathrm{d}\beta = \int_0^l \frac{l\mathrm{d}l}{Rl_0} = \frac{l^2}{2Rl_0} \tag{2-18}$$

当 $l = l_0$ 时，缓和曲线全长 l_0 所对的切线角称为缓和曲线角，以 β_0 表示，则

$$\beta_0 = \frac{l_0}{2R} \cdot \frac{180°}{\pi} \tag{2-19}$$

3）缓和曲线上任一点 P 坐标的计算

如图 2-32 所示，以缓和曲线起点 ZH 为坐标原点，以过该点切线为 x 轴，垂直于切线的方向为 y 轴。则任一点 P 的坐标可写为

$$\begin{aligned} \mathrm{d}x &= \mathrm{d}l \cos\beta \\ \mathrm{d}y &= \mathrm{d}l \sin\beta \end{aligned} \tag{2-20}$$

式中，$\mathrm{d}x$，$\mathrm{d}y$ 为纵横坐标微量。将 $\cos\beta$，$\sin\beta$ 按级数展开，则

$$\cos\beta = 1 - \frac{\beta^2}{2!} + \frac{\beta^4}{4!} - \frac{\beta^6}{6!} + \cdots$$

$$\sin\beta = \beta - \frac{\beta^3}{3!} + \frac{\beta^5}{5!} - \frac{\beta^7}{7!} + \cdots$$

将上式代入（2-20），并顾及式（2-18），再经积分整理后得

$$\begin{aligned} x_i &= l_i - \frac{l_i^5}{40R^2l_0^2} = l_i - \frac{l_i^5}{40c^2} \\ y_i &= \frac{l_i^3}{6Rl_0} = \frac{l_i^3}{6c} \end{aligned} \tag{2-21}$$

式（2-21）是以 l 为参数的方程，称为缓和曲线的参数方程式。缓和曲线终点的坐标为（取 $l_i = l_0$，并顾及 $c = Rl_0$）

$$\begin{aligned} x_0 &= l_0 - \frac{l_0^3}{40R^2} \\ y_0 &= \frac{l_0^2}{6R} \end{aligned} \tag{2-22}$$

3. 综合曲线要素计算及主点测设

综合曲线的基本线型是在圆曲线与直曲线之间加入缓和曲线，成为具有缓和曲线的圆

曲线,如图 2-33 所示,图中虚线部分为一转向角为 α、半径为 R 的圆曲线 AB,今欲在两侧插入长度为 l_0 的缓和曲线。圆曲线的半径不变而将圆心从 O' 移至 O 点,使得移动后的曲线离切线的距离为 p,在顺着 JD 与圆心的方向上移动量为 $p \cdot \sec\dfrac{\alpha}{2}$。曲线起点沿切线向外侧移至 E 点,设 $DE = m$,同时将移动后圆曲线的一部分(图中的 $C\text{-}F$)取消,从 E 点到 F 点之间用弧长为 l_0 的缓和曲线代替,故缓和曲线大约有一半在原圆曲线范围内,另一半在原直线范围内,缓和曲线的倾角 β_0 即为 $C\text{-}F$ 所对的圆心角。

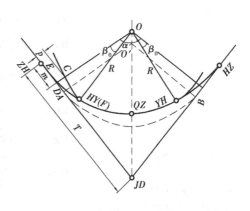

图 2-33　具有缓和曲线的圆曲线

1)缓和曲线常数的计算

缓和曲线的常数包括缓和曲线的倾角 β_0、圆曲线的内移 p 和切线外移量 m,根据设计部门确定的缓和曲线长度 l_0 和圆曲线半径 R,其计算公式为

$$\beta_0 = \frac{l_0}{2R} \cdot \frac{180°}{\pi} = \frac{l_0}{2R}\rho''$$

$$p = \frac{l_0^2}{24R} - \frac{l_0^4}{2\,688R^3} \approx \frac{l_0^2}{24R} \tag{2-23}$$

$$m = \frac{l_0}{2} - \frac{l_0^3}{240R^2} \approx \frac{l_0}{2}$$

2)有缓和曲线的圆曲线要素计算

在计算出缓和曲线的倾角 β_0、圆曲线的内移值 p 和切线外移量 m 后,就可以计算具有缓和曲线的圆曲线要素:

切线长度:
$$T = (R + P)\tan\frac{\alpha}{2} + m$$

曲线长:
$$L = R(\alpha - 2\beta_0) \cdot \frac{\pi}{180°} + 2l_0 = R\alpha\frac{\pi}{180°} + l_0 \tag{2-24}$$

外矢距:
$$E = (R + P)\sec\frac{\alpha}{2} - R$$

切曲差:
$$q = 2T - L$$

3)曲线主点里程的计算

具有缓和曲线的圆曲线主点包括直缓点 ZH、缓圆点 HZ、曲中点 QZ、圆缓点 YH、缓直点 HZ。

ZH(直缓点):直线与缓和曲线的连接点。

HY(缓圆点):缓和曲线和圆曲线的连接点。

QZ(曲中点):曲线的中点。

YH(圆缓点):圆曲线和缓和曲线的连接点。

HZ(缓直点):缓和曲线与直线的连接点。

曲线上各点的里程从一已知里程的点开始沿曲线逐点推算。一般已知 JD 的里程,它是从前一线段推算而得,然后再从 JD 的里程推算各控制点的里程。

$$ZH_{里程} = JD_{里程} - T$$

$$HY_{里程} = ZH_{里程} + L_0$$

$$QZ_{里程} = HY_{里程} + \left(\frac{L}{2} - l_0\right)$$

$$YH_{里程} = QZ_{里程} + \left(\frac{L}{2} - l_0\right) \qquad (2\text{-}25)$$

$$HZ_{里程} = YH_{里程} + l_0$$

计算检核条件为

$$HZ_{里程} = JD_{里程} + T - q$$

4)曲线主点的测设

①ZH, QZ, HZ 点的测设

ZH, QZ, HZ 点可采用圆曲线主点的测设方法。经纬仪安置在交点(JD)瞄准第一条直线上的某已知点(D_1),经纬仪水平度盘置零。由 JD 出发沿视线方向丈量 T,定出 ZH 点。经纬仪向曲线内转动$\frac{\alpha}{2}$,得到分角线方向,在该方向线上沿视线方向从 JD 出发丈量 E,定出 QZ 点。继续转动$\frac{\alpha}{2}$,在该线上丈量 T,定出 HZ 点。如果第 2 条直线已经确定,则该点就应位于该直线上。

②HY, YH 点的测设

ZH 和 HZ 点测设好后,分别以 ZH 和 HZ 点为原点建立直角坐标系,利用式(2-22)计算出 HY, YH 点的坐标,采用切线支距法确定出 HY, YH 点的位置。

通过式(2-22)计算出 HY, YH 点的坐标,在 ZH, HZ 点确定后,可以采用切线支距法进行放样。如以 $ZH\text{-}JD$ 为切线,ZH 为切点建立坐标系,按计算的直角坐标放样出 HY 点,同样也可测设出 YH 点的具体位置。

以上主点确定后,应及时复核距离,然后分别设立对应的里程桩。

【例 2-2】 综合曲线,已知 $JD = K5 + 324.00, \alpha_{右} = 22°00', R = 500$ m,缓和曲线长 $l_0 = 60$ m。求算缓和曲线主点里程桩桩号。

解 (1)计算综合曲线元素。

缓和曲线的倾角: $\qquad \beta_0 = \frac{l_0}{2R} \cdot \frac{180°}{\pi} = 3°26'16''$

圆曲线的内移值: $\qquad P = \frac{l_0^2}{24R} - \frac{l_0^4}{2\,688R^3} \approx \frac{l_0^2}{24R} = 0.3$ m

切线外移量: $\qquad m = \frac{l_0}{2} - \frac{l_0^3}{240R^2} \approx \frac{l_0}{2} = 30.00$ m

切线长度: $\qquad T = (R + P)\tan\frac{\alpha}{2} + m = 127.24$ m

曲线长度: $\qquad L = R(\alpha - 2\beta) \cdot \frac{\pi}{180°} + 2l_0 = 251.98$ m

外矢距: $\qquad E = (R + P)\sec\frac{\alpha}{2} - R = 9.66$ m

切曲差: $\qquad q = 2T - L = 2.5$ m

（2）计算曲线主点里程桩桩号。

JD	$K5 + 324$
$-T$	127.24

————————

ZH	$K5 + 196.76$
$+ l_0$	60.00

————————

HY	$K5 + 256.76$
$+ (L + 2l_0)/2$	65.99

————————

QZ	$K5 + 322.75$		校核计算：	
$+ (L - 2l_0)/2$	65.99		JD	$K5 + 324.00$

————————　　　　————————

YH	$K5 + 388.74$		$+ T$	127.24
$+ l_0$	60.00		$- D$	2.50

————————　　　　————————

HZ	$K5 + 448.74$		HZ	$K5 + 448.74$

4. 综合曲线任意一点坐标计算

当地形变化比较小，而且综合曲线的长度小于 40 m 时，测设综合曲线的几个主点就能够满足设计与施工的需要，无须进行详细测设。如果综合曲线较长，或地形变化比较大时，则在完成测定曲线的主点以后，还需要按照表 2-8 中所列的桩距 l，在曲线上测设整桩与加桩。这就是曲线的详细测设。

按照选定的桩距在曲线上测设桩位，通常有以下两种方法：

①整桩号法：从 ZH（或 ZY）点出发，将曲线上靠近起点 ZH 点（或 ZY）的第 1 个桩的桩号凑整成大于 ZH 点（或 ZY）桩号的且是桩距 l 的最小倍数的整桩号，然后按照桩距 l 连续向圆曲线的终点 HZ 点（或 YZ）测设桩位，这样设置的桩的桩号均为整数。

②整桩距法：从综合曲线的起点 ZH 点（或 ZY）和终点 HZ 点（或 YZ）出发，分别向圆曲线的中点 QZ 以桩距 l 连续设桩，由于这些桩均为零桩号，因此，应及时设置百米桩和千米桩。

曲线详细测设的方法较多，但由于全站仪的广泛使用，现在在线路的中线放样中，主要使用极坐标法进行。而极坐标法放样的关键就是计算出曲线上待定点 i 的平面直角坐标 (x_i, y_i)。下面就对综合曲线上不同部分的坐标计算进行分别叙述。

以缓和曲线起点 ZH 为坐标原点，以过该点切线为 x 轴，垂直于切线的方向为 y 轴，建立独立直角坐标系。

1）综合曲线第 1 直线段上细部点的直角坐标

如图 2-34 所示，设 i 为直线上任意一点，从图中可以看出，i 点的坐标 x_i, y_i 可表示为

$$\left.\begin{array}{l} x_i = DK_i - DK_{ZH} \\ y_i = 0 \end{array}\right\} \tag{2-26}$$

式中　DK_i——i 点的里程；

　　　DK_{ZH}——ZH 点的里程。

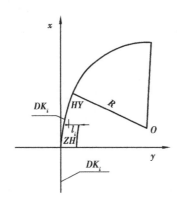

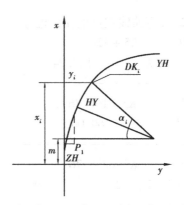

图 2-34　第一直线和第一缓和曲线坐标计算　　　　图 2-35　圆曲线段坐标计算

2）第 1 缓和曲线段（*ZH-HY*）上细部点的直角坐标

同样,如图 2-34 所示,i 为缓和曲线上任意一点,i 点的坐标 x_i, y_i 的公式为

$$\left.\begin{array}{l} l_i = DK_i - DK_{ZH} \\[2mm] x_i = l_i - \dfrac{l_i^5}{40R^2 l_s^2} \\[3mm] y_i = \dfrac{l_i^3}{6Rl_s} - \dfrac{l_i^7}{336R^3 l_s^3} \end{array}\right\} \tag{2-27}$$

3）圆曲线段（*HY-YH*）上细部点的直角坐标

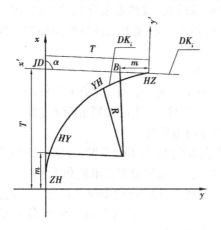

图 2-36　第 2 缓和曲线和第 2
直线段坐标计算示意图

设 i 为圆曲线上任意一点,从图 2-35 中可以看出,i 点的坐标 x_i, y_i 可表示为

$$\left.\begin{array}{l} x_i = R \sin \alpha_i + m \\[2mm] y_i = R \cos \alpha_i + p \end{array}\right\} \tag{2-28}$$

式中　$\alpha_i = \dfrac{180}{\pi R}(DK_i - DK_{ZH} - l_0) + \beta_0$

β_0, p, m——前述的缓和曲线常数;

l_0——缓和曲线全长。

4）第 2 缓和曲线段（*YH-HZ*）上细部点的直角坐标

对于第 2 缓和曲线,以 *HZ* 为坐标原点,*HZ-JD* 方向为 x' 轴正向,建立独立坐标系"$x' - y'$"坐标系（见图 2-36）,则第 2 缓和曲线上 i 点在独立坐标系中坐标为

$$l_i = DK_{HZ} - DK_i$$

$$x_i' = l_i - \dfrac{l_i^5}{40R^2 l_s^2}$$

$$y_i' = -\left(\dfrac{l_i^3}{6Rl_s} - \dfrac{l_i^7}{336R^3 l_s^3}\right)$$

由图中可知,在 x-y 坐标系中,*HZ* 点的坐标为

$$x_{HZ} = T + T \cos \alpha$$

$$y_{HZ} = T \sin \alpha$$

x' 轴的方位角为

$$\alpha_{HZ\text{-}JD} = 360 - \alpha$$

故 i 点在 x-y 坐标系中坐标为

$$x_i = T + T \cos \alpha - x'_i \cos \alpha + y_i \sin \alpha \tag{2-29}$$
$$y_i = T \sin \alpha - x'_i \sin \alpha - y_i \cos \alpha$$

5）第 2 直线段上细部点的直角坐标

设 i 为第 2 直线段上任意一点，则从图 2-36 中可以看出，i 点的坐标 x_i，y_i 可表示为

$$x_i = T + (T + DK_i - DK_{HZ}) \cos \alpha \tag{2-30}$$
$$y_i = (T + DK_i - DK_{HZ}) \sin \alpha$$

在上述坐标计算公式中，其坐标系为独立坐标系，而公路铁路设计中，往往采用统一坐标系，通过旋转和平移坐标系的公式，轻易地就能够计算出曲线上任意一点在统一坐标系中坐标。

【例 2-3】　以例 2-2 综合曲线的数据为例，已知 $JD = K5 + 324.00$，$\alpha_{右} = 22°00'$，$R = 500\,\text{m}$，缓和曲线长 $l_0 = 60\,\text{m}$。求算缓和曲线极坐标法测设数据。

解　利用上述综合曲线坐标计算公式，计算测设数据见表 2-10。

表 2-10　极坐标法测设综合曲线数据计算表

点　号	桩　号	x/m	y/m	曲线说明	说　明
ZH	K5 + 196.76	0.00	0.00	$JD = K5 + 324.00$	$l = 10\,\text{m}$
1	K5 + 206.76	10.00	0.01	$\alpha_{右} = 22°00'$	
2	K5 + 216.76	20.00	0.04	$R = 500\,\text{m}$	
3	K5 + 226.76	30.00	0.15	$l_0 = 60\,\text{m}$	
4	K5 + 236.76	40.00	0.36	$\beta_0 = 3°26'16''$	
5	K5 + 246.76	49.99	0.69	$x_0 = 59.98\,\text{m}$	
HY	K5 + 256.76	59.98	1.20	$y_0 = 1.2\,\text{m}$	
6	K5 + 276.76	79.91	2.80	$P = 0.30\,\text{m}$	
7	K5 + 296.76	99.77	5.19	$m = 30.0\,\text{m}$	$l = 20\,\text{m}$
8	K5 + 316.76	119.51	8.38	$T = 127.24\,\text{m}$	
QZ	K5 + 322.75	125.40	9.48	$L = 251.98\,\text{m}$	
8'	K5 + 328.73	131.26	10.66	$E = 9.66\,\text{m}$	
7'	K5 + 348.73	150.76	15.10	$q = 2.50\,\text{m}$	
6'	K5 + 368.73	170.07	20.32		
YH	K5 + 388.73	189.15	26.31		$l = 10\,\text{m}$
5'	K5 + 398.73	198.60	29.58		
4'	K5 + 408.73	207.99	33.01		
3'	K5 + 418.73	217.34	36.56		
2'	K5 + 428.73	226.65	40.21		
1'	K5 + 438.73	235.94	43.92		
HZ	K5 + 448.73	245.21	47.66		

【技能训练9】 极坐标法放样曲线的计算和放样

1. 技能训练目的

(1)掌握综合曲线上任一点的坐标计算。

(2)掌握极坐标法放样曲线并进行检核的方法。

2. 技能训练内容

(1)曲线中桩的坐标计算。

(2)曲线中桩的放样。

(3)放样中桩的检核。

3. 技能训练仪器与工具

每组全站仪 1 台(包括三脚架),记录板 1 块,对中杆 1 个,单棱镜 1 个,木桩若干,小铁钉若干。

4. 技能训练步骤

(1)指导教师先讲解要求与要领。

(2)由指导教师为每组给出曲线资料。

(3)计算放样点坐标,并计算放样数据。

(4)在控制点架设仪器,按极坐标法放样中线点(角度按正倒镜分中法放样)。作点后,要重新进行距离测量,看是否满足要求。

(5)每个学生均应独立完成计算、读数、前视及后视等操作项目。

(6)检核放样的点位,看是否满足规范要求。

(7)如果不满足要求,则查找原因,重新放样。

5. 上交资料

(1)各组的放样数据计算 1 份。

(2)每位学生的实训报告 1 份。

6. 注意事项

(1)遵照附录"测量实训的一般要求"中的各项规定。

(2)坐标取位至 0.1 mm,距离区位至 1 mm。

(3)前视人员注意距离移动的方向。

四、复曲线的测设

由两个或两个以上不同半径的圆曲线连接而成的曲线称为复曲线。

在铁路或公路的选线设计中,有时因地形的限制,两条直线间不能用同一半径的曲线相连接,常设置复曲线以适应地形的要求。

在复曲线中,曲线都向同一方向弯曲的称为同向复曲线,向反方向弯曲的称为反向复曲线。

复曲线在铁路的新线设计中很少采用,但在山区公路上、矿区和工业厂区内,由于行车速度不高,有时可采用。本节将对单纯由不同半径的圆曲线组成的复曲线以及两端有缓和曲线中间由两种圆曲线直接相连组成的复曲线进行讨论。

1. 单纯由圆曲线组成的复曲线

如图 2-37 所示为单纯由圆曲线组成的复曲线的示意图。V 为线路的交点,α 为线路的交角,为复曲线,DE 为公切线,C 为公切点,O_1 和 O_2 为分别以 R_1 和 R_2 为半径的圆曲线的圆心。

(1)同向复曲线的元素 T_1',T_2',L,T_2,L_1 和 L_2 可计算为

$$T_1 = R_1 \cdot \tan \frac{\alpha_1}{2}$$

$$T_2 = R_2 \cdot \tan \frac{\alpha_2}{2}$$

$$DE = T_1 + T_2 = R_1 \cdot \tan \frac{\alpha_1}{2} + R_2 \cdot \tan \frac{\alpha_2}{2}$$

$$T' = AD + DV = T_1 + DE \cdot \frac{\sin \alpha_2}{\sin \alpha}$$

$$T_2' = BE + EV = T_2 + DE \cdot \frac{\sin \alpha_1}{\sin \alpha}$$

$$L = L_1 + L_2 = \frac{\pi R_1 \alpha_1}{180°} + \frac{\pi R_2 \alpha_2}{180°}$$

(2)曲线坐标计算

以缓和曲线起点 ZY 为坐标原点,以过该点切线为 x 轴,垂直于切线的方向为 y 轴,建立独立直角坐标系。

①第 1 圆曲线上任意一点坐标计算

与前述圆曲线坐标计算公式相似,即

$$\varphi_i = \frac{l_i}{R_1} \times \frac{180°}{\pi}$$

$$x_i = R_1 \sin \varphi_i \qquad (2\text{-}31)$$

$$y_i = R_1(1 - \cos \varphi_i)$$

$$l_i = DK_i - DK_{ZY}$$

式中　DK_i——第 1 圆曲线上的任意一点的里程;

　　　　DK_{ZY}——ZY 点里程。

②第 2 圆曲线上任意一点的坐标计算

如图 2-37 所示,以 C 点为坐标原点,CE 方向为坐标 A 轴(纵轴)正向,垂直于切线的方向为 B 轴,建立独立坐标系,则第 2 圆曲线上任意一点在 A-B 坐标系中的坐标为

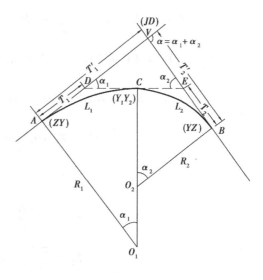

图 2-37　单纯由圆曲线组成的复曲线

$$\varphi_i = \frac{l_i}{R_2} \times \frac{180°}{\pi}$$

$$A_i = R_2 \sin \varphi_i \qquad (2\text{-}32)$$

$$B_i = R_2(1 - \cos \varphi_i)$$

$$l_i = DK_i - DK_C$$

式中 DK_i——第 2 圆曲线上的任意一点的里程；

DK_C——C 点里程。

如图 2-37 所示，C 点在 x-y 坐标系中的坐标为

$$x_C = T_1(1 + \cos \alpha_1)$$
$$y_C = T_1 \sin \alpha_1 \tag{2-33}$$
$$\alpha_{CE} = \alpha_1$$

根据坐标旋转和平移公式可知，第 2 圆曲线的任意一点在 x-y 坐标系的坐标为

$$x_i = T_1(1 + \cos \alpha_1) + A_i \cos \alpha_1 - B_i \sin \alpha_1$$
$$y_i = T_1 \sin \alpha_1 + A_i \sin \alpha_1 + B_i \cos \alpha_1 \tag{2-34}$$

2. 两端有缓和曲线中间由两种圆曲线连接的复曲线

如图 2-38 所示为两端有缓和曲线中间由两种圆曲线连接的复曲线。因为两端设有缓和曲线，使得半径为 R_1 和 R_2 的圆曲线分别向里移动 p_1 和 p_2，移动后的两圆曲线在 E 点公切于直线 CD。如果将切线长 T_1，T_2 及公切线 CD 的长度算出，即可放样复曲线，则

$$CD = CE + ED$$

$$CE = CF + FE = p_1 \cot \alpha_1 + (R_1 + p_1)\tan \frac{\alpha_1}{2}$$

$$ED = EG + GD = (R_2 + p_2)\tan \frac{\alpha_2}{2} + p_2 \cdot \cot \alpha_2$$

因此

$$CD = (R_1 + p_1)\tan \frac{\alpha_1}{2} + (R_2 + p_2)\tan \frac{\alpha_2}{2} + p_1 \cot \alpha_1 + p_2 \cot \alpha_2$$

$$T_1 = AA' + A'C' - CC' = m_1 + (R_1 + p_1)\tan \frac{\alpha_1}{2} - p_1 \csc \alpha_1$$

$$T_2 = BB' + B'D' - DD' = m_2 + (R_2 + p_2)\tan \frac{\alpha_2}{2} - p_2 \csc \alpha_2$$

$$T'_1 = T_1 + CV = T_1 + CD \cdot \frac{\sin \alpha_2}{\sin \alpha}$$

$$T'_2 = T_2 + DV = T_2 + CD \cdot \frac{\sin \alpha_1}{\sin \alpha}$$

$$L_1 = \frac{\pi \cdot R_1}{180°}(\alpha_1 - \beta_1) + l_{01}$$

$$L_2 = \frac{\pi \cdot R_2}{180°}(\alpha_2 - \beta_2) + l_{02}$$

式中，l_{01} 和 l_{02} 分别为与 R_1 和 R_2 相连的缓和曲线的长度。m，p 和 β 值可以根据 R 和 l_0 缓和曲线常数表中查取。

单纯由圆曲线组成的复合曲线各主点的放样及曲线的细部放样按圆曲线的极坐标法进行，两端有缓和曲线中间由两种圆曲线直接相连组成的复曲线的放样可按综合曲线的极坐标法进行。放样时，应注意将两个副交点 C 和 D 设置准确，否则将使 α_1，α_2 角以及公切线 CD 长度有误差，影响曲线的闭合。

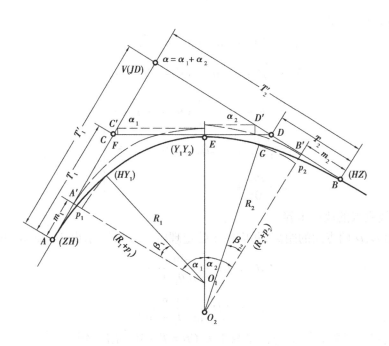

图 2-38　两端由缓和曲线中间由两种圆曲线连接的复曲线

五、回头曲线放样

铁路或公路在山区展线时,通常采用回头曲线,它是一种转向角接近或超过 180°的特殊曲线。在铁路线路上回头曲线常由圆曲线和缓和曲线组成。

1. 铁路回头曲线的放样

如图 2-39 所示为铁路线路上常见的一种回头曲线,A 为线路的交点,O 为回头曲线的圆心,α 为回头曲线的总转角($180° < \alpha < 360°$)。由于在 A 点形成立交,故称为套线。当线路的转角接近 180°时,交点 JD 不易在现场测得,通常都是在两直线段上分别选择 C,D 点,称为副交点,并在这两点上设站,测出 θ_1 和 θ_2 角,则转向角 α 即可算出。

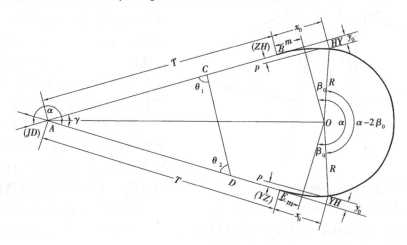

图 2-39　铁路回头曲线

1）回头曲线计算公式

$$
\left.\begin{aligned}
\alpha &= 360° - (\theta_1 + \theta_2) \\
T &= (R + p)\tan\left(180° - \frac{\alpha}{2}\right) - m \\
&= (R + p)\tan\frac{1}{2}(\theta_1 + \theta_2) - m \\
L &= \frac{\pi R}{180°}(\alpha - 2\beta_0) + 2l_0 \\
&= \frac{\pi R \alpha}{180°} + l_0
\end{aligned}\right\} \tag{2-35}
$$

2）回头曲线主点的放样步骤

（1）先量出 C,D 两点间的距离，并应用正弦定理解算 $\triangle ACD$，求出 AC 和 AD 的距离为

$$
AC = CD\frac{\sin\theta_1}{\sin(\theta_1 + \theta_2)}
$$

$$
AD = CD\frac{\sin\theta_1}{\sin(\theta_1 + \theta_2)}
$$

（2）由副交点 C 开始，沿 AC 方向量取距离 $CB = T - AC$，定出 ZH 点。

（3）由另一副交点 D 开始，沿 AD 方向量取距离 $DE = T - AD$，定出 HZ 点。

（4）由 B 点和 E 点起，以直角坐标$(x_0$ 和 $y_0)$法定出 HY 点和 YH 点。

（5）按综合曲极坐标法放样回头曲线的细部。

2. 公路回头曲线的放样

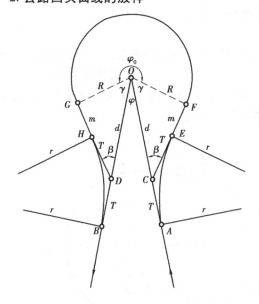

图 2-40　公路回头曲线

S_0—线路的交点、回头曲线中主曲线的圆心；

C,D—两副曲线的交点；φ—两相邻直线段的夹角；

φ_0—主曲线所对应的圆心角；β—副曲线的转角；

AO—回头曲线的切线长；T—副曲线的切线长

在公路上，回头曲线也是用来进行展线以争取高度时采用的一种线型形式。由于回头曲线的半径一般都是整个线路中最小的，故在公路的回头曲线上通常不设置缓和曲线。如图 2-40 所示为公路上常用的一种回头曲线，它是由半径为 r 的副曲线和半径为 R 的主曲线以及插入直线段 m 组成的。这种两条副曲线的半径相同、两段插入直线段 m 相等的回头曲线，称为对称回头曲线。因其形如灯泡，也称灯泡线。

线路的交点 O 及两直线的夹角 φ 可在线路定线时测出，主曲线的半径 R，副曲线的半径 r 以及插入直线段 m 均为设计值。其余元素可由设计值计算。

1）回头曲线的计算公式

（1）计算副曲线的转角 β：

$$\tan \beta = \frac{OF}{CF} = \frac{R}{(m+T)} = \frac{R}{(m+r \cdot \tan \frac{\beta}{2})} = \frac{2\tan \frac{\beta}{2}}{1-\tan^2 \frac{\beta}{2}}$$

上式整理后有

$$(2r+R)\tan^2 \frac{\beta}{2} + 2m \cdot \tan \frac{\beta}{2} - R = 0$$

解之有

$$\tan \frac{\beta}{2} = \frac{-m \pm \sqrt{m^2 + (2r+R)R}}{2r-R} \tag{2-36}$$

β 解出后应取锐角。

（2）计算回头曲线的切线长：

$$OA(=OB) = d + T = \frac{R}{\sin \beta} + r \cdot \tan \frac{\beta}{2}$$

（3）计算副曲线的曲线元素。可根据副曲线的半径 r 和转角 β 查表计算。

（4）计算主曲线的元素：

$$\varphi_0 = 360° - \varphi - 2\gamma = 180° - \varphi + 2\beta$$
$$L = \frac{\pi R \varphi_0}{180°} \tag{2-37}$$

2）回头曲线放样的步骤

（1）安置仪器于 O 点，沿 OA 与 OB 方向量取距离 d 定出副曲线的交点 C 和 D；由 C,D 点起分别在 OA 和 OB 方向上量 T，定出副曲线的起点 A 在 B。

（2）以 OA 和 OB 为方向拨 $\gamma(=90°-\beta)$ 角，量取距离 R，定出主曲线的起点 F 和终点 G。

（3）迁仪器于 C,D 两点，检测 β 角，实测值与计算值一般相差不得超过 $\pm 2.5'$，精度满足要求后，按极坐标法详细放样主副曲线。

六、竖曲线放的放样

1. 竖曲线的概念

在铁路或公路中，不可避免地要设置上坡、下坡和平坡。两相邻坡段的交点称为变坡点。为了行车安全，在两相邻坡度之间应加设竖曲线。竖曲线按顶点的位置可分为凸形竖曲线（见图 2-41（a））和凹形竖曲线（见图 2-41（b））按性质又可

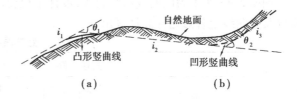

图 2-41　凹形竖曲线与凸形竖曲线

分为圆曲线形竖曲线和抛物线形竖曲线。这两种竖曲线的数学方程式分别为

$$x^2 + y^2 = R^2$$
$$2py = x^2$$

《标准轨距铁路设计技术规范》中规定，在新建线路上，只能采用同一种性质的竖曲线。当采用圆曲线型竖曲线时，在Ⅰ,Ⅱ级铁路上当相邻两坡段的代数差大于3‰时必须设置竖曲线，竖曲线的半径为10 000 m。在Ⅲ级铁路上相邻坡段的代数差大于4‰时应设置竖曲线，其

半径为 5 000 m,当采用抛物线形的竖曲线时,在Ⅰ,Ⅱ,Ⅲ级铁路上,凡相邻坡段的代数差大于2‰时均应设置竖曲线。抛物线形的竖曲线上每 20 m 的变坡率 r 如表 2-11 所示。同一等级的铁路上,凹形竖曲线上的变坡率比凸形竖曲线上的变坡率要小,曲线要平缓。

表 2-11 铁路竖曲线变坡率

铁路等级	限制坡度 ‰	每 20 m 长度的变坡率‰	
		凸形断面	凹形断面
Ⅰ,Ⅱ	12	1.2	0.6
	6 ~ 12	限制坡度的 1/10	限制坡度的 1/20
	6 及以下	0.6	0.3
Ⅲ	12 以上	1.6	0.8
	6 ~ 12	限制坡度的 2/15	限制坡度的 1/15
	6 及以下	0.8	0.4

我国现行《公路工程技术标准》规定,各级公路在纵坡变更处均按表 2-11 规定。

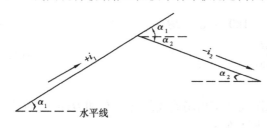

图 2-42 坡度和坡度代数差图

已知,坡度是表示斜坡的倾斜程度的,它是倾斜直线上两点间的高差 h 和水平距离 D 之比值,以 i 表示(见图 2-42)。坡度在数值上等于倾斜直线与水平面夹角的正切值,即

$$i = \frac{h}{D} = \tan \alpha$$

坡度在上坡时为正,下坡时为负。相邻坡段的坡度代数差是考虑到坡度符号后的差数。

设 i_1 为 +15‰,i_2 为 -10‰,则相邻两坡段的坡度代数差 $i = i_2 - i_1 = -10‰ - 15‰ = -25‰$。

坡度代数差的符号在设计和计算上没有意义,可取用其绝对值。

2. 竖曲线的计算

1)圆曲线型竖曲线的计算

如图 2-43 所示为圆曲线形竖曲线,设计半径要求见表 2-12。在放样之前必须将曲线的元素以及竖曲线上各点之标高计算出来。

表 2-12 竖曲线半径

公路等级		高速公路		一		二		三		四	
地　形		平原微丘	山岭重丘	平原微丘	山岭重丘	平原微丘	山岭重丘	平原微丘	山岭重丘	平原微丘	山岭重丘
凸形竖曲线半径/m	极限最小值	11 000	3 000	6 500	1 400	3 000	450	1 400	250	450	100
	一般最小值	17 000	4 500	10 000	2 000	4 500	700	2 000	400	700	200
凹形竖曲线半径/m	极限最小值	4 000	2 000	3 000	1 000	2 000	450	1 000	250	450	100
	一般最小值	6 000	3 000	4 500	1 500	3 000	700	1 500	400	700	200
竖曲线最小长度/m		100	70	85	50	70	35	50	25	35	20

圆曲线形竖曲线的元素有切线长 T 和曲线长 C,其计算公式为

$$\left. \begin{array}{l} T = R \cdot \tan \dfrac{\alpha}{2} \\ C = R \cdot \alpha \end{array} \right\} \qquad (2\text{-}38)$$

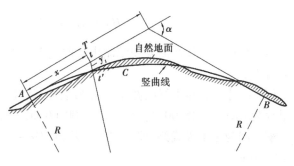

图 2-43　圆曲线形竖曲线

式中　α——转坡角,以弧度表示。

由于 α 角很小,$\tan \dfrac{\alpha}{2}$ 可作如下的变化:

$$\tan \frac{\alpha}{2} = \tan \frac{1}{2}(\alpha_1 + \alpha_2) = \frac{\tan \dfrac{\alpha_1}{2} + \tan \dfrac{\alpha_2}{2}}{1 - \tan \dfrac{\alpha_1}{2} \cdot \tan \dfrac{\alpha_2}{2}}$$

由于 α_1 和 α_2 也很小,故 $\tan \dfrac{\alpha_1}{2} \cdot \tan \dfrac{\alpha_2}{2}$ 更小,取其为零,故有

$$\tan \frac{\alpha}{2} = \tan \frac{\alpha_1}{2} + \tan \frac{\alpha_2}{2} = \frac{1}{2}\tan \alpha_1 + \frac{1}{2}\tan \alpha_2 = \frac{1}{2}(i_1 + i_2)$$

即转坡角的正切值可用其相邻两坡段的坡度代数差的绝对值来表示。将上式的结果代入式(2-38)中,有

$$\left. \begin{array}{l} T = R \cdot \tan \dfrac{\alpha}{2} = \dfrac{1}{2}R\Delta_i \\ C = R \cdot \alpha = R \cdot \Delta_i = 2T \end{array} \right. \qquad (2\text{-}39)$$

此外,还必须计算出竖曲线上任意一点 t' 的平面位置和高程位置。设 t 为切线上的一点,t' 为 t 点与竖曲线圆心连线在竖曲线的交点。t 点至竖曲线起点 A 的距离为 x。由于坡度很小,故可以把 x 看成 A, t 两点间的水平距离,也可把 x 视为 A, t' 两点间的水平距离。x 值可根据竖曲线上放样点间的距离来确定。有了 x 值,放样点的平面位置即可决定。竖曲线上 t' 点的位置可以标高 H_i 确定。H_i 根据计算为

$$H_{t'} = H_t \pm y_t \qquad (2\text{-}40)$$

竖曲线为凸形曲线时,式中,y_t 取负号,反之取正号。在这里,将 y_t 看成 t 和 t' 点间的高差,由于 tt' 与铅垂线的夹角很小,不会引起显著的差别。y_t 值可用下式推求:

$$(R + y_t)^2 = R^2 + x^2$$

$$R^2 + 2y_t \cdot R + y_t^2 = R^2 + x^2$$

$$2Ry_t = x^2 - y_t^2$$

由于 y_t 很小,略去 y_t^2 后则

$$y_t = \frac{x^2}{2R} \qquad (2\text{-}41)$$

坡度线上 t' 点的高程 $H_{t'}$ 可以由变坡点的设计高程 H_0 来推求:

$$H_{t'} = H_0 \pm (T - x_t)i_1 \qquad (2\text{-}42)$$

自坡顶至 t 点为下坡时,式中 $(T - x_t) \cdot i_1$ 取负号,上坡时取正号。

将式(2-41)和式(2-42)代入式(2-40)中,有

$$H_{t'} = H_0 + (T - x_t) \cdot i_1 \pm \frac{x^2}{2R} \tag{2-43}$$

竖曲线放样前往往需要先编制出竖曲线上各点的标高表,以供放样时应用。下面将举例说明编表的方法。

【例 2-4】 已知 I 级线路上一方为上坡,其坡度为 3‰,另一方为下坡,坡度为 2‰,变坡点里程为 $DK12 + 345.00$,高程为 $H_0 = 100.00$ m,试计算并编制圆形竖曲线上各点之高程表。

解 因为是 I 级线路,坡度的代数差为 3‰ - (- 2‰) = 5‰,故应设置竖曲线,其半径应为 10 000 m。

(1)计算竖曲线的元素:

$$T = \frac{1}{2}R \cdot \Delta_i = 5\,000 \times 5‰ \text{ m} = 25 \text{ m}$$

$$C = 2T = 2 \times 25 \text{ m} = 50 \text{ m}$$

(2)计算竖曲线起、终点的里程:

变坡点	$DK12 + 345.00$
$-T$	25.00

起点	$DK12 + 320.00$
$+C$	50.00

终点	$DK12 + 370.00$

(3)计算竖曲线上各点的 y 坐标值。若竖曲线上每隔 5 m 计算一点,则有

$$y_1 = \frac{x^2}{2R} = \frac{5^2}{20\,000}\text{m} = 0.001\,25 \text{ m}$$

$$y_2 = (2^2) \cdot y_1 = 0.005 \text{ m}$$

$$y_3 = (3^2) \cdot y_1 = 0.011 \text{ m}$$

$$y_4 = (4^2) \cdot y_1 = 0.02 \text{ m}$$

$$y_5 = (5^2) \cdot y_1 = 0.031 \text{ m}$$

(4)计算坡度线上各相应点的高程。已知变坡点的高程为 100.00 m,根据坡度推得的竖曲线起、终点的高程为

$$H_{起} = 100.00 \text{ m} - \frac{3}{1\,000} \times 25 \text{ m} = 99.925 \text{ m}; H_{终} = 100.00 \text{ m} - \frac{2}{1\,000} \times 25 \text{ m} = 99.950 \text{ m}$$

在 3‰ 的坡度上每 5 m 的高差变化 Δh_1 为

$$\Delta h_1 = \frac{3}{1\,000} \times 5 \text{ m} = 0.015 \text{ m}; \Delta h_2 = \frac{2}{1\,000} \times 5 \text{ m} = 0.010 \text{ m}$$

坡度线上各点的高程从竖曲线的起、终点或变坡点推算。

(5)计算竖曲线上各点高程可根据坡度线上各点高程及各点的 y 坐标值可计算为

$$H = H' \pm y \tag{2-44}$$

计算所得的竖曲线上各点的高程填入表 2-13 中。

表 2-13　竖曲线高程计算

点　号	里　程	x	y	坡度上各点之高程 $H' = H_0 \pm (T-x)i$	竖直线上各点之高程 $H = H' \pm y$
终点	12 + 370.00	0	0	99.950	99.950
9	365.00	5	0.1	99.960	99.959
8	360.00	10	0.005	99.970	99.965
7	355.00	15	0.011	99.980	99.969
6	350.00	20	0.020	99.990	99.970
5	345.00	25	0.031	100.000	99.969
4	340.00	20	0.020	99.985	99.965
3	335.00	15	0.011	99.970	99.959
2	330.00	10	0.005	99.955	99.950
1	325.00	5	0.001	99.940	99.939
始点	12 + 320.00	0	0	99.925	99.925

从表 2-13 中可知,竖曲线最高点为 6 号点,其余点的标高以该点为对称点。由此可以检核高程计算。

2)抛物线形竖曲线的计算

(1)竖曲线上每 20 m 的变坡率可按表 2-11 确定。例如,Ⅱ级铁路,限制坡度为 10‰,凹形断面,每 20 m 的变坡率 r 应为限制坡度的 1/20,即 0.5‰。

(2)确定抛物线方程式 $2py = x^2$ 中的参数 p 值。因为竖曲线上每 20 m 的变坡率可以近似地看成当 x 变化 20 m 时,曲线上切线斜率的变化。抛物线上任意一点处切线的斜率为

$$y' = \frac{x}{p}$$

由于 y' 为直线函数,故 x 的增量相同,y' 的增量也相同。当 x 的增量为 20 m 时,即为竖曲线上每 20 m 的变化率,故有

$$r = \frac{20}{p} \text{ 或 } p = \frac{20}{r} \tag{2-45}$$

已知 r,则可以按式(2-44)计算 p 值。

(3)计算抛物线形竖曲线及切线长度,先要计算出相邻两坡度的代数 Δ_i,坡度的代数差就是由前一坡段的坡度变化到后一坡段的坡度时总的坡度变化。已知抛物线上每 20 m 的变坡率 r,则相对于总变坡率为 Δ_i 的竖曲线总长度 C 为

$$C = \frac{\Delta_i}{r} \times 20 = 20 \cdot \frac{\Delta_i}{r}$$

由于抛物线形竖曲线的曲率很小,故可近似地将曲线长看成等于 2 倍切线长,这时有

$$T = \frac{C}{2}$$

(4)计算抛物线形竖曲线上各点 y 坐标。我国采用的抛物线形竖曲线,是分别以竖曲线

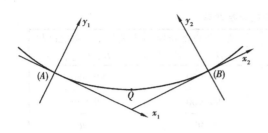

图 2-44　抛物线形竖曲线

起点 A 和终点 B 为顶点的两条抛物线组合而成的,如图 2-44 所示。可以证明,Q 点为两抛物线的公切点。因此,公切点 Q 前、后的两部分竖曲线上各点的 y 坐标,可以在两个坐标系中分别计算。其计算公式为

$$y = \frac{x^2}{2P}$$

将式(2-45)代入上式有

$$y = \frac{rx^2}{40} \tag{2-46}$$

(5)计算坡度线及抛物线形竖曲线上各点的标高,其计算方法与圆曲线形竖曲线的计算方法相同。

【例 2-5】　已知 I 级线路的某处为凹形断面,一方下坡的坡度为 $-3‰$,另一方上坡的坡度为 $+2‰$,变坡点的里程为 $DK13+780.00$,高程 $H_0 = 98.00$ m,试编制抛物线形竖曲线上各点之高程表。

解　(1)因是 I 级线路,且坡度的代数差 $\Delta_i = 5‰$,故应设置竖曲线。由表 2-10 可知,凹形竖曲线每 20 m 的变坡率 r 应为 $0.5‰$。

(2)计算竖曲线元素:

$$c = 20 \cdot \frac{\Delta_i}{r} = 20 \times \frac{5‰}{0.5‰}\ \text{m} = 200\ \text{m}$$

$$T = \frac{C}{2} = \frac{1}{2} \times 200\ \text{m} = 100\ \text{m}$$

(3)计算 p 值:

$$p = \frac{20}{r} = \frac{20}{0.5‰}\ \text{m} = 40\,000\ \text{m}$$

故抛物线的方程为

$$y = \frac{x^2}{2p} = \frac{x^2}{80\,000}$$

(4)计算竖曲线上各点的 y 坐标,若每 20 m 放样一点,则各点的 y 坐标有

$$x_0 = 0 \qquad y_0 = 0$$
$$x_1 = 20 \qquad y_1 = 0.005$$
$$x_j = 20j \qquad y_j = 0.005(j)^2$$

(5)计算坡度线上相应各点的高程

起点的高程:　　$H_起 = 98.00 + 100 \times 3‰ = 98.300$ m

终点的高程:　　$H_终 = 98.00 + 100 \times 2‰ = 98.200$ m

其余各点的高程按式(2-42)计算。

(6)将计算所得的高程填入表 2-14 中,即为竖曲线上各点的高程表。

3. 竖曲线的放样步骤

(1)根据线路控制点或百米标桩按各点的里程放样各点的平面位置。

(2)测定各点的地面高程。

表 2-14　竖曲线高程计算表

点　　名	里　　程	x	y	坡度上各点之高程 H'	竖曲线上各点之高程 H
终点	$DK13+880.00$	0	0	98.200	98.200
9	860.00	20	0.005	98.160	98.165
8	840.00	40	0.020	98.120	98.140
7	820.00	60	0.045	98.080	98.125
6	800.00	80	0.080	98.040	98.120
5	780.00	100	0.125	98.000	98.125
4	760.00	80	0.080	98.060	98.140
3	740.00	60	0.045	98.120	98.165
2	720.00	40	0.020	98.180	98.200
1	700.00	20	0.005	98.240	98.240
始点	$DK13+680.00$	0	0	98.300	98.300

（3）计算各点的填挖高度 h，其计算公式为

$$h = 竖曲线设计高程 - 地面高程$$

式中，正为填，负为挖。

（4）将各点的填挖高度标记在木桩上，复查无误后，放样工作结束。

子情境 5　桥梁施工测量

桥梁施工测量的目的是把图纸上所设计的结构物的位置、形状、大小和高低，在实地标定出来，作为施工的依据。施工测量将贯穿整个桥梁施工过程，是保证施工质量的一项重要工作。

一、桥梁施工控制测量

桥梁施工控制网分为施工平面控制网和施工高程控制网两部分。

1. 桥梁施工控制网的技术要求

在建立控制网时，既要考虑三角网本身的精度，即图形强度，又要考虑以后施工的需要。因此，在布网之前应对桥梁的设计方案、施工方法、施工机具及场地布置、桥址地形及周围的环境条件、精度要求等方面进行研究，然后在桥址地形图上拟订布网方案，在现场选定点位。点位应选在施工范围以外，且不能位于淹没或土质松软的地区。

控制网应力求满足下列要求：

（1）图形应具有足够的强度，使测得的桥轴线长度的精度能满足施工要求，并能利用这些三角点以足够的精度放样桥墩。当主网的三角点数目不能满足施工需要时，能方便地增设插

点。在满足精度和施工要求的前提下,图形应力求简单。

(2)为使控制网与桥轴线连接起来,在河流两岸的桥轴线上应各设一个三角点,三角点距桥台的设计位置也不应太远,以保证桥台的放样精度。放样桥墩时,仪器可安置在桥轴线上的三角点上进行交会,以减小横向误差。

(3)控制网的边长一般在 0.5~1.5 倍河宽的范围内变动。由于控制网的边长较短,可直接丈量控制网的一条边作为基线。基线长度不宜小于桥轴线长度的 0.7 倍,一般应在两岸各设一条,以提高 3 条线的精度及增加检核条件。通常丈量两条基线边,两岸各一条。基线如用钢尺直接丈量,以布设成整尺段的倍数为宜,而且基线场地应选在土质坚实、地势平坦的地段。

(4)三角点均应选在地势较高、土质坚实稳定、便于长期保存的地方,而且三角点的通视条件要好。要避免旁折光和地面折光的影响,要尽量避免造标。

(5)桥梁施工的高程控制点即水准点,每岸至少埋设 3 个,并与国家水准点联测。水准点应采用永久性的固定标石,也可利用平面控制点的标石。同岸的 3 个水准点,其中两个应埋设在施工范围以外,以免受到破坏;另一个应埋设在施工区内,以便直接将高程传递到所需要的地方。同时,还应在每一个桥台、桥墩附近设立一个临时施工水准点。

2. 桥梁施工平面控制网

1)桥梁施工平面的基本要求

(1)平面控制网的布设形式

测量仪器的更新、测量方法的改进,特别是高精度全站仪的普及,给桥梁平面控制网的布设带来了很大的灵活性,也使网形趋于简单化。桥梁施工平面控制主要采用三角网。

桥梁三角网的基本图形为大地四边形和三角形并以控制跨越河流的正桥部分为主。如图 2-45 所示为桥梁施工平面控制网的基本形式。如图 2-45(a)所示图形适用于桥长较短而需要交会的水中墩、台数量不多的一般桥梁的施工放样;图 2-45(b)、(c)、(d)3 种图形的控制点数多、图形坚强、精度高,适用于大型、特大型桥梁。图 2-45(e)为利用江河中的沙洲建立控制网的情况,说明一切都应从实际出发,选择最适宜的网形。

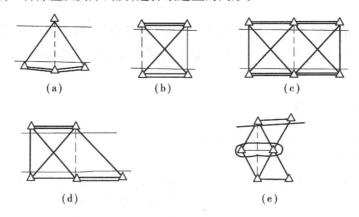

图 2-45 桥梁施工平面控制网的基本形式

特大桥通常有较长的引桥一般是将桥梁施工平面控制网再向两侧延伸,增加几个点构成多个大地四边形网或者从桥轴线点引测敷设一条光电测距精密导线,导线宜采用闭合环。

对于大型和特大型的桥梁施工平面控制网,自 20 世纪 80 年代以来已广泛采用边角网或测边网的形式,并按自由网严密平差。

无论施工平面控制网布设采用何种形式,首先控制网的精度必须满足施工放样的精度要求,其次考虑控制点尽可能地便于施工放样,且能长期稳定而不受施工的干扰。一般中、小型桥梁控制点采用地面标石,大型或特大型桥梁控制点应采用配有强制对中装置的固定观测墩或金属支架。

(2)桥梁控制网的精度确定

桥梁施工控制网是放样桥台、桥墩的依据。若将控制网的精度定得过高,虽能满足施工的要求,但控制网施测困难,既费时又费工;控制网的精度过低,很难满足施工的要求。目前,常用确定控制网精度有两种:按桥式、桥长(上部结构)来设计;按桥墩中心点位误差(下部结构)来设计。

①按桥式确定控制网的精度

按桥式确定控制网精度的方法是根据跨越结构的架设误差(它与桥长、跨度大小及桥式有关)来确定桥梁施工控制网的精度。桥梁跨越结构的形式一般分为简支梁和连续梁。简支梁在一端桥墩上设固定支座,在其余桥墩上设活动支座,如图 2-46 所示。在钢梁的架设过程中,它的最后长度误差来源于两部分:一是杆件加工装配时的误差,二是安装支座的误差。

(a)连续梁　　　　　　　　　　　(b)简支梁

△—固定支座;○—活动支座

图 2-46　桥梁跨越结构的形式

根据《铁路钢桥制造规则》的有关规定,钢桁梁节间长度制造允许误差为 ± 2 mm,两组孔距误差为 ± 0.5 mm,则每一节间的制造和拼装误差为 $\Delta l = \pm \sqrt{0.5^2 + 2^2} = \pm 2.12$ mm,当杆件长 16 m 时,其相对允许误差为 $\dfrac{\Delta l}{l} = \dfrac{2.12}{16\ 000} = \dfrac{1}{7\ 547}$。

由 n 根杆件铆接的桁式钢梁的长度误差为

$$\Delta L = \pm \sqrt{n\Delta l^2}$$

如固定支座安装允许误差为 δ,则每跨钢梁安装后的极限误差为

$$\Delta d = \pm \sqrt{\Delta L^2 + \delta^2} = \pm \sqrt{n\Delta l^2 + \delta^2} \tag{2-47}$$

根据《铁路钢桁梁拼装及架设施工技术规则》,δ 的值可根据固定支座中心里程的纵向允许偏差大小和梁长与桥式来确定,目前一般取 $\delta = \pm 7$ mm。

由上分析,即可根据各桥跨求得其全长的极限误差为

$$\Delta L = \pm \sqrt{\Delta d_1^2 + \Delta d_2^2 + \cdots + \Delta d_N^2} \tag{2-48}$$

式中　N——桥的跨数。

当等跨时,有

$$\Delta L = \pm \Delta d \sqrt{N}$$

取 $\dfrac{1}{2}$ 的极限误差为中误差,则全桥轴线长相对中误差为

$$\frac{m_L}{L} = \frac{1}{2} \cdot \frac{\Delta L}{L}$$

表 2-15 是根据上述铁路规范列举出的以桥式为主结合桥长来确定控制网的精度要求;表 2-16 是根据《公路桥涵施工技术规范》列举出的以桥长为主来确定控制网测设的精度。显而易见,铁路规范比公路规范要求高。在实际应用中,尤其是对特大型公路桥,应结合工程需要确定首级网的等级和精度,如南京长江二桥南汊桥虽为公路桥,按《公路桥涵施工技术规范》要求可只布设四等三角网,但考虑其为大型斜拉桥,要求放样精度较高。因此采取了按国家规范二等三角网的要求来布其首级施工控制网,除按全组合法进测角之外,同时还进行了测边,平差后其精度高于国家二等三角网的要求。

表 2-15　铁路规范规定的桥位三角网精度要求

等　　级	测角中误差/(″)	桥轴线相对中误差	最弱边相对中误差
一	±0.7	1/175 000	1/150 000
二	±1.0	1/125 000	1/100 000
三	±1.8	1/60 000	1/60 000
四	±2.5	1/40 000	1/40 000
五	±4.0	1/30 000	1/25 000

表 2-16　公路规范规定的桥位三角网精度要求

等　　级	桥轴线桩间距离/m	测角中误差/(″)	桥轴线相对中误差	基线相对中误差	三角形最大闭合差/(″)
二	>5 000	±1.0	1/130 000	1/260 000	±3.5
三	2 001～5 000	±1.8	1/70 000	1/140 000	±7.0
四	1 001～2 000	±2.5	1/40 000	1/80 000	±9.0
五	501～1 000	±5.0	1/20 000	1/40 000	±15.0
六	201～500	±10.0	1/10 000	1/20 000	±30.0
七	≤200	±20.0	1/5 000	1/10 000	±60.0

②按桥墩放样的允许误差确定平面控制网的精度

在桥墩的施工中,从基础至墩台顶部的中心位置要根据施工进度随时放样确定,由于放样的误差使得实际位置与设计位置存在着一定的偏差。

根据桥墩设计理论,当桥墩中心偏差在 ±20 mm 内时,产生的附加力在允许范围内。因此,目前在《铁路测量技术规则》中,对桥墩支座中心点与设计里程纵向允许偏差做了规定,对于连续梁和跨度大于 60 m 的简支梁,其允许偏差为 ±10 mm。

上述允许偏差,即可作为确定桥梁施工控制网的必要精度时的依据。在桥墩的施工放样过程中,引起桥墩点位误差的因素包括两部分:一部分是控制测量过程中的误差,另一部分是放样测量过程中的误差。它们可表示为

$$\Delta^2 = m_{控}^2 + m_{放}^2 \tag{2-49}$$

式中　$m_{控}$——控制点误差对放样点处产生的影响;

　　　$m_{放}$——放样误差。

进行控制网的精度设计,即根据 Δ 的实际施工条件,按一定的误差分配原则,先确定 $m_{控}$ 和 $m_{放}$ 的关系,再确定具体的数值要求。

结合桥梁施工的具体情况,在建立施工控制网阶段,施工工作尚未展开,不存在施工干扰,有比较充裕的时间和条件进行多余观测以提高控制网的观测精度;而在施工放样时,现场测量条件差、干扰大、测量速度要求快,不可能有充裕的时间和条件来提高测量放样的精度。因此,控制点误差要 $m_{控}$ 远小于放样误差 $m_{放}$。不妨取 $m_{控}^2 = 0.2\ m_{放}^2$,按式 $\Delta^2 = m_{控}^2 + m_{放}^2$ 可求得:$m_{控} = 0.4\Delta$。

当桥墩中心测量精度要求 $\Delta = \pm 20$ mm 时,$m_{控} = \pm 8$ mm。当以此作为控制网的最弱边边长精度要求时,即可根据设计控制网的平均边长(主轴线长度,或河宽)确定施工控制网的相对边长精度要求。例如,南京长江二桥南汊桥要求桥轴线边长相对中误差 $\leqslant 1/180\ 000$,最弱边边长相对中误差 $\leqslant 1/130\ 000$,起始边边长相对中误差 $\leqslant 1/300\ 000$。

(3)平面控制网的坐标系统

①国家坐标系

桥梁建设中都要考虑与周边道路的衔接,因此,平面控制网应首先选用国家统一坐标系统。但在大型和特大型桥梁建设中,选用国家统一坐标系统时应具备的条件是:

a. 桥轴线位于高斯正形投影统一 3°带中央子午线附近。

b. 桥址平均高程面应接近于国家参考椭球面或平均海水面。

②抵偿坐标系

由计算可知,当桥址区的平均高程大于 160 m 或其桥轴线平面位置离开统一 3°的带中央子午线东西方向的距离(横坐标)大于 45 km 时,其长度投影变形值将会超过 25 mm/km(1/40 000)。此时,对于大型或特大型桥梁施工来说,仍采用国家统一坐标系统就不适宜了。通常的做法是人为地改变归化高程,使距离的高程归化值与高斯投影的长度归化值相抵偿,但不改变统一的 3°带中央子午线进行的高斯投影计算的平面直角坐标系,这种坐标系称为抵偿坐标系。因此,在大型桥梁施工中,当不具备使用国家统一坐标系时,通常采用抵偿坐标系。

③桥轴坐标系

在特大型桥梁的主桥施工中,尤其是桥面钢构件的施工,定位精度要求很高,一般小于 5 mm,此时选用国家统一坐标系和抵偿坐标系都不适宜,通常选用高斯正形投影任意带(桥轴线的经度作为中央子午线)平面直角坐标系,称为桥轴坐标系,主高程归化投影面为桥面高程面,桥轴线作为 x 轴。

在实际应用中,通常会根据具体情况共用几套坐标系。例如,在南京长江二桥建设时,就使用了桥轴坐标系、抵偿坐标系和北京 54 坐标系。在主桥上使用桥轴坐标系,引桥及引线使用抵偿坐标系,而在与周边接线及航道上则使用北京 54 坐标系。

(4)平面控制网的加密

桥梁施工首级控制网由于受图形强度条件的限制,其岸侧边长都较长。例如,当桥轴线长度在 1 500 m 左右时,其岸侧边长大约在 1 000 m,则当交会半桥长度处的水中桥墩时,其交会边长达到 1 200 m 以上。这对于在桥梁施工中用交会法频繁放样桥墩是十分不利的,而且桥墩越是靠近本岸,其交会角就越大。从误差椭圆的分析中可知,大或过小的交会角,对桥墩位置误差的影响都较大。此外,控制网点远离放样物,受大气折光、气象干扰等因素影响也增大,将会降低放样点位的精度。因此,必须在首级控制网下进行加密,这时通常是在堤岸边上合适的位置上布设几个附点作为加密点,加密点除考虑其与首级网点及放样桥墩通视外,更应注意其点位的稳定可靠及精度。结合施工情况和现场条件,可以采用如下的加密方法:

①由3首级网点以3个方向前方交会或由两个首级网点以两个方向进行边角交会的形式加密。

②在有高精度全站仪的条件下,可采用导线法,以首级网两端点为已知点,构成附合导线的网形。

③在技术力量许可的情况下,也可将加密点纳入首级网中,构成新的施工控制网,这对于提高加密点的精度是行之有效的。

加密点是施工放样使用最频繁的控制点,且多设在施工场地范围内或附近,受施工干扰、临时建筑或施工机械极易造成不通视或破坏而失去效用,在整个施工期间,通常要多次加密或补点,以满足施工的需要。

(5)平面控制网的复测

桥梁施工工期一般都较长,限于桥址地区的条件,大多数控制点(包括首级网点和加密点)多位于江河堤岸附近,其地基基础并不十分稳定,随着时间的变化,点位有可能发生变化。此外,桥墩钻孔桩施工、降水等也会引起控制点下沉和位移。因此,在施工期间,无论是首级网点还是加密点,必须进行定期复测,以确定控制点的变化情况和稳定状态,这也是确保工程质量的重要工作。控制网的复测周期可以采用定期进行的办法,如每半年进行一次,也可根据工程施工进度、工期,并结合桥墩中心检测要求情况来确定。一般在下部结构施工期间,要对首级控制网及加密点进行至少两次复测。

第1次复测宜在桥墩基础施工前期进行,以便据以精密放样或测定其墩台的承台中心位置。第2次复测宜在墩、台身施工期间进行,并宜在主要墩、台顶帽竣工前完成,以便为墩、台顶帽位置的精密测定提供依据。顶帽竣工中心即可作为上部建筑放样的依据。

复测应采用不低于原测精度的要求进行。由于加密点是施工控制的常用点,在复测时通常将加密点纳入首级控制网中观测,整体平差,以提高加密点的精度。

值得提出的是,在未经复测前要尽量避免采用极坐标法进行放样,否则应有检核措施,以免产生较大的误差。无论是复测前或复测后,在施工放样中,除后视一个已知方向之外,应加测另一个已知方向(或称双后视法),以观察该测站上原有的已知角值与所测角值有无超出观测误差范围的变化。这个办法也可避免在后视点距离较长时,特别是气候不好、视线不甚良好时,发生观测错误的影响。

2)桥梁三角网

(1)桥梁三角网的外业

桥梁三角网布设好后,则可进行外业观测与内业计算。桥梁三角网的外业主要包括角度测量和边长测量。

由于桥轴线长度不同,对桥轴线长度的精度要求也不同,因此,三角网的测角和测边精度也有所不同。在《公路桥位勘测规程》中,按照桥轴线的长度,将三角网的精度等级分为6个等级,具体技术指标如表2-16所示。

角度观测一般采用方向观测法。观测时,应选择距离适中、通视良好、成像清晰稳定、竖直角仰俯小、折光影响小的方向作为零方向。

角度观测的测回数由三角网的等级和仪器的类型而定。具体规定见表2-17。

表 2-17　三角网等级和仪器类型与测回数的关系

仪器类型	不同等级的测回数					
	二	三	四	五	六	七
J_1	12	9	6	4	2	
J_2		12	9	6	4	2
J_6			12	9	6	4

　　铟瓦线尺丈量是最精密的测距方法,用于二、三等网的基线丈量。组织这样一次丈量是极其困难的。目前,已有高精度的基线光电测距仪可用于二、三等网基线测量,为测距工作带来诸多方便。三等以下则可用一般光电测距仪测定,也可用钢尺精密量距的方法。直接丈量的测回数为 1～4。

　　桥梁三角网一般只测两条基线,其他边长则根据基线及角度推算。在平差中,由于只对角度进行调整而将基线作为固定值,因此,基线测量的精度应远高于测角精度而使基线误差可忽略不计。基线测量精度一般应比桥轴线精度高出 2 倍以上。

　　边角网一般要测部分或全部边长,平差时要与角度一起参与调整,故要求与测角精度相当即可,一般与桥轴线精度一致就能满足要求。

　　外业工作结束后,应对观测成果进行检核。基线的相对中误差应满足相应等级控制网的要求。测角误差可按三角形闭合差计算,也应满足规范要求。当有极值条件或基线条件时,闭合差的限差可计算为

$$W_限 = 2m\sqrt{[\delta\delta]} \tag{2-50}$$

式中　m——测角中误差,以秒计;

　　　δ——传距角正弦对数的秒差,以对数第 6 位为单位。

　　(2)桥梁三角网平差与坐标计算

　　桥梁控制网通常都是独立的自由网。由于对网本身点的相对位置的精度要求很高,故即使与国家网或城市网进行联测,也只是取得坐标间的联系,平差时仍按独立的自由网计算。

　　桥梁三角网的平差方法通常采用条件观测平差。对于二、三等三角网可采用方向平差,三等以下一般采用角度平差,视情况还可采用近似平差方法。

　　边角网的平差也采用条件观测平差。由于边角网的边、角均参与平差,故除其有三角网、三边网的条件外,还有边、角两类观测量共同组成边角条件。

　　由于边和角是两类不同类型的观测值,因此,需要合理定出角度和边长的权之间的比例关系,否则将会直接影响平差的结果。

　　桥梁控制网通常采用独立的平面直角坐标系,以桥轴线方向作为纵坐标 x 轴,而以桥轴线始端控制点的里程作为该点的 x 值。这样桥梁墩、台的设计里程即是其 x 坐标值,给以后的放样交会计算带来方便。

3. 桥梁施工高程控制

1)桥梁施工高程控制网的布设

(1)高程控制网的精度

无论是公路桥、铁路桥还是公路铁路两用桥,在测设桥梁施工高程控制网前都必须收集

两岸桥轴线附近国家水准点资料。对城市桥还应收集有关的市政工程水准点资料;对铁路及公铁两用桥还应收集铁路线路勘测或已有铁路的水准点资料,包括其水准点的位置、编号、等级、采用的高程系统及其最近测量日期等。

桥梁高程控制网的起算高程数据是由桥址附近的国家水准点或其他已知水准点引入。这只是取得统一的高程系统而桥梁高程控制网仍是一个自由网,不受已知高程点的约束,以保证网本身的精度。

由于放样桥墩、台高程的精度除受施工放样误差的影响外,控制点间高差的误差亦是一个重要的影响因素,因此,高程控制网必须要有足够高的精度。对于水准网,水准点之间的联测及起算高程的引测一般采用三等。跨河水准测量当跨河距离小于 800 m 时,采用三等;若大于 800 m 时,则应采用二等。

(2)水准点的布设

水准点的选点与埋设工作一般都与平面控制网的选点与埋石工作同步进行,水准点应包括水准基点和工作点。水准基点是整个桥梁施工过程中的高程基准,因此,在选择水准点时应注意其隐蔽性、稳定性和方便性。即水准基点应选择在不致被损坏的地方,同时要特别避免地质不良、过往车辆影响和易受其他振动影响的地方。此外,还应注意其不受桥梁和线路施工的影响,又要考虑其便于施工应用。在埋石时,应尽量埋设在基岩上。在覆盖层较浅时,可采用深挖基坑或用地质钻孔的方法使之埋设在基岩上;在覆盖层较深时,应尽量采用加设基桩(即开挖基坑后打入若干根大木桩的方法)以增加埋石的稳定性。水准基点除了考虑其在桥梁施工期间使用之外,要尽可能做到在桥梁施工完毕交付运营后能长期用于桥梁沉降观测之用。

在布设水准点时,对于桥长在 200 m 以内的大、中型桥,可在河两岸各设置一个。当桥长超过 200 m 时,由于两岸联测起来比较困难,而且水准点高程发生变化时不易复查,因此,每岸至少应设置两个水准点。对于特大桥,每岸应选设不少于 3 个水准点,当能埋设基岩水准点时,每岸也应不少于两个水准点;当引桥较长时,应不大于 1 km 设置一个水准点,并且在引桥端点附近应设有水准点。为了施工时便于使用,还可设立若干个施工水准点。

水准点应设在距桥中线 50～100 m 范围内,坚实、稳固、能够长久保留及便于引测使用的地方,且不易受施工和交通的干扰。相邻水准点之间的距离一般不大于 500 m。此外,在桥墩较高、两岸陡峭的情况下,应在不同高度设置水准点,以便于放样桥墩的高程。

在桥梁施工过程中,单靠水准基点难以满足施工放样的需要,因此,在靠近桥墩附近再设置水准点,通常称为工作基点。这些点一般不单独埋石,而是利用平面控制网的导线点或三角网点的标志作为水准点。采用强制对中观测墩时,则是将水准标志埋设在观测墩旁边的混凝土中。

2)跨河水准测量

跨河水准测量是桥梁施工高程控制网测设工作中十分重要的一环。这是因为桥梁施工要求其两岸的高程系统必须是统一的,同时,桥梁施工高程精度要求高。因此,即使两岸附近都有国家或其他部门的高等级水准点资料,也必须进行高精度的跨河水准测量,使其与两岸自设水准点一起组成统一的高精度高程控制网。

3)水准测量及联测

桥梁高程控制网应与路线采用同一个高程系统,因而要与路线水准点进行联测。但联测的精度可略低于施测桥梁高程控制网的精度,因为它不会影响到桥梁各部高程放样的相对精度。

桥梁施工高程控制网复测一般配合平面控制网复测工作一并进行。复测时应采用不低于原测精度的方法。当水中已有建成或即将建成的桥墩时,可予以利用,以缩短其跨河视线的长度。

二、桥梁施工测量

1. 桥梁施工前的复测与施工控制点加密

1)路线中线复测

由于桥梁墩、台定位精度要求很高,而墩、台位置又与路线中线的测设精度密切相关,因此,必须对路线中线进行复测检查。

当桥梁位于直线上时,应复测该直线上所有的转点。位于桥跨上的转点,应在其上安置经纬仪测出右角β_i,并测量转点间距离,s_i如图2-47所示。以桥梁中线方向为纵坐标方向,根据右角和β_i转点间距离s_i计算出各转点相对于桥轴线的坐标,以此调整桥跨内转点的位置。

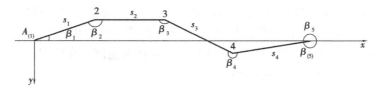

图2-47　桥梁位于直线上转点的复测

当桥梁位于曲线上时,应对整个曲线进行复测。

曲线转角的测定方法有多种,若以桥梁三角网或导线网作为控制,则可利用路线交点坐标进行计算与测设,若在现场用经纬仪直接测定,须在测定之前首先检查交点位置的正确性。在转角测定后,应按实测的转角重新计算曲线元素,并测设曲线控制桩。

曲线桥与直线桥一样,也要在桥两端的路线上埋设两个控制桩,用以校核墩、台定位的精度以及作为测设墩、台中心位置的依据。这两个控制桩的测设精度要满足桥轴线精度的要求。

控制桩测设时,如果控制桩位于曲线上,通常是根据曲线切线方向,用切线支距法进行测设,就要求切线的测量精度高于桥轴线精度。因此,应先精密测量切线的长度,然后根据控制桩的切线支距x,y,将其钉设在地面上。两控制点之间的距离可用光电测距仪测量,也可用钢尺精密丈量或三角网间接测定。其长度相对精度应符合规范有关规定。

2)桥梁控制网的复测

(1)平面控制网的复测

平面控制网的复测一般包括基线的复测、角度的复测、成果的复算及对比等。复测应尽可能保持原测网的图形。复测精度一般仍按原测的精度要求进行。基线可只复测一条,并以复测结果为准。如果控制点上建有觇标,应在复测前进行归心投影,活动觇标可强制归心。当标石设有护桩时,应同时检查标石的位移情况。标石顶部测有高程的,应进行水准测量以检查标石有无沉陷和变动。

当复测的结果与原测相差较大,则在原起算点坐标(起算里程)不变的情况下,重新计算控制网的坐标,并据以重新编算施工交会用表。如果只检测网中部分控制点,应视其变位大小而采取相应措施。若在限差之内可按原测值使用,否则,应考虑提高检测等级,扩大检测范围,如仍超限则应采用新的观测成果。

（2）水准控制网的复测

水准控制网的复测一般按原测路线和原测等级进行。跨河水准与两岸水准测量独立进行复测。

跨河水准复测时一般以原跨河水准测量路线中的一条作为复测路线，单线过河。两岸水准点仍用原测点，当所测高差变化较小，如小于 10 mm，可用原测高程值。否则，应重测跨河水准一次，并与原引测的国家水准点或其他已知水准点进行联测，重新计算并核定最后采用的高程值。两岸其他水准点则分别进行复测，其观测精度与原测相同。如果复测高差变化很小，则可采用原测高程值，否则应重测一次，如仍超限，取其复测平差值。

3）施工控制点的加密

在布设桥梁控制网时，由于河面较宽，考虑到三角网图形强度必须保证桥轴线达到一定精度，因此沿两岸布设的控制点一般距桥轴线较远。如果直接用这些控制点交会放样桥墩，就会由于交会角不好而造成放样的点位横向误差过大，而且在施工中，交会定点测量是一项经常性的工作，观测视线太长也会给放样工作带来不便。为了减小交会定点的横向误差和便于放样工作，在原控制网的基础上，再对控制网进行加密。加密的形式可采用增设节点和插点的方法。如果需要插入的点较多，也可将其构成网状，通常称为插网。在桥梁测量中，插网用于施工复杂的特大桥，在一般桥梁中则较少采用。

此外，由于施工现场的情况经常变化，在观测中常会出现一些意想不到的事情，如施工机具或堆放的材料遮挡住观测视线，因此常会根据需要随时加密控制点，以满足施工放样的需要。

（1）节点的设置

节点是在桥梁平面控制网布设基线的同时设置的，即是在基线中间适当部位设置的点。

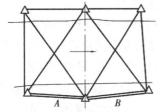

在基线测量时，顺便测出节点至基线端点的距离。

由于其方向与基线方向一致，因此，当算出控制网坐标后，节点坐标即可算出。由此看来，设置节点除需埋设标志外，不会增加太多的观测工作量。

如图 2-48 所示为桥梁控制网，在基线测量的同时，在两基线的中间各设置了一个节点 A 和 B，用以放样与节点居于同一侧附近的桥墩。

图 2-48 桥梁控制网基线上设节点

由于节点必须位于基线上，因此设点位置受到一定限制。

（2）插点

插点的方法是将新增设的点与控制网中的若干点构成一个三角网，在测出各个角值或边长以后，利用控制点的已知坐标，即可推算出新增设的点的坐标。

桥梁控制网插点的位置多设在岸边，当河中有陆洲时也可布设插点。为了使插点时的图形坚强，多数情况下是利用插点的对岸控制点进行交会。插点时，可采用前方交会、侧方交会、后方交会和测边交会等。桥梁控制网插点常用的交会方法如图 2-49 所示。

2. 桥轴线测定

1）桥轴线测量精度的估算

桥梁的中心线称为桥轴线。桥轴线两岸控制桩 A，B 间的水平距离称为桥轴线长度，如图

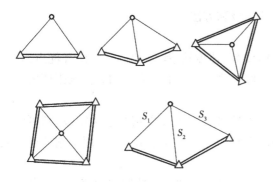

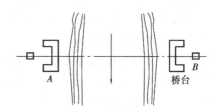

图 2-49　桥梁控制网插点常用的交会方法　　　　　　图 2-50　桥梁轴线

2-50 所示。由于桥梁施工测量的主要任务之一是正确地测设出桥台墩、台的位置,而桥轴线长度又是设计与测设墩、台位置的依据,因此,必须保证桥轴线长度的测量精度。下面按桥型给出桥轴线精度的估算方法。

(1)混凝土梁与钢筋混凝土梁

设墩中心点位的放样限差为 ΔL,全桥共有 n 跨,则桥轴线长度中误差为

$$m_D = \frac{\Delta L}{\sqrt{2}}\sqrt{n} \tag{2-51}$$

式中,一般取 $\Delta L = \pm 10$ mm。

(2)钢板梁与短跨(跨距不大于 64 m)简支钢桁梁

设钢梁的梁长为 l,其制造限差为 $l/5\,000$,支座的安装限差为 δ,则单跨桥梁的桥主线长度中误差为

$$m_d = \pm\frac{1}{2}\sqrt{\left(\frac{l}{5\,000}\right)^2 + \delta^2} \tag{2-52}$$

式中,一般取 $\delta = \pm 7$ mm。

当桥梁为多跨且跨距相等时,则桥轴线长度中误差为

$$m_D = m_d\sqrt{n} \tag{2-53}$$

当桥梁为多跨且跨距不相等时,则桥轴线长度中误差为

$$m_D = \pm\sqrt{m_{d1}^2 + m_{d2}^2 + \cdots + m_{dn}^2} \tag{2-54}$$

(3)连续梁及长跨(垮距大于 64 m)简支钢桁梁

设单联或单跨桥梁组成的节间数为 N,一个节间的拼装限差为 Δl 则其桥轴线长度中误差为

$$m_d = \pm\frac{1}{2}\sqrt{N\Delta l + \delta^2} \tag{2-55}$$

式中,一般取 $\Delta l = \pm 2$ mm。

当桥梁为多联或多跨,并且每联或每跨的长度相等,则桥轴线长度中误差为

$$m_D = m_d\sqrt{n} \tag{2-56}$$

当桥梁为多联或多跨,而每联或每跨的长度不等,则桥轴线长度中误差为

$$m_D = \pm\sqrt{m_{d1}^2 + m_{d2}^2 + \cdots + m_{dn}^2} \tag{2-57}$$

在根据以上各估算公式求出桥轴线长度中误差后,再除以桥轴线长度 L,即得桥轴线长度

应具有的相对中误差 m_D/L,则可用以确定测量的等级和方法。

2)桥轴线测量方法

通常采用光电测距法。光电测距具有作业精度高、速度快、操作和计算简便等优点,且不受地形条件限制。目前,公路工程多使用中、短程红外测距仪,测程可达 3 km。测距精度一般优于 $\pm(3 + 2 \times 10^{-6}D)$ mm。

使用红外测距仪能直接测定桥轴线长度。但若桥墩的施工要采用交会法定位,则可将桥轴线长度作为一条边,布设成双闭合环导线,如图 2-51 所示。在此情况下,采用全站仪进行观测尤为方便,测距和测角可同时进行。

在布设导线时,应考虑导线点的位置尽可能选在高处,以便于对桥墩进行交会定位及减少水面折光对测距的影响,而且使交会角尽可能接近 90°。在岸上的导线边长不宜过短,以免降低测角的精度。在选好的导线点上,一般应埋设混凝土桩志。

在实测之前,应按规范中规定的检验项目对测距仪进行检验,以确保观测的质量。观测应选在大气稳定、透明度好的时间进行。测距时应同时测定温度、气压及竖直角,用来对测得的斜距进行气象改正和倾斜改正。每一条边均应进行往返观测。如果反射棱镜常数不为零,还要对距离进行修正。

导线点的精度要根据施工时桥墩的定位方法而定,如果施工时桥墩的基础部分用交会法定位,而当桥墩修出水面之后,即用测距仪直接测距定位,则导线的精度要求可适当降低。

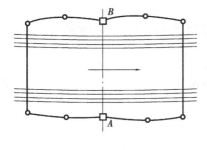

图 2-51　双闭合环导线

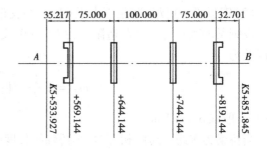

图 2-52　直线桥梁墩、台布置图

3. 直线桥梁施工测量

1)直线桥梁的墩、台定位

在桥梁施工测量中,测设墩、台中心位置的工作称为桥梁墩、台定位。直线桥梁的墩、台定位所依据的原始资料为桥轴线控制桩的里程和桥梁墩、台的设计里程。根据里程可以算出它们之间的距离,并由此距离定出墩、台的中心位置。

如图 2-52 所示,直线桥梁的墩、台中心都位于桥轴线的方向上,已知桥轴线控制桩 A,B 及各墩、台中心的里程,由相邻两点的里程相减,即可求得其间的距离。墩、台定位的方法,可视河宽、河深、墩、台位置等具体情况而定。根据条件可采用直接丈量、光电测距及交会法。下面重点介绍前两种方法。

(1)直接丈量

当桥梁墩、台位于无水河滩上,或水面较窄,用钢尺可以跨越丈量时,可采用钢尺直接丈量。丈量所使用的钢尺必须经过检定,丈量的方法与测定桥轴线的方法相同,但由于是测设设计的长度(水平距离),因此应根据现场的地形情况将其换算为应测设的斜距,还要进行尺长改正和温度改正。

为保证测设精度,丈量时施加的拉力应与检定钢尺时的拉力相同,同时丈量的方向也不应偏离桥轴线的方向。在设出的点位上要用大木桩进行标定,在桩顶钉一小钉,以准确标出点位。

测设墩、台的顺序最好从一端到另一端,并在终端与桥轴线的控制桩进行校核,也可从中间向两端测设,因为按照这种顺序,容易保证每一跨都满足精度要求。只有在不得已时,才从桥轴线两端的控制桩向中间测设,但是这样容易将误差积累在中间衔接的一跨上,因此,如果这样做,一定要对衔接的一跨设法进行校核。

最后应该指出的是,距离测设不同于距离丈量。距离丈量是先用钢尺量出两固定点之间尺面长度(根据尺面分划注记所得),然后加上钢尺的尺长、温度及倾斜等项改正,最后求得两点间的水平距离。而距离测设则是根据给定的水平距离,结合现场情况,先进行各项改正,算出测设时的尺面长度,然后按这一长度从起点开始,沿已知方向定出终点位置。因此,测设时各项改正数的符号与丈量时恰好相反。

如图 2-52 所示,桥轴线控制桩 A 至桥台的距离为 35.217 m,在现场概量距离后,用主测量测得两点间高差为 0.672 m,测设时的温度为 30 ℃。所用钢尺经过检定的尺长方程式为

$$l = 50 \text{ m} - 0.007 \text{ mm} + 0.000\,012(t - 20 \text{ ℃}) \text{ m}$$

三项改正数分别如下:

尺长改正:　　　$\Delta l = -\dfrac{-0.007}{50} \times 35.217 \text{ m} = +0.004\,9 \text{ m}$

温度改正:　$\Delta l_t = -0.000\,012 \times (30 - 20) \times 35.217 \text{ m} = -0.004\,2 \text{ m}$

倾斜改正:　　　$\Delta h = \dfrac{0.672^2}{2 \times 35.217} \text{ m} = 0.006\,4 \text{ m}$

则测设时的尺面读数应为

　　35.217 m + 0.004 9 m - 0.004 2 m + 0.006 4 m = 35.224 1 m

(2)光电测距

光电测距目前一般采用全站仪。用全站仪进行直线桥梁墩、台定位,简便、快速、精确,只要墩、台中心处可以安置反射棱镜,而且仪器与棱镜能够通视,即使其间有水流障碍也可采用。

测设时最好将仪器置于桥轴线的一个控制桩上,瞄准另一控制桩,此时望远镜所指方向为桥轴线方向。在此方向上移动棱镜,通过测距以定出各墩、台中心。这样测设可有效地控制横向误差。例如,在桥轴线控制桩上测设遇有障碍,也可将仪器置于任何一个控制点上,利用墩、台中心的坐标进行测设。为确保测设点位的准确,测后应将仪器迁至另一控制点上再测设一次进行校核。

值得注意的是,在测设前应将所使用的棱镜常数和当时的气象参数-温度和气压输入仪器,仪器会自动对所测距离进行修正。

2)直线桥梁墩、台纵横轴线测设

在测出墩、台中心位置后,尚需测设墩、台的纵横轴线,作为放样墩、台细部的依据。所谓墩、台的纵轴线,是指过墩、台中心,垂直于路线方向的轴线;墩、台的横轴线,是指过墩、台中心与路线方向相一致的轴线。

在直线桥上,墩、台的横轴线与桥轴线相重合,且各墩、台一致,因而就利用桥轴线两端的控制桩来标志横轴线的方向,一般不再另行测设。

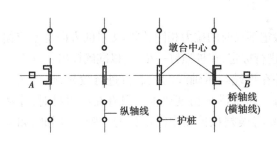

图 2-53　用护桩标定墩、台纵横轴线位置

墩、台的纵轴线与横轴线垂直,在测设纵轴线时,在墩、台中心点上安置经纬仪,以桥轴线方向为准测设 90°角,即为纵轴线方向。由于在施工过程中经常需要恢复墩、台的纵横轴线的位置,因此,需要用桩志将其准确标定在地面上。这些标志桩称为护桩,如图 2-53 所示。

为了消除仪器轴系误差的影响,应用盘左、盘右测设两次而取其平均位置。在测设出的轴线方向上,应于桥轴线两侧各设置 2~3 个护桩。这样在个别护桩丢失、损坏后也能及时恢复,并在墩、台施工到一定高度影响到两侧护桩的通视时,也能利用同一侧的护桩恢复轴线。护桩的位置应选在离开施工场地一定距离、通视良好、地质稳定的地方。桩志视具体情况可采用木桩、水泥包桩或混凝土桩。

4. 曲线桥梁施工测量

1)基本概念

由于曲线桥的路线中线是曲线,而所用的梁是直的,因此,路线中线与梁的中线不能完全吻合。梁在曲线上的布置,是使各跨梁的中线连接起来,成为与路线中线基本相符的折线,这条折线称为桥梁的工作线。墩、台中心一般应位于这条折线转折角的顶点上。测设曲线墩、台中心,即为测设这些顶点的位置。

如图 2-54 所示,在桥梁设计中,梁中心线的两端并不位于路线中线上,而是向外侧移动了一段距离 E,这段距离 E 称为偏距。如果偏距 E 为以梁长为弦线的中矢值的一半,这种布梁方式为平分中矢布置。如果偏距 E 等于中矢值,这种布梁方式称为切线布置。这两种布置形式如图 2-55 所示。

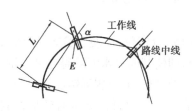

图 2-54　桥梁工作线

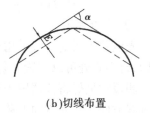

(a)平分中矢布置　　　　(b)切线布置

图 2-55　桥梁的布梁方法

此外,相邻两跨梁中心线的交角 α 称为偏角。每段折线的长度 L 称为桥墩中心距。偏角 α、偏距 E 和桥墩中心距 L 是测设曲线桥墩、台位置的基本数据。

2)偏距 E 和偏角 α 的计算

(1)偏距 E 的计算

当梁在圆曲线上,切线布置:

$$E = \frac{L^2}{8R} \tag{2-58}$$

平分中矢布置:

$$E = \frac{L^2}{16R} \tag{2-59}$$

（2）当梁在缓和曲线上切线布置，即

$$E = \frac{L^2}{8R} \cdot \frac{l_0}{l_s} \tag{2-60}$$

平分中矢布置：

$$E = \frac{L^2}{16R} \cdot \frac{l_0}{l_s} \tag{2-61}$$

式中　L——桥墩中心距；

　　　R——圆曲线半径；

　　　l_0——缓和曲线长；

　　　l_s——计算点至 ZH（或 HZ）的长度。

（3）偏角 α 的计算

梁工作线偏角 α 主要由两部分组成：一是工作线所对应的路线中线的弦线偏角；二是由于墩、台 E 值不等而引起的外移偏角。另外，当梁一部分在直线上，另一部分在缓和曲线上，或者一部分在缓和曲线上，另一部分在圆曲线上时，还须考虑其附加偏角。

计算时，可将弦线偏角、外移偏角和其他附加偏角分别计算，然后取其和。

5. 普通桥梁施工测量

1）普通桥梁施工测量的主要内容

目前，最常见的桥梁结构形式，是采用小跨距等截面的混凝土连续梁或简支梁（板），如大型桥梁的引桥段、普通中小型桥梁等。普通桥梁结构仅由桥墩和等截面的平板梁或变截面的拱梁构成。虽然在桥梁设计上，为考虑美观，会采用形式多样、特点各异的桥墩和梁结构（如城市高架桥中常见的鱼腹箱梁等），但在施工测量方法和精度上基本大同小异，下面所要介绍的构造物是指其桥墩（台）和梁，其施工测量的主要内容如下：

①基础开挖及墩台扩大基础的放样。

②桩基础的桩位放样。

③承台及墩身结构尺寸、位置放样。

④墩帽及支座垫石的结构尺寸、位置放样。

⑤各种桥型的上部结构中线及细部尺寸放样。

⑥桥面系结构的位置、尺寸放样。

⑦各阶段的高程放样。

在现代普通桥梁建设中，过去传统的施工测量方法已较少使用，常用的是全站仪二维或三维直角坐标法和极坐标法。

用全站仪施工放样前，可以在室内将控制点及放样点坐标储存在全站仪文件中，实地放样时，只要定位点能够安置反光棱镜，仪器可以设在施工控制网的任意控制点上，且与反光棱镜通视，即可实施放样。在桥梁施工测量中，控制点坐标要反复使用的，应利用全站仪的存储功能，在全站仪中建立控制点文件，便于测量中控制点坐标的反复调用，这样既可以减少大量的输入工作，又可以避免差错。

2）桥梁下部结构的施工测量

桥梁下部构造是指墩台基础及墩身、墩帽，其施工放样是在实地标定好墩位中心的基础上，根据施工的需要，按照设计图，自下而上分阶段地将桥墩各部位尺寸放样到施工作业面上，

属施工过程中的细部放样。下面将其各主要部分的放样介绍如下:

(1)水中钢平台的搭设

水中建桥墩,首先要搭设钢平台来支撑钻孔机械的安置。

①平台钢管支撑桩的施打定位。

平台支撑桩的施工方法一般是利用打桩船进行水上沉桩。测量定位的方法是全站仪极坐标法。施工时,仪器架设在控制点上进行三维控制。一般沉桩精度控制在:平面位置 ±10 cm,高程位置 ±5 cm,倾斜度 1/100。

②平台的安装测量。

支撑桩施打完毕后,用水准仪抄出桩顶标高供桩帽安装,用全站仪在桩帽上放出平台的纵横轴线进行平台安装。

(2)桩基础钻孔定位放样

根据施工设计图计算出每个桩基中心的放样数据,设计图纸中已给出的数据也应经过复核后方可使用,施工放样采用全站仪极坐标法进行。

①水上钢护筒的沉放。用极坐标法放出钢护筒的纵横轴线,在定位导向架的引导下进行钢护筒的沉放。沉放时,在两个互相垂直的测站上布设两台经纬仪,控制钢护筒的垂直度,并监控其下沉过程,发现偏差随时校正。高程利用布设在平台上的水准点进行控制。护筒沉放完毕后,用制作的十字架测出钢护筒的实际中心位置。精度控制:平面位置 ±5 cm,高程 ±5 cm,倾斜度 1/150。

②陆地护筒的埋设。用极坐标法直接放出桩基中心,进行护筒埋设,不能及时进行护筒埋设的要用护桩固定。精度控制:平面位置 ±5 cm,高程 ±5 cm,倾斜度 1/150。

(3)钻机定位及成孔检测

用全站仪直接测出钻机中心的实际位置,如有偏差,通过调节装置进行调整,直至满足规范要求。然后用水准仪进行钻机抄平,同时测出钻盘高程。桩基成孔后,灌注水下混凝土前,在桩附近要重新抄测标高,以便正确掌握桩顶高程。必要时,还应检测成孔垂直度及孔径。

(4)承台施工放样

用全站仪极坐标法放出承台轮廓特征点,供安装模板用,通过吊线法和水平靠尺进行模板安装。安装完毕后,用全站仪测定模板四角顶口坐标,与设计值进行比较,如果不符,则进行调整,直至符合规范和设计要求。用水准仪进行承台顶面的高程放样,其精度应达到四等水准要求,用红油漆标示出高程相应位置。

(5)墩身放样

桥墩墩身形式多样,大型桥梁一般采用分离式矩形薄壁墩。墩身放样时,先在已浇筑承台的顶面上放出墩身轮廓线的特征点,供支设模板用(首节模板要严格控制其平整度),用全站仪测出模板顶面特征点的三维坐标,并与设计值进行比较,直到差值满足规范和设计要求为止。

(6)支座垫石施工放样和支座安装

用全站仪极坐标法放出支座垫石轮廓线的特征点,供模板安装。安装完毕后,用全站仪进行模板四角顶口的坐标测量,直至符合规范和设计要求。用水准仪以吊钢尺法进行支座垫石的高程放样,并用红漆标示出相应位置。待支座垫石施工完毕后,用全站仪极坐标法放出支座安装线供支座定位。

(7)墩台竣工测量

全桥或标段内的桥墩竣工后,为了查明墩台各主要部分的平面位置及高程是否符合设计要求,需要进行竣工测量。竣工测量的主要内容如下:

①通过控制点用全站仪极坐标法来测定各桥墩中心的实际坐标,并计算桥墩中心间距。用带尺丈量拱座或垫石的尺寸和位置以及拱顶的长和宽。这些尺寸与设计数据的偏差不应超过2 cm。

②用水准仪进行检查性的水准测量,应自一岸的永久水准点经过桥墩闭合到对岸的永久水准点,其高程闭合差不超过 $\pm 4\sqrt{n}$ mm(n 为测站数)。在进行该项水准测量时,应测定墩顶水准点、拱座或垫石顶面高程,以及墩顶其他各点的高程。

③根据上述竣工测量的资料编绘墩台竣工图、墩台中心距离一览表、墩顶水准点高程一览表等,为下阶段桥梁上部构造的安装和架设提供可靠的原始数据。

3)普通桥梁架设的施工测量

普通型桥梁,尽管跨度小,但形式多样,其分类见表2-18。

表2-18　普通型桥梁分类

分类方法	桥梁类型	说　明
按材料分	钢梁 混凝土梁	
按支撑受力分	简支梁 连续梁	
按结构形式分	平板梁 T形梁 箱梁	有些较大型的梁还常采用变截面、变高度箱梁
按架梁的方法分	预置(式)梁 现浇(式)梁	采用支架现浇,或滑模现浇

因桥梁上部构造和施工工艺的不同,其施工测量的内容及方法也各异。但不论采用何种方法,架梁过程中细部放样的重点是要精确控制梁的中心和标高,使最终成桥的线形和梁体受力满足设计要求。对于吊装的预置梁,要精确放样出桥墩(台)的设计中心及中线,并精确测定墩顶的实际高程;对于现浇梁,首先要放样出梁的中线,并通过中线控制模板(上腹板、下腹板、翼缘板)的水平位置,同时控制模板标高使其精确定位。

现仅就预应力混凝土简支梁及现浇混凝土箱梁施工的测量工作略作介绍。

(1)架梁前的准备工作

前面介绍的桥墩(台)竣工测量主要的目的是为架梁作准备。在竣工测量中,已将桥墩的中心标定出来,将高程精确地传递到桥墩顶,并为梁的架设提供了基准。

架梁前,首先通过桥墩的中心放样出墩桥墩顶面十字线及支座与桥中线的间距平行线,然后精确地放样出支座的位置。由于施工、制造和测量都存在误差,梁跨的大小不一,墩跨间距的误差也有大有小,架梁前还应对号将梁架在相应墩的跨距中,进行细致的排列工作,使误差分配合理,这样梁缝也能相应地变得均匀。

（2）架梁前的检测工作

①梁的跨度及全长检查

预应力简支梁架梁前必须将梁的全长作为梁的一项重要验收资料,必须进行实测以期架设后能保证梁间缝隙的宽度。

梁的全长检测一般与梁跨复测同时进行,由于混凝土的膨胀系数与钢尺的膨胀系数非常接近,故量距计算时,可不考虑温差改正值。检测工作宜在梁台座上进行,先丈量梁底两侧支座座板中心翼缘上的跨度冲孔点在制梁时已冲好的跨度,然后用小钢尺从该跨度点量至梁端边缘。梁的顶面全长也必须同时量出,以检查梁体顶、底部是否等长。其方法是从上述两侧的跨度冲孔点用弦线作出延长线,然后用线绳投影至梁顶,得出梁顶的跨度线点,从该点各向梁端边缘量出短距,即可得出梁顶的全长值,如图 2-56 所示。

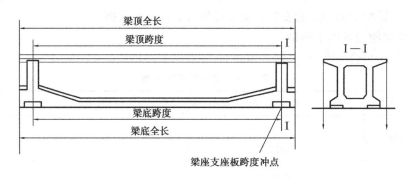

图 2-56　梁结构示意图

②梁体的顶宽及底宽检查

顶宽及底宽检查,一般检查两个梁端,跨中,以及 1/4 跨距、3/4 跨距共 5 个断面即可。除梁端可用钢尺直接丈量读数外,其他 3 个断面读数时要注意以最小值为准,保证检测断面与梁中线垂直。

③梁体高度检查

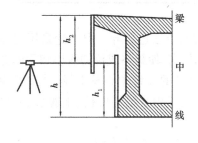

图 2-57　梁体高度测量

检查位置与检查梁体的位置相同,同样需要测 5 个断面。一般采用水准仪正、倒尺读数法求得,如图 2-57 所示。梁高 $h = h_1 + h_2$,h_1 为尺的零端置于梁体底板面上的水准尺读数,h_2 为尺的零端置于梁顶面时的水准尺读数。

当然,当底板底面平整时,也可采用在所测断面的断面处贴底紧靠一根刚性水平尺,从梁顶悬垂钢卷尺来直接量取 h 值求得梁高。

（3）梁架设到桥墩上后的支座高程测算

①确定梁的允许误差

按《铁路桥涵施工规范》(TBJ 203—96)确定梁有关允许误差。梁的实测全长 L 和梁的实测跨度 L_p 应满足:

$$\left.\begin{array}{l} L = l \pm \Delta_1 \\ L_p = l_p \pm \Delta_2 \end{array}\right\} \tag{2-62}$$

式中　l——两墩中心距的设计值;

Δ_1——两墩实测中心距与设计间距的差值,两墩实测中心距小于设计间距时,Δ_1 取负
　　　号,反之取正号;

Δ_2——架设前箱梁跨度实测值与设计值的差值,大于设计值时,取负号;反之,则取
　　　正号;

l_p——梁的设计跨度。

支承垫石标高允许偏差为 $\pm\Delta H$。

②下摆和坐板的安装测量

下摆是指固定支座的下摆,坐板是指活动支座的坐板。安装铸钢的固定支座前,应在砂浆
抹平的支承垫石上放样支座中心的十字线位置,同时也应将坐板或支座下摆的中心事先分中,
用冲钉冲成小孔眼,以便对接安装。

设计规定,固定支座应设在箱梁的下坡一端,活动支座安装在箱梁上坡的一端,如图 2-58
所示。

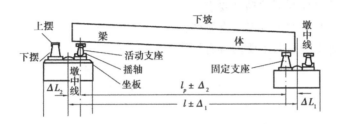

图 2-58　支座安装方法

(4)桥面系的中线和水准测量

对于箱梁的上拱度的终值要到 3 年后,甚至 5 年方能达到,因此,设计规定桥面承轨台的
混凝土应尽可能放在后期浇筑。这样,可以消除全部近期上拱度和大部分远期上拱度的影响。
即要求将预应力梁全部架设完毕后进行一次按线路坡度的高程放样,再立模浇筑承轨台混凝
土,则能更好地保证工程质量。当墩、台发生沉降时,则在终值上设法抬高梁体,保证桥面的坡
度。可以通过最先制造好的梁的实测结果来解决桥面系高程放样的问题。

知识技能训练 2

1. 在公路定测和初测阶段分别有哪些测量工作?

2. 什么叫断链? 如何处理断链后的情况?

3. 如何确定曲线的横断面?

4. 测量横断面的方法有哪些? 如何进行?

5. 如何设置施工控制桩?

6. 如何进行边桩的测设?

7. 何谓圆曲线主点? 曲线元素如何计算?

8. 已知:某条公路穿越山谷处采用圆曲线,设计半径为 $R = 1\ 000$ m,转向角 $\alpha_{右} = 11°26'$,
曲线转折点 JD 的里程为 $K5 + 375$。试求:

①该圆曲线元素；

②曲线各主点里程桩号；

③以 *ZY* 点为坐标原点，*ZY-JD* 方向为 x 轴正向的独立坐标系中，里程为 $K5+200$，$K5+300$，$K5+400$ 的中线点的坐标。

9. 常见综合曲线由哪些曲线组成？主点有哪些？

10. 某对称综合曲线，设计半径为 $R=1\ 000$ m，转向角 $\alpha_{右}=41°36'$，缓和曲线长 $l_0=120$ m，交点 *JD* 的里程为 $K55+375.379$。试求：

①该综合曲线元素；

②曲线各主点里程桩号；

③以 *ZH* 点为坐标原点，*ZH-JD* 方向为 x 轴正向的独立坐标系中，各主点及里程为 $K55+000$，$K55+380$，$K55+750$ 等中线点的坐标。

11. 简述桥梁施工测量的主要内容。

12. 如何确定桥梁控制网的精度要求？

13. 桥梁平面控制网的布设形式有哪些？

14. 普通桥梁施工测量的主要内容有哪些？

学习情境 **3**

工业与民用建筑施工测量

 教学内容

　　介绍大地控制网与建筑工程施工控制网在工程施工中的应用及转换;介绍工业与民用建筑中主轴线的放样、点位改化、建筑方格网的布设、改化以及高程控制测量;介绍工业与民用建筑施工中的测量工作,包括建筑场地平整测量、基础施工测量、轴线与高程传递、设备基础和设备安装测量、烟囱、水塔等高耸建筑物的施工测量技术方法。

 知识目标

　　能基本正确陈述建筑工程施工控制网的布设方法、施测过程和精度指标;能正确陈述场地平整中土石方测量方法;能正确陈述民用建筑物从基础开挖到主体结构施工中的放样过程;能正确陈述工业厂房柱列线放样、轴线投测、高程传递和构件安装测量的内容。

 技能目标

　　能正确识读工程图纸;能根据具体的建筑工程项目制订施工测量方案;能熟练使用全站仪进行建筑物基础放样、柱列线放样、轴线投测、高程传递和构件安装测量;能熟练使用电子水准仪在现场测量并计算土石方量;能熟练地编写施工中各种测量技术资料。

 学习导入

一、建筑施工测量概念

　　"建筑"是建筑物(供人们生活居住、生产或进行其他活动的场所)和构筑物(指人们一般不在其中生活、生产的结构物,如水池、烟囱、挡土墙等)的总称。建筑物的种类繁多,形式各异。通常按它们的使用性质来分,可将建筑物分为民用建筑和工业建筑两大类。

　　在建筑施工阶段所进行的测量工作称为建筑施工测量。建筑施工测量就是在工程施工阶段,建立施工控制网,在施工控制网点的基础上,根据施工的需要,将设计的建筑物和构筑物的位置、形状、尺寸和高程,按照设计和施工要求,以一定的精度测设到实地上,以指导施工。并在施工过程中进行一系列的测量工作,以指导和衔接各施工阶段和工种间的施工。工程竣工后,还要进行竣工测量和编绘竣工图。

因此,施工测量是整个工程施工的先导性工作和基础性工作,它贯穿于建筑施工的全过程,直接关系到工程建设的速度和工程质量。建筑施工测量主要是指民用和工业建筑施工测量,如住宅、办公楼、商场、医院、宾馆、学校等民用建筑和工业企业的仓库、厂房、车间等的施工测量,其中,包括高层建(构)筑物的施工测量,通常称为工业与民用建筑测量。

二、建筑施工测量的内容

施工测量贯穿于建筑施工的全过程,按工程建设的顺序,其主要内容如下:

1. 施工准备阶段的测量工作

(1)建立与工程相适应的施工控制网。

(2)场地平整测量。

(3)建(构)筑物的定位、放线测量。

2. 施工阶段的测量工作

(1)基础施工测量。

(2)建筑物轴线的投测和高程传递。

(3)工业厂房构件安装测量。

(4)工业厂房设备安装测量。

(5)某些重要工程的基础沉降观测,随着施工的进展,测定建(构)筑物的位移和沉降,作为鉴定工程质量和验证工程设计、施工是否合理的依据。

(6)阶段性竣工验收测量。

3. 竣工阶段的测量工作

(1)测绘竣工图。

(2)检查和验收工作。每道工序完成后,都要通过测量检查工程各部位的实际位置和高程是否符合要求,根据实测验收的记录,编绘竣工图和资料,作为验收时鉴定工程质量和工程交付后管理、维修、扩建、改建的依据。

三、建筑施工测量的特点

(1)施工测量是直接为工程施工服务的,因此,它必须与施工组织计划相协调。测量人员必须与设计、施工人员保持密切联系,了解设计的内容、性质及其对测量工作的精度要求,随时掌握工程进度及现场变动,使测设精度和速度满足施工的需要。

(2)施工测量的精度主要取决于建(构)筑物的大小、性质、用途、材料、施工方法等因素。例如,施工控制网的精度一般应高于测图控制网的精度;高层建筑施工测量精度应高于低层建筑;装配式建筑施工测量精度应高于非装配式;钢结构建筑施工测量精度应高于钢筋混凝土结构、砖石结构建筑;局部精度往往高于整体定位精度。施工测量精度不够,将造成质量事故;精度要求过高,则导致人力、物力及时间的浪费,因此,应选择合理的施工测量精度。

(3)由于施工现场各工序交叉作业、材料堆放、运输频繁、场地变动及施工机械的振动,使测量标志易遭破坏,因此,测量标志从形式、选点到埋设均应考虑便于使用、保管和检查,如有破坏,应及时恢复。

(4)现代建筑工程规模大,施工进度快,测量精度要求高,因此,在施工测量前应做好一系列准备工作,认真核算图纸上的尺寸与数据;检校好仪器和工具;制订合理的测设方案;此外,在测设过程中,要注意仪器和人身安全。

四、施工测量资料要求

1. 对施工测量记录的要求

(1)测量记录应原始真实,数字正确,内容完整,字体工整。

(2)记录应填写在规定的表格中,表中项目要记录完整。

(3)记录应在现场随测随记,不准转抄。

(4)记录字体要工整、清楚、整齐,对于记错或读错的秒值或厘米以下的数字应重测;对于记错、读错分值以上或厘米以上数字,以及计算错的数字,也不得涂改,应将错字划一斜线,将正确的数字写在错数字的上方。

(5)记录中数字的取位应一致,并反映观测的精度。

(6)记录中的草图(示意图),应在现场勾绘,并注记清楚、详细。

(7)测量的各种记录、计算手簿,应妥善保管,工作结束后统一归档。

2. 对施工测量计算的要求

(1)施工测量的各项计算,应依据可靠、方法正确、计算有序、步步校核、结果可靠。

(2)在计算之前,应对各种外业记录、计算进行检核。严防测错、记错或超限出现。

(3)计算中应做到步步校核,校核的方法可采用复算校核、对算校核、总和校核、几何条件校核和改变计算方法校核。

(4)计算中的数字取位,应与观测精度相适应,并遵守数字的"四舍、六入,逢五奇进偶舍"的取舍原则。

子情境 1　建筑工程施工控制网

一、施工控制网概述

在勘测设计阶段布设的控制网主要是为测图服务,控制点的点位是根据地形条件来确定的,并未考虑待建建筑物的总体布置,因而在点位的分布与密度方面都不能满足放样的要求。在测量精度上,测图控制网的精度按测图比例尺的大小确定,而施工控制网的精度则要根据工程建设的性质来决定,通常要高于测图控制网。因此,为了进行施工放样测量,必须以测图控制点为定向条件建立施工控制网。

1. 施工坐标系与测量坐标系

1)施工坐标系

为了便于建筑物的设计与施工放样,设计总平面图上的建(构)筑物的平面位置一般采用施工坐标系(又称建筑坐标系)的坐标来表示。所谓施工坐标系统,就是以建筑物的主要轴线作为坐标轴而建立起来的局部坐标系统。施工坐标系的坐标轴通常与建筑物主轴线方向一致；坐标原点设置在总平面图的西南角上，纵轴记为 A 轴，横轴记为 B 轴，用 A,B 坐标标定各建筑物的位置。例如，某厂房角点 P 的施工坐标为 $\dfrac{2A+20.00}{3B+24.00}$，即 P 点的纵坐标为 220.00 m，横坐标为 324.00 m。

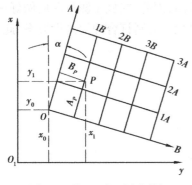

图 3-1　施工坐标系与测量
坐标系的坐标转换

2）施工坐标系与测量坐标系转换

如图 3-1 所示，AOB 为施工坐标系，xO_1y 为测量坐标系。设 P 为建筑基线上的一个主点，它在施工坐标系中的坐标为 (A_P,B_P)，在测量坐标系中的坐标为 (x_P,y_P)；施工坐标系原点 O 在测量坐标系中的坐标为 (x_0,y_0)，α 为 x 轴与 A 轴之间的夹角。将 P 点的施工坐标换成测量坐标，其公式为

$$\left.\begin{array}{l}x_P = x_0 + A_P\cos\alpha - B_P\sin\alpha\\ y_P = y_0 + A_P\sin\alpha + B_P\cos\alpha\end{array}\right\} \tag{3-1}$$

若将测量坐标系换算成施工坐标系，其公式为

$$\left.\begin{array}{l}A_P = (x_P - x_0)\cos\alpha + (y_P - y_0)\sin\alpha\\ B_P = -(x_P - x_0)\sin\alpha + (y_P - y_0)\cos\alpha\end{array}\right\} \tag{3-2}$$

2. 施工控制网的特点

施工控制网与测图控制网相比，具有以下特点：

1）控制范围小，控制点的密度大，精度要求高

与测图的范围相比，工程施工的地区比较小，而在施工控制网所控制的范围内，各种建筑物的分布错综复杂，没有较为稠密的控制点是无法进行放样工作的。

施工控制网的主要任务是进行建筑物轴线的放样。这些轴线的位置偏差都有一定的限值，例如，工业厂房主轴线的定位精度要求为 2 cm。因此，施工控制网的精度比测图控制网的精度要高。

2）布网等级宜采用两级布设

在工程建设中，各建筑物轴线之间几何关系的要求，比它们的细部相对于各自轴线的要求，其精度要低得多。因此，在布设建筑工地施工控制网时，采用两级布网的方案是比较合适的，即首先建立布满整个工地的厂区控制网，目的是放样各个建筑物的主要轴线，然后，为了进行厂房或主要生产设备的细部放样，还要根据由厂区控制网所定出的厂房主轴线建立厂房矩形控制网。

3. 施工控制网的布设

施工控制网分为平面控制网和高程控制网两种。前者常采用导线网、建筑基线或建筑方格网等，后者则主要采用水准网。

施工平面控制网的布设，应根据总平面图和施工地区的地形条件来确定。当厂区地势起伏较大，通视又比较困难的地区，例如扩建或改建工程的工业场地，则采用导线网；对于建筑物多为矩形且布置比较规则和密集的工业场地，可将施工控制网布置成规则的矩形格网，即建筑

方格网;对于地面平坦而又简单的小型施工场地,常布置一条或几条建筑基线。总之,施工控制网的布设形式应与设计总平面图的布局相一致。

施工控制网的布设应作为整个工程施工设计的一部分。布网时,必须考虑施工的程序、方法以及施工场地的布置情况。施工控制网的设计点位应标在施工设计的总平面图上。

二、建筑基线

1. 建筑基线的布置

当施工场地范围不大时,可在场地上布置一条或几条基线,作为施工场地的控制,这种基线称为"建筑基线"。

如图 3-2 所示,建筑基线的布设,是根据建筑物的分布、场地地形等因素确定的。常用的形式有:3 点直线型(又称"一"字形);3 点直角型(又称"L"形);4 点"丁"字形;5 点"十"字形。

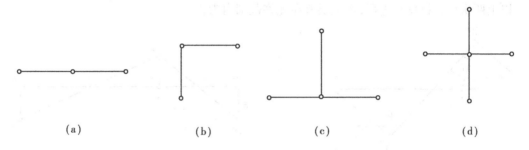

(a)　　　　　　(b)　　　　　　(c)　　　　　　(d)

图 3-2　建筑基线形式

建筑基线应尽可能靠近拟建的主要建筑物,并与它们的主轴线平行;尽可能与施工场地的建筑红线相联系,以便用比较简单的直角坐标法进行建筑物的放样。在城市建筑工地,场地面积较小时,也可直接用建筑红线作为现场控制。为便于复查建筑基线是否有变动,基线点不得少于 3 个。基线点位应选在通视良好和不易被破坏的地方,为能长期保存,要埋设永久性的混凝土桩。

2. 测设建筑基线的方法

1)根据建筑红线测设建筑基线

在城市建设区,建筑用地的边界由城市规划部门在现场直接标定,图 3-3 中的 D,E,F 点就是在地面上标定出来的边界点,其连线 DE,EF 通常是正交的直线,称为"建筑红线"。一般情况下,建筑基线与建筑红线平行或垂直,故可根据建筑红线用平行推移法测设建筑基线 OA,OB。当把 A,O,B 3 点在地面上用木桩标定后,安置全站仪于 O 点,观测 $\angle AOB$ 是否等于 $90°$,其不符值不应超过 $\pm20''$。量 OA,OB 距离是否等于设计长度,其不符值不应大于 $1/10\ 000$;若误差超限,应检查推平行线时的测设数据。若误差在许可范围内,则适当调整 A,B 点的位置。

2)根据附近已有控制点测设建筑基线

对于新建筑区,在建筑场地中没有建筑红线作为依据时,可依据建筑基线点的设计坐标和附近已有控制点的关系,计算出放样数据,然后放样。如图 3-4 所示,A,B 为附近的已有控制点,D,E,F 为选定的建筑基线点。首先根据已知控制点和待定点的坐标关系反算出测设数据 $\beta_1,S_1,\beta_2,S_2,\beta_3,S_3$,然后用全站仪和钢尺按极坐标法(也可用其他方法)测设 D,E,F 点。由于存在测量误差,测设的基线点往往不在同一直线上,如图 3-5 所示的 D',E',F',故尚需在 E' 点

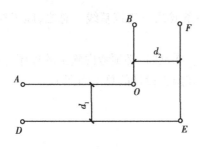

图 3-3 根据建筑红线测设建筑基线

安置全站仪,精确地测出 $\angle D'E'F'$ 的大小,若此角值与 180°之差超过 ±15″则应对点位进行调整。调整时,应将 D', E', F' 点沿与基线垂直的方向各移动相同的调整值 δ。其值按下列公式计算为

$$\delta = \frac{ab}{a+b}\left(90° - \frac{\beta}{2}\right)\frac{1}{\rho} \tag{3-3}$$

式中 δ——各点的调整值。

a, b——DE, EF 的长度值。

除了调整角度之外,还应调整 D, E, F 点之间的距离。先用钢尺检查 DE 及 EF 的距离,若丈量长度与设计长度之差的相对误差大于 1/20 000,则以 E 点为准,按设计长度调整 D, F 两点。

以上两次调整拉反复进行,直至误差在允许范围内为止。

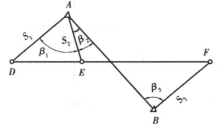

图 3-4 根据已有控制点测设建筑基线

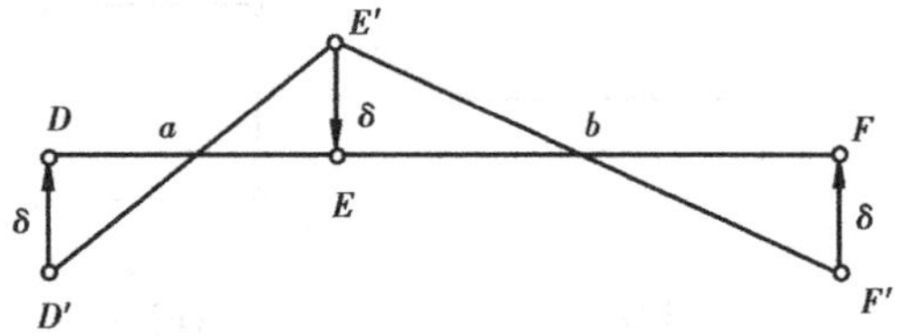

图 3-5 测设误差调整

三、建筑方格网的布置

由正方形或矩形格网组成的施工控制网称为建筑方格网,或称矩形网。它是建筑场地常用的控制网形式之一,适用于按正方形或矩形布置的建筑群或大型、高层建筑的场地。布设方格网时,应根据建(构)筑物、道路、管线的分布,结合场地的地形情况,先选定方格网的主轴线(图 3-6 为建筑方格网,图中 A, O, B, C, D 为主轴线点),再全面布设方格网。

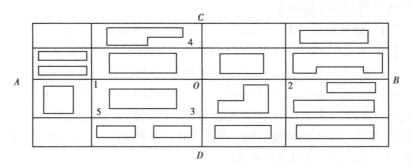

图 3-6 建筑方格网

1. 建筑方格网等级

建筑方格网分两级,其具体技术指标见表 3-1。

表 3-1　建筑方格网的主要技术要求

等　级	边长/m	测角中误差/(″)	边长相对中误差
Ⅰ级	100～300	5	≤1/30 000
Ⅱ级	100～300	8	≤1/20 000

2. 建筑方格网布设要求

(1)根据设计总平面图布设,使方格网的主轴线位于建筑场地的中央,并与主要建筑物的轴线平行或垂直;使控制点接近于测设对象,特别是测设精度要求较高的工程对象。

(2)根据实际地形布设,使控制点位于测角、量距比较方便的地方,并使埋设标桩的高程与场地的设计标高不要相差很多。

(3)方格网的边长一般为 100～200 m,边长的相对精度视工程要求而定,一般为 1/10 000～1/20 000;点的密度根据实际需要而定。

(4)方格网各转折角应严格成 90°。

(5)控制点应便于保存,尽量避免土石方的影响,最好将高程控制点与平面控制点埋设在同一块标石上。

(6)当场地面积较大时,应分成两级布网。首先可采用"十"字形、"口"字形或"田"字形,然后再加密方格网。若场地面积不大,则尽量布设成全面方格网。

四、建筑方格网的测设

1. 主轴线测设

如图 3-7 所示,MN,CD 为建筑方格网的主轴线,它是建筑方格网扩展的基础。当场区很大时,主轴线很长,一般只测设其中的一段,如图中的 AOB 段。该段上 A,B,O 点是主轴线的主位点,称主点。主点的施工坐标一般由设计单位给出,也可在总平面图上用图解法求得一点的施工坐标后,再按主轴线的长度推算其他主点的施工坐标。当施工坐标系与国家测量坐标系不一致时,在施工方格网测设之前,应把主点的施工坐标换成为测量坐标,以便求得测设数据。

如图 3-7 所示,先测设主轴线 AOB,其方法与建筑基线测设方法相同,但 $\angle AOB$ 与 180°的差,应在 ±5″之内。A,O,B 3 个主点测设好后,如图 3-8 所示,将全站仪安置在 O 点,瞄准 A 点,分别向左、向右旋转 90°,测设另一主轴线 COD,同样用混凝土桩在地上定出其概略位置 C'

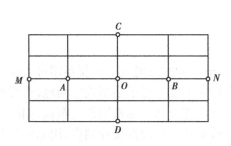

图 3-7　主轴线放样

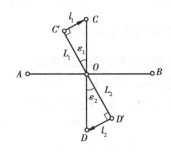

图 3-8　轴线放样改正

和 D'。然后精确测出 AOC' 和 AOD，分别算出它们与 90° 之差 ε_1 和 ε_2，并计算出调整值 l_1 和 l_2，公式为

$$l = L \frac{\varepsilon''}{\rho''} \tag{3-4}$$

式中　L——OC' 或 OD 的长度。

将 C' 沿垂直于 OC' 方向移动 l_1 距离得 C 点；将 D' 点沿垂直于 OC' 方向移动 l_2 距离得 D 点。点位改正后，应检查两主轴线的交角及主点间距离，均应在规定限差之内。

建筑方格网的测量应符合下列规定：

（1）角度观测可采用方向观测法，其主要技术要求，应符合表 3-2 的规定。

表 3-2　角度观测的主要技术要求

方格网等级	经纬仪型号	测角中误差/(")	测回数	测微器两次读数差/(")	半测回归零差/(")	一测回中两倍照准差变动范围/(")	各测回方向较差/(")
Ⅰ级	DJ1	5	2	≤1	≤5	≤9	≤5
	DJ2	5	3	≤3	≤8	≤13	≤9
Ⅱ级	DJ2	8	2	—	≤12	≤18	≤12

（2）当采用电磁波测距仪测定边长时，应对仪器进行检测，采用仪器的等级及总测回数，应符合表 3-3 的规定。

表 3-3　采用仪器的等级及总测回数

方格网等级	仪器分级	总测回数
Ⅰ级	Ⅰ，Ⅱ精度	4
Ⅱ级	Ⅱ精度	2

2. 方格网点放样

主轴线测设好后，分别在主轴线端点安置全站仪，均以 Q 点为起始方向，分别向左、向右精密地测设出 90°，这样就形成"田"字形方格网点。为了进行校核，还要在方格网点上安置全站仪，测量其角值是否为 90°，并测量各相邻点间的距离，看其是否与设计边长相等，误差均应在允许的范围内。此后再以基本方格网点为基础，加密方格网中其余各点。

五、高程施工控制网

1. 高程控制网的等级及布设

建筑场地高程控制点的密度，应尽可能满足在施工放样时安置一次仪器即可测设出所需的高程点，而且在施工期间，高程控制点的位置应稳固不变。对于小型施工场地，高程控制网可一次性布设，当场地面积较大时，高程控制网可分为首级网和加密网两级布设，相应的水准点称为基本水准点和施工水准点。基本水准点是施工场地高程首级控制点，用来检核其他水准点高程是否有变动；施工水准点用来直接测设建（构）筑物的高程。一般建筑场地埋设 2～3 个基本水准点，按三、四等水准测量要求进行施测，将其布设成闭合水准路线，其位置应设在不

受施工影响之处。施工水准点靠近建筑物,可用来直接测设建筑物的高程,通常设在建筑方格网桩点上。

要求各级水准点坚固稳定。四等水准点可利用平面控制点作水准点;三等水准点一般应单独埋设,点间距离通常以 600 m 为宜,可在 400 ~ 800 m 变动;三等水准点距厂房或高大建筑物一般应不小于 25 m;在振动影响范围以外不小于 5 m,距回填土边线不小于 15 m。

2. 高程控制网的特点

根据施工中的不同精度要求,高程控制有如下特点:

(1)为了满足工业安装和若干施工部位中高程测量的需要,其精度要求为 1 ~ 3 mm,即按建筑物的分布设置三等水准点,采用三等水准测量,一般在局部有 2 ~ 3 个点就能满足要求。

(2)为了满足一般建筑施工高程控制的需要,保证其测量精度在 3 ~ 5 mm,则可在三等水准点以下建立四等水准点,或单独建立四等水准点。

(3)由于设计建筑物常以底层室内地坪标高(即 ± 0.000 m 标高)为高程起算面,为了施工引测方便,常在建筑场地内每隔一段距离(如 40 m)放样出 ± 0.000 m 标高。必须注意,设计中各建、构筑物的 ± 0.000 m 的高程不一定相等。

【技能训练 10】　建筑方格网的测设与调整

1. 技能训练目标

(1)掌握建筑方格网的布设方法。

(2)熟练使用全站仪放线。

(3)掌握建筑方格网主点施工坐标与测量坐标换算方法。

(4)掌握建筑方格主点的测设及调整过程。

2. 技能训练内容

(1)根据给定主点的坐标,在实地采用极坐标法放样主轴线和方格网点。

(2)方格网点平差后,应确定归化数据,并在实地标板上修正至设计位置。

3. 技能训练仪器设备

全站仪 1 台,脚架 1 个,木桩若干,锤子 1 把,小钉若干。

4. 技能训练步骤

(1)主轴线的测设,首先根据原有控制点坐标与主轴线点坐标计算出测设数据,然后测设主轴线点。

(2)测设与长主轴线相垂直的另一主轴线 COD ,此时安置经纬仪于 O 点,瞄准 A 点,依次旋转 90°和 270°,以精密量距初步定出 C',D' 点,然后,精确测定 $\angle AOC'$,$\angle AOD'$。

(3)如果角值与 90°之差 ε_1 和 ε_2,进行调整计算 C' 点与 D' 点的改正数 l_1 和 l_2。

(4)方格网点测设。

5. 上交成果

(1)建筑方格网设计图纸。

(2)建筑方格网主点施工坐标系坐标。

(3)实训报告。

6. 注意事项

(1)纵横主轴线应严格正交成 90°,误差应在 90° ± 5″。

（2）主轴线长度以能控制整个长度为宜，一般为 300～500 m，以保证定向精度。

（3）方格网的边长一般为 100～300 m，边长的相对精度视工程要求而定，一般为 1/10 000～1/30 000。相邻方格网点之间应保证通视；便于量距和测角，点位应选在不受施工影响并能长期保存的地方。

子情境 2　场地平整测量

地面的自然地形并非总能满足建筑设计的要求，因此，在建筑施工前，有必要改造地面的现有形态。特别是为了保证生产运输畅通、便捷，并能合理地组织场地排水，必须要按竖向布置设计的要求，对建筑场地或整个厂区的自然地形加以平整改造。

场地平整测量的内容是：实测场地地形，按填挖土方平衡原则进行竖向设计计算，最后进行现场高程放样，以作为平整场地的依据。

场地平整测量常采用的方法有方格网法、等高线法、断面法等。根据场地的地形情况和实际工程建设的需要，对于高低起伏不大的场地一般设计为水平场地，对于起伏较大的场地一般则设计为倾斜场地。下面分别对水平场地的平整和倾斜场地的平整方法予以说明。

一、设计为水平场地的平整

1. 格网绘制

首先，根据已有的地形图划分若干方格网，方格网边尽量与测量坐标系的纵横坐标轴平行。方格的大小视地形情况和平整场地的施工方法而定，一般用机械施工采用 50 m×50 m 或 100 m×100 m 的方格，用人力施工采用 20 m×20 m 的方格，为了便于计算，各方格点一般都按纵、横行列编号。

然后，根据控制点将设计的方格网点测设到实地上，用木桩进行标定，并绘制一张计算略图，如图 3-9 所示。

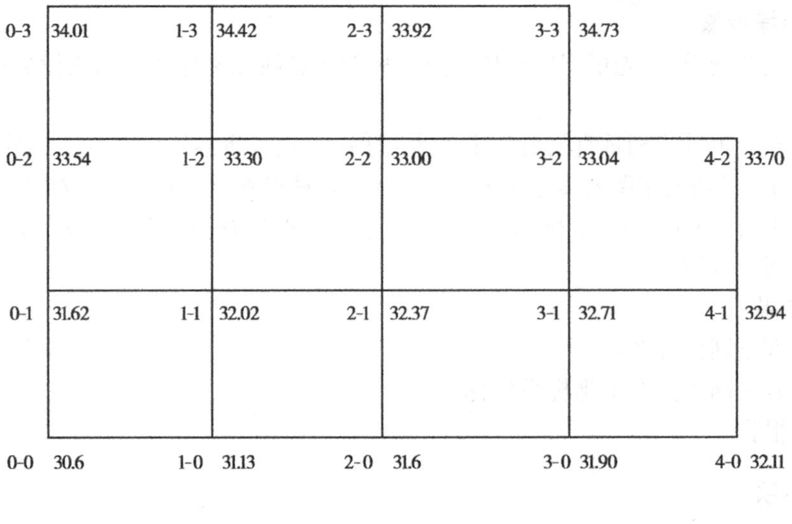

0-3	34.01	1-3	34.42	2-3	33.92	3-3	34.73		
0-2	33.54	1-2	33.30	2-2	33.00	3-2	33.04	4-2	33.70
0-1	31.62	1-1	32.02	2-1	32.37	3-1	32.71	4-1	32.94
0-0	30.6	1-0	31.13	2-0	31.6	3-0	31.90	4-0	32.11

图 3-9　方格网计算略图

2. 填挖方界线确定

1）测量各方格网点的地面高程

根据场地内或附近已有的水准点，测出各方格点处的地面高程（取位至厘米单位），并分别标注在图上各方格点旁（见图 3-9）。测量方法可采用间视水准测量，即将水准仪置于场地中央，依次读取水准点和各方格点上的标尺读数，最后经计算，求得各方格点的地面高程。

2）计算各方格点的设计高程

计算设计高程的目的是求得各点的填（挖）高度，并确定场地上的填、挖分界线。

在填挖土方量平衡的前提下，将场地平整成水平面，则此水平面的设计高程应等于现场地面的平均高程。

但是，这里一定要注意，场地平均高程不能简单地取各方格点高程的算术平均值，因与各点高程相关的方格数不同，故在计算设计高程时，应乘以每点高程所用的次数后，求其总和，再除以总共用的次数，即要考虑各点高程在计算时所占比重的大小，进行加权平均。

若认为相邻各点间的地面坡度是均匀的，并以四分之一方格作为一个单位面积，定其权为 1。则方格网中各点地面高程的权分别是：角点为 1，边上点为 2，拐点为 3，中心点为 4（见图 3-10）。这样，即可按加权平均值的算法，利用各方格网点的高程求得场地地面平均高程 H_0

$$H_0 = \frac{\sum P_i \cdot H_i}{\sum P_i} \tag{3-5}$$

式中　H_i——方格点 i 的地面高程；

　　　P_i——方格点 i 的权。

可按如下公式计算为

$$H_0 = \frac{\sum H_{角} + 2\sum H_{边} + 3\sum H_{拐} + 4\sum H_{中}}{4n}$$

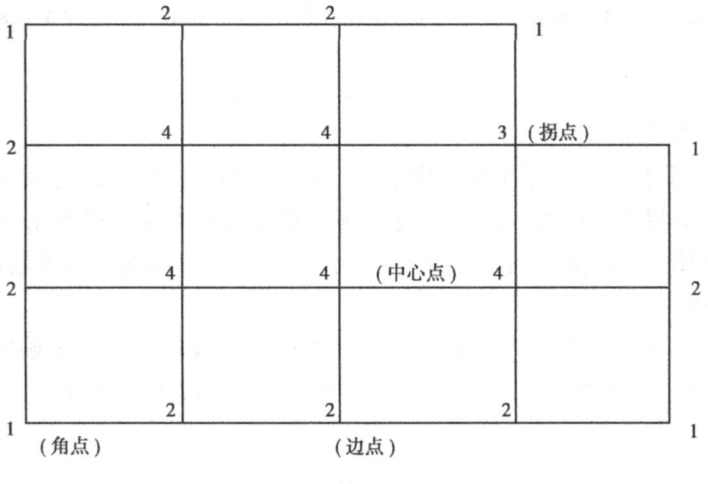

图 3-10　定权示意图

【例 3-1】 按如图 3-9 所示图形计算场地的平均地面高程。

解 为了计算方便，以高程 30.00 m 为准，先求各点减去 30 m 后的平均高程值。

5 个角点的 $P \times H$ 总和 = $1 \times (0.67 + 2.11 + 3.70 + 4.73 + 4.01) = 15.22$

8 个边点的 $P \times H$ 总和 $= 2 \times (1.13 + 1.62 + 1.90 + 2.94 + 3.92 + 4.42 + 3.54 + 1.62)$
$$= 42.18$$

1 个拐点的 $P \times H = 3 \times 3.04 = 9.12$

5 个中心点的 $P \times H$ 总和 $= 4 \times (2.02 + 2.37 + 2.71 + 3.00 + 3.30) = 53.60$

加上 30.00 m 后,则地面平均高程为

$$H_0 = 30.00 + \frac{\sum P_i \cdot H_i}{\sum P_l} = 30.00 \text{ m} + \frac{15.22 + 42.18 + 9.12 + 53.60}{1 \times 5 + 2 \times 8 + 3 \times 1 + 4 \times 5} \text{ m} = 32.73 \text{ m}$$

场地要求平整为水平场地,则求得的场地平均高程 H_0 就是各点的设计高程。

3)计算各方格点的填、挖高度

当求得各方格网点的设计高程后,即可计算各点处的填高或挖深的尺寸,称其为填、挖高度(填挖数),即

填挖高度 = (设计高程) - (地面高程)

式中,填挖高度为" + "时,表示是填土高度;填挖高度为" - "时,表示是挖土高度。各点的填挖高度注在相应方格点右下方,如图 3-11 所示。

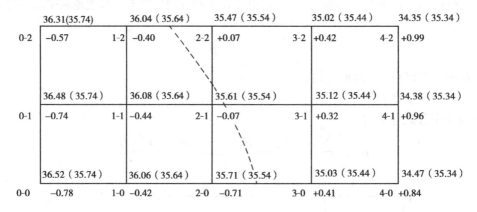

图 3-11　填挖方高度图

4)填、挖分界线位置的确定

在相邻填方点和挖方点(见图 3-11 中的方格点 3-1 和方格点 2-1)之间,必定有一个不填不挖点,即为填挖分界点或称为"零点"。把相邻方格边上的零点连接起来,就是填挖分界线或称为"零线"(即设计的地面与原自然地面的交线)。零点和填挖分界线是计算填挖土方量和施工的重要依据。

"零点"位置,可根据相邻填方点和挖方点之间的距离及填挖高度来确定。如图 3-12 所示,欲确定点 3-1 至 2-1 方格边上的"零点",按照相似三角形成比例的关系,可得"零点"至方格 2-1 距离 x 为

$$x = \frac{|h_1|}{|h_1| + |h_2|} \cdot l \tag{3-6}$$

式中　l——方格边长;

　　　h_1, h_2——方格点填(挖)高度的。

已知方格边长为 20 m,按如图 3-11 所示的填(挖)数代入式(3-6),则得

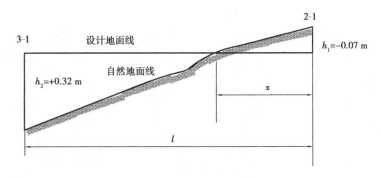

图 3-12　填挖位置确定

$$x = 3.6 \text{ m}$$

图 3-11 中虚线,就是依据式(3-6)计算出各零点位置连成的填挖分界线。

3. 填挖方量计算

通过土方量计算,可以验证场地设计高程定得是否正确,同时根据算得的土方量可以作为工程投资费用预算的依据之一。

土方量是按方格逐格计算,然后将填、挖方分别求总和,填方量和挖方量在理论上应相等,但是,因计算中大多数采用近似公式,故实际结果会略有出入。如相差较大时,须检查计算是否有错误。若计算无误,则说明确定的设计高程不太合适,应查明原因后重新计算。

各方格的填、挖方量计算可有两种情况:一种是整个方格为填方或挖方;另一种是方格中有填也有挖(即填挖分界线位于方格中)。

(1)整格为填(或挖)的可采用下式计算方格的填方(或挖方)量:

$$V_i = \frac{a + b + c + d}{4} \cdot l^2 \tag{3-7}$$

式中　a,b,c,d——方格四角点的填(或挖)土深度;

　　　l——方格边长。

(2)当方格中有填有挖时,因填挖分界线在方格中所处的位置不同,故相应立体的底面形状又可归纳为如图 3-13 所示 4 种情况,在计算其体积时应分别对待。

第 1 种情况的立体图如图 3-14 所示,可将它分解为 4 个锥体,每个锥体的土方量分别按下式计算为

$$\left. \begin{aligned} v_1 &= \frac{s_1 \cdot (a + b)}{3} \\ v_2 &= \frac{s_2 \cdot b}{3} \\ v_3 &= \frac{s_3 \cdot (b + c)}{3} \\ v_4 &= \frac{s_4 \cdot d}{3} \end{aligned} \right\} \tag{3-8}$$

式中　a,b,c,d——各方格的填(或挖)高度;

　　　s_1,s_2,s_3,s_4——相应棱锥的底面积,可由零点到方格点的距离以及方格边长算得。

第 2、第 3 种情况分别可按 3 个锥体和 2 个锥体来计算填挖土方量。

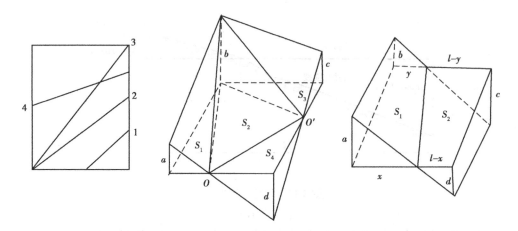

图 3-13　填挖分界线投影　　　图 3-14　不规则填挖锥形图　　　图 3-15　棱柱体填挖图

第 4 种情况的立方体如图 3-15 所示,可将其看成两个棱柱体,分别用下式计算立体的体积:

$$
\left.
\begin{aligned}
v_1 &= \frac{s_1}{4} \cdot (a+b) = \frac{1}{8}l(x+y)(a+b) \\
v_2 &= \frac{s_2}{4} \cdot (c+d) = \frac{1}{8}l(l-x) + (l-y)(c+d)
\end{aligned}
\right\}
\tag{3-9}
$$

应当指出,以上计算是对致密土壤而言,因填土是松土,故实际计算总填方量时,还应考虑土壤的松散系数。

当填挖边界和土方量计算无误后,可根据土方量计算图,在现场用量距法定出各零点的位置,然后用白灰线将相邻零点连接起来,即得到实地填挖分界线。

填挖深度要注记在相应的方格点木桩上,作为施工依据。

二、设计为倾斜场地的平整

为了将自然场地平整为有一定坡度 i 的倾斜场地,并保证填挖方量基本平衡,可按下述方法确定填挖方分界线和求得填挖方量。

1. 格网绘制

根据场地自然地面的主坡倾斜方向绘制方格网(见图 3-16),即使纵横格网线分别与主坡倾斜方向平行和垂直。这样,横格线即为斜坡面的水平线(其中一条应通过场地中心),纵格线即为设计坡度的方向线。

2. 填挖边界线的确定

1)测量各方格网点的地面高程

根据场地内或附近已有的水准点,测出各方格点处的地面高程(取位至厘米单位),并分别标注在图上各方格点旁(见图 3-16)。测量方法可采用间视水准测量(或三角高程测量),即将水准仪置于场地中央,依次读取水准点和各方格点上的标尺读数,最后经计算,求得各方格点的地面高程。

2)计算场地重心高程

按式(3-5)计算场地重心(即中心)的设计高程 $H_重$。经计算得 $H_重$ 为 63.5 m,标注在中心水平线下面的两端。

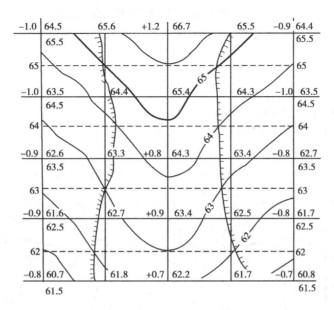

图 3-16　绘制方格网

3）计算坡顶和坡底的设计高程

$$\begin{cases} H_{顶} = H_{重} + i \cdot \dfrac{D}{2} \\[2mm] H_{底} = H_{重} - i \cdot \dfrac{D}{2} \end{cases} \tag{3-10}$$

式中　D——顶线至底线之间的距离；

　　　i——倾斜面的设计坡度。

4）确定填、挖分界线

当坡顶线和坡底线的设计高程计算出结果后,由设计坡度和顶、底线的设计高程按内插法确定与地面等高线高程相同的沟坡坡面水平线的位置,用虚线绘出这些坡面水平线(如图3-16中的虚线),它们与地面相应等高线的交点即为挖填分界点,将其依次连接即为挖填分界线(见图3-16中的类似陡坎符号的线)。

5）计算各格网桩的填、挖量

根据顶、底线的设计高程按内插法计算出各方格角顶的设计高程,标注在相应角顶的右下方;将原来求出的角顶地面高程减去它的设计高程,即得挖、填深度(或高度),标注在相应角顶的左上方。

3. 填挖方量计算

计算方法与设计为水平场地的方法相同,从略。

三、其他场地平整

1. 等高线法

当场地地形高低起伏大,且坡度变化较大时,利用方格点的高程计算地面平均高程的误差太大,此时可改用等高线法计算场地平均高程。

其计算方法是:首先将场地范围标绘在地形图上,从图上求出场地内各等高线所围起的面积;然后用相邻等高线各自所围起的面积的中数乘以等高距 h,即为这两根等高线的土方量,将所有相邻等高线的土方量取总和,就是场地内最低等高线之高程 H_0 以上的总土方量 V,则场地的平均高程 $H_{平}$ 为

$$H_{平} = H_0 + \frac{V}{A}$$
（3-11）

式中　　H_0——场地内最低等高线（或最低点）的高程;

　　　　V——场地内最低等高线（或过最低点水平面）以上土方量;

　　　　A——场地总面积。

例如,求如图 3-17 所示场地的地面平均高程,土方量计算见表 3-4。

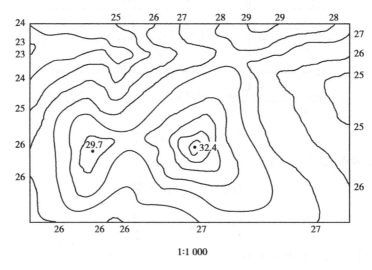

1:1 000

图 3-17　待平整场地地形图

表 3-4　土方量计算表

高　程/m	面　积/m²	平均面积/m²	高　差/m	土方量/m³
22.8	4 800	4 795	0.2	959
23.0	4 790	4 715	1	4 715
24.0	4 640	4 490	1	4 490
25.0	4 340	4 030	1	4 030
26.0	3 720	3 105	1	3 105
27.0	2 490	1 910	1	1 910
28.0	1 330	920	1	920
29.0	510	340	1	340
30.0	170	110	1	110
31.0	50	30	1	30
32.0	10	5	0.4	2
32.4	0		$\sum V_i$	20 611

按式(3-5)算得的场地平均高程为

$$H_{\text{平}} = 22.8 + \frac{20\,611}{4\,800} = 27.09 \text{ m}$$

采用这种方法计算场地平均高程,最好配备求积仪量取等高线所围起的面积。若没有求积仪,可采用方格网法近似计算其面积。

另外,计算前也需要在现场测设方格,但方格点的高程是从地形图上确定的。当求得场地平均高程后,确定各方格点的设计高、填挖数,以及确定填挖边界线,计算填挖土方量等工作与上面方格网法中的完全相同。

2. 断面法

这种方法适用于狭长带状形的场地,其施测步骤如下:

1)确定横断面

根据地形图,竖向设计或现场测设布置横断面,即将拟计算的场地划分为若干个横断面,横断面布设的原则为垂直于等高线或垂直于主要建筑物边长,个横断面间的间距应根据场地条件和计算精度要求而定,一般为 10 m 或 20 m,在平坦地区可大些,但最大不应超过 50 m。

表3-5　常用横断面面积计算公式

横断面图式	断面面积计算公式
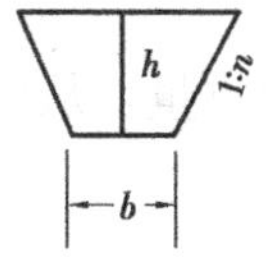	$A = h(b + nb)$
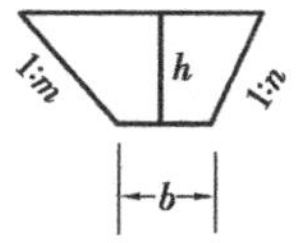	$A = h\left[b + \dfrac{h(m + n)}{2} \right]$
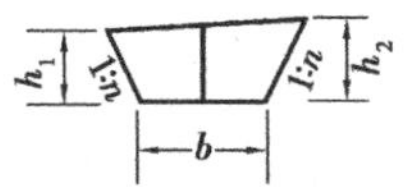	$A = b + \dfrac{h_1 + h_2}{2} + nh_1 h_2$
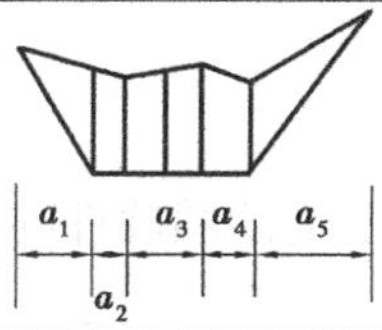	$A = h_1 \dfrac{a_1 + a_2}{2} + h_2 \dfrac{a_2 + a_3}{2} + h_3 \dfrac{a_3 + a_4}{2} + h_4 \dfrac{a_4 + a_5}{2}$
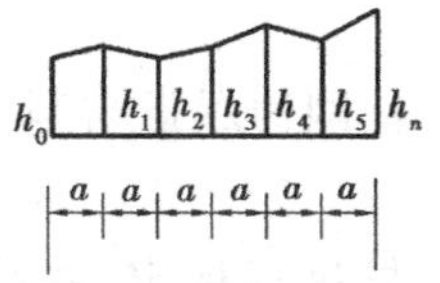	$A = \dfrac{a}{2}(h_0 + 2h + h_0)$　　$h = h_1 + h_2 + h_3 + h_4 + h_5$

2)绘制横断面图

根据地形图或实测结果,按比例绘制横断面图,即在横断面上绘出自然地面和设计地面的轮廓线。

3)计算横断面面积

在横断面图中,自然地面轮廓线与设计地面轮廓线之间的面积,即为横断面中挖方或填方的面积,横断面面积的计算方法如下:

(1)公式法

对于规则图形可按公式法计算,不同断面形式和相应的面积计算公式,如表3-5所示。

(2)积距法

积距法就是按预先确定的间距,分别量测对应的垂直距离值,各垂距累积而得面积。

(3)求积仪法

用求积仪在横断面图上直接量测横断面面积。

4)土石方量计算

断面法的土石方量按下式计算

$$V = \frac{s_i + s_{i+1}}{2} \cdot l \tag{3-12}$$

式中 s_i, s_{i+1}——相邻两横断面的面积;

l——相邻两横断面间的距离;

V——相邻两横断面间的土石方量。

最后将各横断面间的土石方量相加,即得场区的总填(挖)土方量。从而可计算出场地的平均高程。其余步骤同方格网法。

【技能训练11】 场地平整测量

1. 技能训练目的

(1)掌握建筑场地地形测量方法。

(2)掌握场地平均高程的计算方法。

(3)掌握土方量的计算方法。

(4)学会用建筑方格网设计场地的竖向高程。

2. 技能训练的内容

(1)测绘场地的地形图。

(2)用方格网法按照填挖方平衡原则划出填挖方边界线。

3. 技能训练仪器设备

全站仪1台,脚架1个,木桩若干,锤子1把,记号笔1支,装有绘图软件的计算机1台。

4. 技能训练过程

(1)用全站仪实测场地的地形图。

(2)测设方格网。根据已有的地形图划分若干方格网,方格网边尽量与测量坐标系的纵横坐标轴平行。

(3)根据控制点将设计的方格网点测设到实地上,用木桩进行标定,并绘制一张计算略图。

(4)测定各方格网点的地面高程。

(5)计算各方格网点的设计高程。

（6）计算各方格网的填挖高度。

（7）填挖方量界线的确定。

5. 上交资料

（1）场地地形图。

（2）设计方格网图。

（3）填挖方边界图。

（4）实训报告。

6. 注意事项

（1）地形图高程一定要准确。

（2）场地的平均高程计算公式不能记错。

子情境 3   民用建筑施工测量

一、测设前准备工作

民用建筑是指住宅、办公楼、食堂、俱乐部、医院和学校等建筑物。施工测量的任务是按照设计的要求,把建筑物的位置测设到地面上,并配合施工以保证工程质量。进行施工测量之前,除了应对所使用的测量仪器和工具进行检校外,还需做好以下准备工作:

1. 熟悉设计图纸

设计图纸是施工测量的依据,在测设前应从设计图纸上了解施工的建筑物与相邻地物的相互关系,以及建筑物的尺寸和施工的要求等,对各设计图纸的有关尺寸应仔细核对,以免出现差错。测设时必须具备下列图纸资料:

1）建筑总平面图

建筑总平面图（见图3-18）是施工测量的总体依据,建筑物就是根据总平面图上所给的尺寸关系进行定位的。

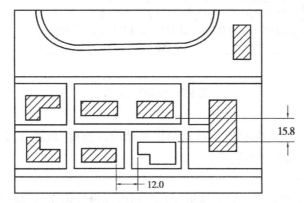

图3-18   建筑总平面图

2）建筑平面图

建筑平面图（见图3-19）,给出建筑物各定位轴线间的尺寸关系及室内地坪标高等。

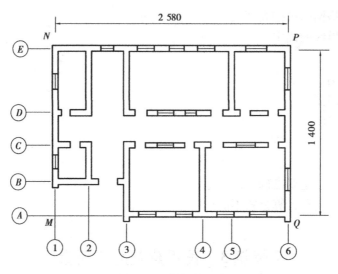

图 3-19　建筑平面图

3）基础平面图

基础平面图（见图 3-20），给出基础轴线间的尺寸关系和编号。

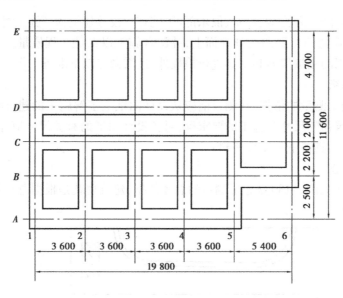

图 3-20　基础平面图

4）基础详图

基础详图（即基础大样图，见图 3-21），给出基础设计宽度、形式、设计标高及基础边线与轴线的尺寸关系，是基础施工的依据。

5）立面图和剖面图

立面图和剖面图给出基础、地坪、楼板、门窗、屋面等设计标高，是高程测设的主要依据。

2. 现场踏勘

其目的是了解现场的地物、地貌和原有测量控制点的分布情况，并调查与施工测量有关的问题。对建筑场地上的平面控制点、水准点要进行检核，以便获得正确的测量起始数据和点位。

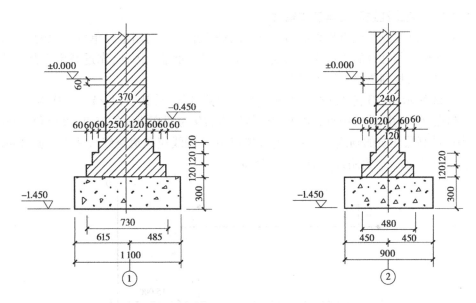

图 3-21　基础详图

3. 制订测设方案

根据设计要求、定位条件、现场地形和施工方案等因素制订施工放样方案。

4. 准备测设数据

除了计算必要的放样数据外,还须从下列图纸上查取房屋内部的平面尺寸和高程数据。图 3-22 是根据设计总平面图和基础平面图绘制的放样略图,图上标有已建的房屋和拟建房屋之间的平面尺寸、定位轴线之间的平面尺寸和定位轴线控制桩等。

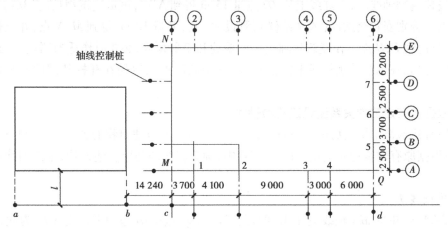

图 3-22　放样略图

二、建筑物主要轴线放样

对于民用建筑物的施工测量,首先应根据总平面图上所给出的建筑物设计位置进行定位,即把建筑物的墙轴线交点标定在地面上,如图 3-23 所示的 M,N,P,O 等点;然后再根据这些交点进行详细放样。建筑物轴线的测设方法,依施工现场情况和设计条件而不同,一般有以下 4 种方法:

1. 根据规划道路红线测设建筑物轴线

规划道路的红线点是城市规划部门所测设的城市道路规划用地与单位用地的界址线,新建筑物的设计位置与红线的关系应得到政府规划部门的批准。因此,靠近城市道路的建筑物设计位置应以城市规划道路红线为依据。

如图 3-23 所示,A,ZY,QZ,YZ,D 为城市规划道路红线点,其中,A-ZY、YZ-D 为直线段,ZY 为圆曲线起点,QZ 为圆曲线中点,YZ 为圆曲线终点,JD 为两直线段的交点,设交角为 90°;M,N,P,Q 为设计高层建筑的轴线(外墙中线),规定 M-N 轴线应离道路红线 A-ZY 为 12 m,且与红线相平行;N-P 轴线离道路红线 D-YZ 为 15 m。

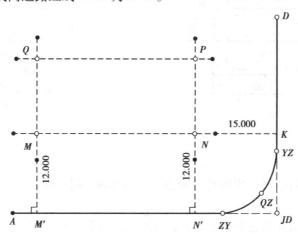

图 3-23　根据道路红线测设建筑物主轴线

测设建筑物轴线时,在红线上从 JD 点量 15 m 得到 N' 点,再量建筑物长度(MN)得 M' 点。在这两点上分别安置全站仪(或全站仪),测设 90°角,并量 12 m,得到 M,N 点,并延长建筑物宽度(NP)得到 P,Q 点。作建筑物轴线长度检验和矩形检验,必要时作适当调整。测设 M,N,P,Q 轴线点后,在轴线的延长线上打控制桩(图中黑圆点),以便在开挖基槽后作为恢复轴线的依据。

2. 根据已有建筑物关系测设建筑物轴线

在原有建筑群中增造房屋的位置设计时,应保持与原有建筑物的关系,测设设计建筑物轴线时,应根据原有建筑物来定位。在图 3-24 中,画有斜线的为原有建筑物,未画斜线的为设计建筑物。

1) 延长线法

图 3-24(a)中的 MN 轴线应在 AB 的延长线上,应先作 AB 边的平行线 $A'B$,为此,将 CA 和 DB 向外延至 $A'B$,$A'B$ 延长线上根据设计所给的 BM,MN 尺寸,用钢尺量距,依次钉出 M' 和 N' 各点,再安置仪器于 M' 点和 N' 点作垂线,从而得轴线 MN。

2) 直角坐标法

如图 3-24(b)所示,按上法测出 R 点后,安置全站仪于 R 点,作垂线并量距,从而得轴线 PQ。

3) 平行线法

如图 3-24(c)所示,拟建建筑物的主轴线平行于已有道路中心线,则先找出道路中线,然

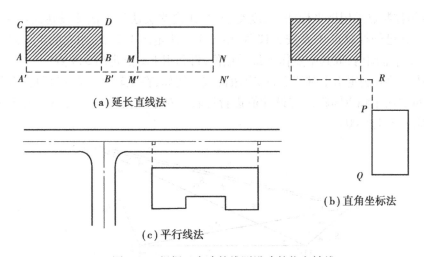

（a）延长直线法

（b）直角坐标法

（c）平行线法

图 3-24 根据已有建筑线测设建筑物主轴线

后用全站仪测设垂线和量距,即可得建筑物轴线。

3. 根据建筑基线或方格网测设建筑物轴线

在布设有建筑基线或建筑方格网的建筑场地,可根据建筑基线或建筑方格网点和建筑物各角点的设计坐标,采用直角坐标法测设建筑物的位置。如图 3-25 和表 3-6 所示,由 A,B 点的坐标值可算出建筑物的长度 $a = 268.24$ m $- 226.00$ m $= 42.24$ m,宽度 $b = 328.24$ m $- 316.00$ m $= 12.24$ m。

测设建筑物定位点 A,B,C,D 时,先把经纬仪安置在方格点 M 上,照准 N 点,沿视线方向自 M 点用钢尺量取 A 点与 M 点的横坐标差:226.00 m $-$ 200 m $= 26.00$ m 得到 A' 点,再由 A' 沿视线方向量取建筑物的长度 42.24 m 得 B',然后安置经纬仪于

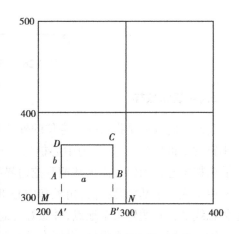

图 3-25 用建筑方格网定位

A' 点,照准 N 点,向左测设 90°,并在视线上量取:316.00 m $-$ 300.00 m $= 16.00$ m,得 A 点,再由 A 点继续量取建筑物的宽度 12.24 m 得 D 点。安置经纬仪于 B' 点,同法定出 B,C 点。为了校核,应用钢尺丈量 AB,CD 及 BC,AD 的长度。

表 3-6 建筑物定位点坐标

点 名	X/m	Y/m
A	316.00	226.00
B	316.00	268.24
C	328.24	268.24
D	328.24	226.00

4. 根据测量控制测设建筑物轴线

在山区或建筑场地中障碍物较多的地方,无法采用以上各种方法时,可根据场地附近的导

线点、三角点等控制点采用极坐标法、角度交会法、距离交会法等方法测设建筑物主轴线(见图 3-26),分别在已知控制点 A, B 安置仪器,用极坐标法定出 1,2 点,两次的 1,2 点位置应相同,若误差在允许范围内,取其中点作为最后点位,再利用 1,2 点定出 3,4 点。

采用上述 4 种方法定出主轴线后,都应做检核。例如,在主轴点上测定直角,看其是否等于 90°,或是量取两主轴点间距离与设计值进行比较。对于测角检核一般不应大于 40″,量距检核的较差应小于 1/5 000。

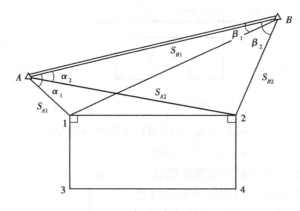

图 3-26　测设建筑物轴线示意图

三、建筑物放样

建筑物的放样是指根据已定位的外墙轴线交点桩详细测设出建筑物的交点桩,并以桩顶钉小钉的木桩作为标志(称为中心桩),测设后检查房屋轴线距离,其误差不得超过 1/2 000,然后根据中心桩用白灰撒出基槽开挖边界线。

由于施工中基槽开挖后,角桩和中心桩将被挖掉,为了便于在施工中恢复各轴线位置,应把各轴线延长到槽外安全地点,并做好标志。其方法主要有设置轴线控制桩形式。

轴线控制桩又称为引桩,设置在轴线延长线的两端基槽外,作为开槽后,各施工阶段恢复轴线的依据,轴线控制桩的位置应避免施工干扰和便于引测。轴线控制桩离基槽外边线的距离根据施工场地条件而定,一般设置在基槽外 2 ~ 4 m 处,如图 3-27 所示。如附近有建筑物,也可把轴线投测到建筑物上,用红漆作出标志,以代替轴线控制桩。

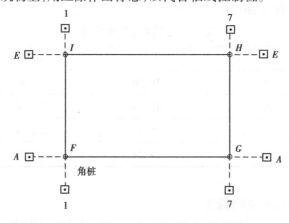

图 3-27　轴线控制桩设置位置示意图

为了保证轴线控制桩的精度,最好在测设轴线桩的同时,一并测设轴线控制桩。为了保护轴线控制桩,先打下木桩,桩顶钉上小钉,准确标出轴线位置,并用混凝土包裹好木桩,如图3-28所示。

四、基础施工测量

建筑物上±0米以下的部分称为建筑物的基础,按构造方式可分为条形基础、独立基础、片筏基础和箱形基础等。

基础施工测量的主要内容有基槽开挖边线放线、基础开挖深度控制、垫层施工测设和基础放样。

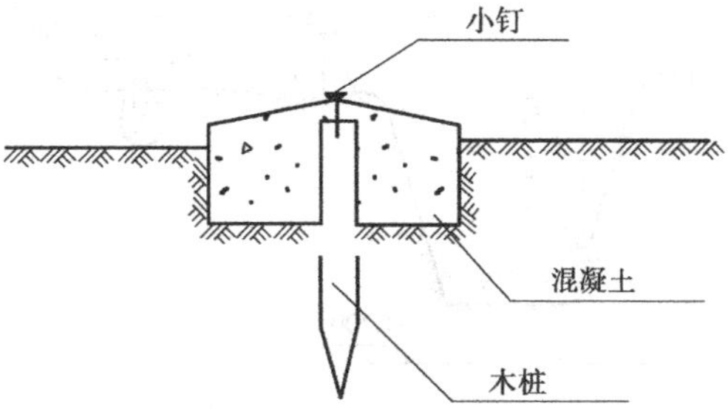

1.基槽开挖边线放样

在基础开挖之前,首先应按照基础详图上的基槽宽度再加上口放坡的尺寸,由中心桩向两边各量出相应尺寸,并作出标记;然后在基槽两端的标记之间拉一细线,沿着细线在地面用白灰撒出基槽边线(见图3-29),施工时就按此灰线进行开挖。

图 3-28 轴线控制桩

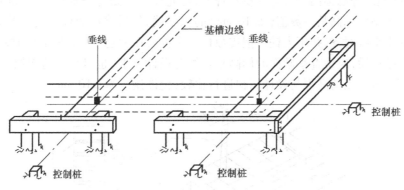

图 3-29 基槽边线图

2.基础开挖深度控制

为了控制基槽开挖深度,当快挖到基底设计标高时,可用水准仪根据地面上 ±0.000 m 点在槽壁上测设一些水平小木桩(称为水平桩)(见图3-30),使木桩的上表面离槽底的设计标高为一固定值(如0.500 m 或0.300 m),用以控制挖槽深度。为了施工时使用方便,一般在槽壁各拐角处、深度变化处和基槽壁上每隔 3~4 m 测设一水平桩,作为清理基底和打基础垫层时控制标高的依据,其测量限差一般为 ±10 mm。

为砌筑建筑物基础,所挖地槽呈深坑状的称为基坑。若基坑过深,用一般方法不能直接测定坑底标高时,可用悬挂的钢尺代替水准尺。

3.垫层施工测设

基槽挖土完成以后,在槽底敷设垫层,基础垫层打好后,根据龙门板上的轴线钉或轴线控制桩,用全站仪或用拉绳挂锤球的方法,把轴线投测到垫层上(见图3-31),并用墨线弹出墙中心线和基础边线,以便砌筑基础。由于整个墙身砌筑以此线为准,这是确定建筑物位置的关键环节,故要严格校核后方可进行砌筑施工。

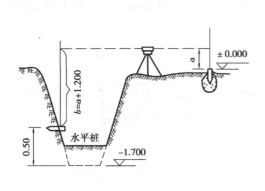

图 3-30　用水准仪控制基槽开挖深度

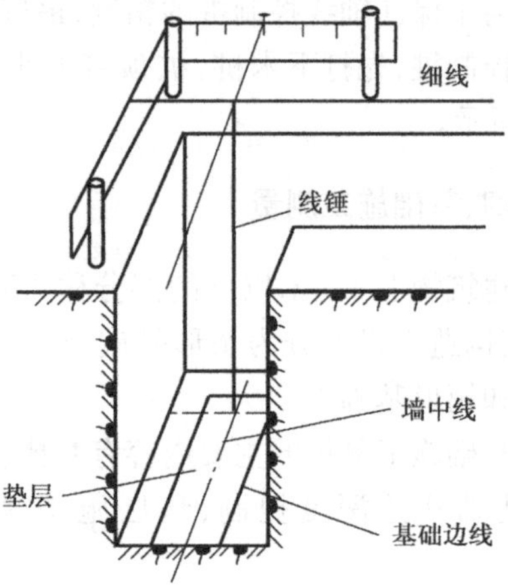

图 3-31　垫层中线的测设

4. 基础标高的控制

房屋基础墙(±0.000 m 以下的砖墙)的高度是利用基础皮数杆来控制的。基础皮数杆是一根木制的杆子(见图 3-32),在杆上事先按照设计尺寸,将砖、灰缝厚度划出线条,并标明±0.000 m 和防潮层等的标高位置。立皮数杆时,可先在立杆处打一木桩,用水准仪在木桩侧面定出一条高于垫层标高某一数值(如 10 cm)的水平线,然后将皮数杆高度与其相同的一条线与木桩上的水平线对齐,并用大铁钉把皮数杆与木桩钉在一起,作为基础墙的标高依据。

基础施工结束后,应检查基础面的标高是否符合设计要求(也可检查防潮层)。可用水准仪测出基础面上若干点的高程与设计高程进行比较,允许误差为 ±10 mm。

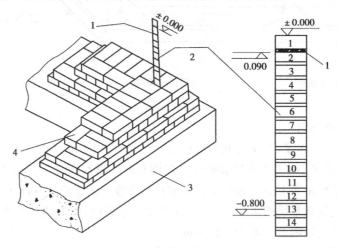

图 3-32　基础标高控制
1—防潮层;2—皮数杆;3—垫层;4—大放脚

五、墙体施工测量

1. 墙体定位

利用轴线控制桩的轴和墙边线标志,用全站仪或用拉细线绳挂锤球的方法将轴线投测到基础面或防潮层上,然后用墨线弹出墙中线和墙边线。检查外墙轴线交角是否等于 90°,符合要求后,把墙轴线延伸到基础外墙侧面上并弹线和作出标志,(见图 3-33),作为向上投测轴线的依据。同时,还应把门、窗和其他洞口的边线也在基础外墙侧面上做出标志。

2. 墙体各部位标高控制

在砌墙体时,先在基础上根据定位桩弹出墙的边线和门洞的位置,并在内墙的转角处树立皮数杆(见图 3-34),每隔 10 ~ 15 m 立一根。在立杆时,要用水准仪测定皮数杆的标高,使皮数杆上的 ±0. 000 m 标高与房屋的室内地坪标高相吻合。

当墙的边线在基础上弹出以后,就可根据墙的边线和皮数杆砌墙。在皮数杆上每一皮砖和灰缝的厚度都要标出,并且在皮数杆上还要划出窗台面、窗过梁及梁板面等的位置和标高。因此,在砌墙时窗台面和楼板面等的标高,都是用皮数杆来控制的。

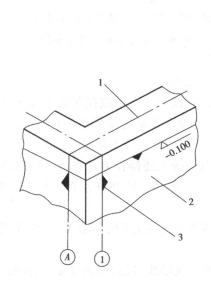

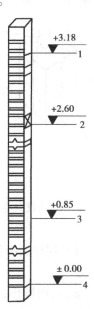

图 3-33   墙体弹线定位   图 3-34   皮数杆的设置

当墙砌到窗台时,要在外墙面上根据房屋的轴线量出窗的位置,以便砌墙时预留窗洞的位置。一般在设计图上的窗口尺寸比实际窗的尺寸大 2 cm,因此,只要按设计图上的窗洞尺寸砌墙即可。

墙的竖直用托线板进行校正,把托线板的侧面紧靠墙面,看托线板上的锤球是否与板的墨线对准,如果有偏差,可以校正砖的位置。

此外,当墙砌到窗台时,要在内墙面上高出室内地坪 15 ~ 30 cm 的地方用水准仪测出一条标高线,并用墨线在内墙面的周围弹出标高线的位置。这样在安装楼板时,可以用这条标高线来检查楼板底面的标高。使底层的墙面标高都等于楼板的底面标高后,再安装楼板。同时,标高线还可以作为室内地坪和安装门窗等标高位置的依据。

六、建筑物的轴线投测和高程传递

对于多层建筑物,为了保证其轴线(包括水平轴线和竖直轴线)位置正确无误,必须根据轴线控制桩(或轴线标志)将轴线向各层楼面进行投测,同时根据设计图纸要求,向各层传递

标高,为各层放线和施工提供依据。相应的方法分别介绍如下:

1. 轴线投测

轴线投测常用的方法有吊线法、经纬仪投测法和激光铅垂仪投测法。

1)吊线法

吊线法一般应用在建筑物层数较少(4 层以下)的轴线投测。吊线法就是用吊锤球的方法投测轴线。其具体做法是:用锤球尖对准基础面或墙底部的已做出的轴线标志,当锤球静止不动时,其锤球线和锤球尖位于同一竖直线上,此时以锤球线为准,在上一层楼面边缘处标记轴线位置。轴线位置定出后,还要检查个轴线间的关系是否符合设计要求。

吊线法的锤球重量应根据吊线高度来选定。这种方法简单易行,操作方便,不受场地条件和设备的限制,但投测时风力较大或建筑较高时,其误差就较大。

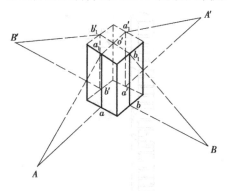

图 3-35　经纬仪引桩投测

2)经纬仪投测法

当建筑物层数较多(多于 4 层)时,或是因外界干扰(如风)使锤球不易稳定时,则需要用经纬仪投测轴线(见图 3-35)。

(1)投测方法

①将经纬仪安置在轴线控制桩上或轴线的延长线上,用盘左照准基础边缘标出的轴线标志,抬高望远镜,在上一层楼板边缘上标出一点 M_1。

②用盘右按上述操作方法在上一层楼板边缘上标出一点 M_2。取 M_1,M_2 的中点作为上一层轴线一端的最后标志。

③按①、②项同样的操作方法,得到上一层轴线的另一端端点的标志 N,则 M,N 连线即为上一层的轴线。

④按①、②、③项操作,投测出建筑物上一层的其他轴线,最后用钢尺丈量各轴线间的距离,以此检核。

经检核无误后,就可根据这些轴线放样出砌筑中线、边线和门洞等位置指导施工。

按上述方法投测轴线时,每条轴线都需设站,当建筑物轴线较多时,投测工作量较大,费时、费事。为了减少投测工作量,可按上述方法只投测建筑物的主轴线到上一层楼板面上。

主轴线经检核无误,符合要求后,在主轴线的基础上,根据设计图纸的尺寸和几何关系,再放样出其他轴线和砌筑中线、边线及门洞等位置。

(2)注意事项

①合理选择投测主轴线,所选主轴线应具有代表性和控制作用,尽量选择较长的轴线作为主轴线,如纵、横轴线等。

②若两条主轴线相交时,要正确定出两条主轴线的交点,以便尔后放样的方便。定交点的方法可采用正倒镜投点发或其他切实可行的方法,最后一定要检查主轴线的几何关系和尺寸。

③所使用的经纬仪在使用之前一定要进行检查校核。

④为保证投点精度,经纬仪必须精确整平和对中,并且仪器至建筑物的距离一定要大于建筑物的高度。

3)激光铅垂仪投测法

对于高层(8 层以上)建筑物轴线的投测,因对其垂直度要求很高(一般要求垂直偏差不得超过其高度的 1/1 000,总偏差不得大于 25 mm),一般采用上述两种方法很难满足精度要求,因而应采用激光铅垂仪法投测轴线。

激光铅垂仪法是一种铅垂定位专用仪器,适用于高层建筑物的铅垂定位测量,该仪器可以从两个方向(向上或向下)发射铅垂激光束,用它投测轴线精度高,操作比较简单。

激光铅垂仪的构造及其使用将在高层建筑物施工测量中介绍,这里不再叙述。

2. 高程传递

在多层建筑物的施工中,经常要由下层楼板向上一层传递标高,以使楼板、门窗口、雨篷、圈梁等的标高符合设计要求。标高传递的方法很多,在实际工作中,应根据工程性质、精度要求、现场条件等选择切实可行的方法。通常采用的方法有以下 3 种:

1)用皮数杆传递高程

按设计要求,事先在皮数杆上自 ±0.000 m 起,将建筑物的门窗口、圈梁、雨篷、楼板等构件的标高都注记清楚,作为高程传递的依据和施工标志。一层楼砌筑好后,则从一层皮数杆起一层一层往上接。

2)用钢尺直接丈量高度

当建筑物各部位的标高精度要求较高时,可采用钢尺直接丈量高度来传递标高,即沿某一墙角自 ±0.000 m 标高处起向上直接丈量构件的高度,把标高传递上去。然后根据由下面传递上来的标高立皮数杆,作为该层墙身砌筑和安装门窗、圈梁、雨篷及室内装修、地坪抹灰时控制标高的依据。

3)用水准仪在悬挂钢尺上读数传递标高

在楼梯间悬挂钢尺,钢尺下端挂一重锤,使钢尺处于铅垂状态,用水准仪在下面和上面楼层分别读数,按水准测量原理传递标高。

当下层标高传递上来后,利用传递上来的标高,对该层楼板进行抄平,并要当该层墙身砌筑到一定高度后,在墙上放出高于该层地面 0.500 m 的水平线位置,作为该层地面施工及室内装饰时掌握标高的依据。

子情境 4　工业建筑施工测量

一、概述

工业建筑中以厂房为主体,分单层和多层。目前,我国较多采用预制钢筋混凝土柱装配式单层厂房。施工中的测量工作包括:厂房矩形控制网测设,厂房柱列轴线放样,基础施工测量,厂房构件与设备的安装测量,等等。在进行放样前,除做好与民用建筑相同的准备工作外,还应做好以下两项工作:

1. 测设前准备工作

1)制订厂房矩形控制网放样方案及计算放样数据

厂区已有控制点的密度和精度往往不能满足厂房放样的需要,因此,对于每幢厂房,还应在厂区控制网的基础上建立适应厂房规模和外形轮廓,并能满足该厂房特殊精度要求的独立矩形控制网,作为厂房施工测量的基本控制。

对于一般中、小型工业厂房,在其基础的开挖线以外约 4 m,测设一个与厂房轴线平行的矩形控制网,即可满足放样的需要。对于大型厂房或设备基础复杂的工业厂房,为了使厂房各部分精度一致,须先测设主轴线,然后根据主轴线测设矩形控制网。对于小型厂房,也可采用民用建筑定位的方法进行控制。

厂房矩形控制网的放样方案,是根据厂区平面图、厂区控制网和现场地形情况等资料制订的。其主要内容包括确定主轴线、矩形控制网、距离指标桩的点位、形式及其测设方法和精度要求等。在确定主轴线点及矩形控制网的位置时,必须保证控制点能长期保存,因此要避开地上和地下管线,并与建筑物基础开挖边线保持 1.5 ~ 4 m 的距离。距离指标桩的间距一般等于柱子间距的整数倍,但不超过所用钢尺的长度。如图 3-46 所示,矩形控制网 R,S,P,Q 4 个点可根据厂区建筑方格网用直角坐标法进行放样,故其 4 个角点的坐标是按 4 个房角点的设计坐标加减 4 m 算得的。

2)绘制放样略图

图 3-36 是根据设计总平面图和施工平面图,按一定比例绘制的放样略图。图上标有厂房矩形控制网两个对角点 S,Q 的坐标,以及 R,Q 点相对于方格网点 F 的平面尺寸数据。

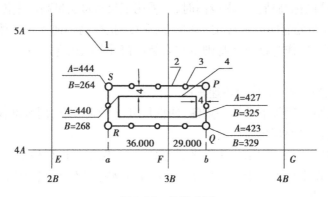

图 3-36 放样略图

1—建筑方格网;2—厂房矩形控制网;3—距离指标桩;4—车间外墙

2. 厂房矩形控制网的测设

1)单一的厂房矩形控制网的测设

测设单一的中小型厂房矩形控制网时,一般是先测出一条长边,然后以这条长边为基线推出其余 3 边。矩形控制网的测设可以分别采用直角坐标法、极坐标法和角度交会法等。在丈量矩形控制网各边长时,应同时测出距离指标桩。检核时矩形网之直角误差的限值为 ±10″,矩形边长精度应为 1/10 000 ~ 1/25 000。

2)根据主轴线测设控制网

大型厂房或系统工程采用的由 4 个矩形组成的控制网,其各矩形边均根据主轴线引测,故误差分配均匀,能使建筑物或结构物各部分放线精度一致。

如图 3-37 所示为拟测设的矩形控制网,AOB 与 COD 为主轴线。测设时首先将长轴 AOB 测定于地面,再以长轴为基础测设出短轴,并进行方向改正,使纵、横轴严格正交,主轴线交角限差为 ±5″。轴线的方向调整好后,应以 O 为起点,精密丈量距离,测定纵、横轴线端点位置,主轴线长度相对精度为 1/5 000。

主轴线测设后,就可以测设矩形控制网。测设时首先在纵、横轴端点 A,B,C,D 分别安置全站仪,瞄准 O 点作为起始方向测设直角,交会定出 E,F,G,H 4 个角点,然后再精密丈量 AH,AE,BG,BF,CE,CF,DH,DG,其精度要求与主轴线相同。若量距所得角点位置与角度交会法定点所得的点位不一致时,则应调整。

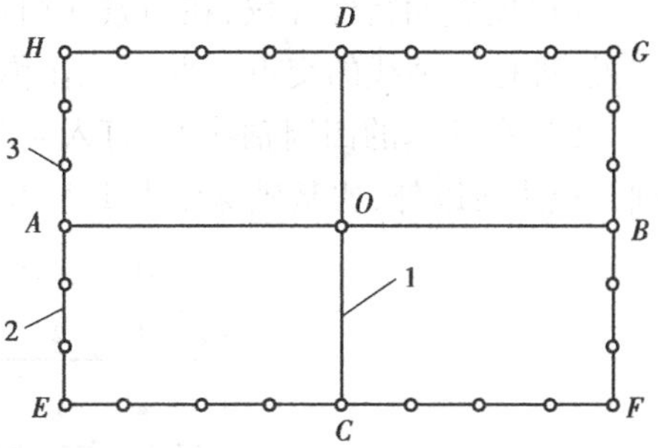

为了便于以后进行厂房细部施工放样,在测定矩形控制网各边时,应按一定间距测出距离指标桩。

图 3-37　矩形控制网

3. 工业厂房柱列轴线测设

厂房柱列轴线的测设工作是在厂房控制网的基础上进行的。为此,要先设计厂房控制网角点和主轴线的坐标,根据建筑场地的控制网(建筑方格网或建筑基线等)或根据点位的测设方法测设这些点、线的位置,然后按照厂房跨距和柱列间距定出柱列轴线。

如图 3-38 所示为一个两跨、十一列柱子的厂房,厂房控制网以 M,N 和 P,Q 为主轴线上的点。为了便于检查和保存这些点,再测设辅助点 M',N',P',Q'。在 M,N,P,Q 各点安置全站仪,按主轴线方向转 90°,并用钢尺量距,定出厂房控制桩 A,B,C,D 点以及各柱列控制桩(图中黑圆点)的位置。

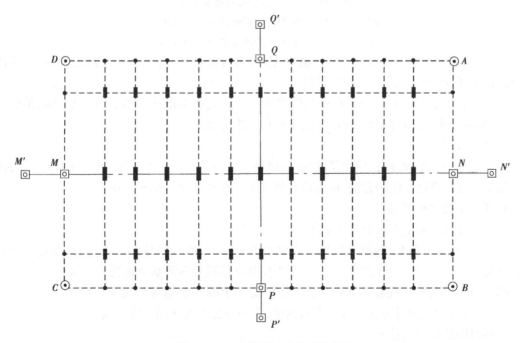

图 3-38　厂房控制网及轴列控制桩

二、基础施工测量

1. 混凝土杯形基础施工测量

1)柱基础定位

（1）安置两台经纬仪，在两条互相垂直的柱列轴线控制桩上，沿轴线方向交会出各柱基的位置（即柱列轴线的交点），此项工作称为柱基定位。

（2）在柱基的四周轴线上，打入4个定位小木桩a，b，c，d，如图3-39所示。其桩位应在基础开挖边线以外，比基础深度大1.5倍的地方，作为修坑和立模的依据。

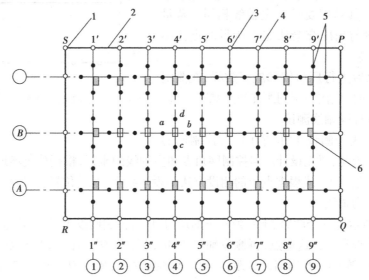

图3-39　厂房柱列轴线和柱基测量

1—厂房控制桩；2—厂房矩形控制网；3—柱列轴线控制桩；

4—距离指标桩；5—定位小木桩；6—柱基础

（3）按照基础详图所注尺寸和基坑放坡宽度，用特制角尺，放出基坑开挖边界线，并撒出白灰线以便开挖，此项工作称为基础放线。

（4）在进行柱基测设时，应注意柱列轴线不一定都是柱基的中心线，而一般立模、吊装等习惯用中心线，此时，应将柱列轴线平移，定出柱基中心线。

2）基坑抄平

当基坑挖到一定深度时，应在基坑四壁，离基坑底设计标高0.5 m处，测设水平桩，其方法同一般基础施工测量介绍的方法，作为检查基坑底标高和控制垫层的依据。

3）杯形基础立模测量

杯形基础立模测量有以下3项工作：

（1）基础垫层打好后，根据基坑周边定位小木桩，用拉线吊锤球的方法，把柱基定位线投测到垫层上，弹出墨线，用红漆画出标记，作为柱基立模板和布置基础钢筋的依据。

（2）立模时，将模板底线对准垫层上的定位线，并用锤球检查模板是否垂直。

（3）将柱基顶面设计标高测设在模板内壁，作为浇灌混凝土的高度依据。

4）杯口中线投点与抄平

在柱基拆模以后，根据矩形控制网上柱中心线端点，用经纬仪把柱中心投到杯口顶面，并绘标志标明，以备吊装柱子时使用，如图3-40所示。中线投点有两种方法：一种是将经纬仪安置在柱中心线的一个端点，照准另一端点而将中线投到杯口上；另一种是将经纬仪安置于中线上的适当位置，照准控制网上柱基中心线两端点，采用正倒镜法进行投点。

为了修平杯底,须在杯口内壁测设某一标高线,该标高线应比基础顶面略底 3~5 cm。与杯底设计标高的距离为整分米,以便根据该标高线修平杯底。

2. 钢柱基础施工测量

钢柱基础定位与基坑底层抄平方法与混凝土杯形基础相同,在此不再赘述。钢柱基础的特点是基坑较深,而且基础下面有混凝土垫层以及埋设地脚螺栓。其施测方法和步骤如下:

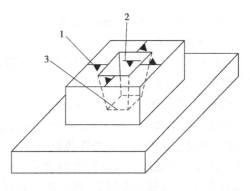

图 3-40　杯形基础
1—柱中心线;2— −60 cm 标高线;3—杯底

1)垫层中线投点和抄平

垫层混凝土凝结后,应在垫层面上投测中线点,并根据中线点弹出墨线,绘出地脚螺栓固定架的位置(见图 3-41),以便下一步安装固定架并根据中线支立模板。

投测中线时经纬仪必须安置在基坑旁(这样视线才能看到坑底),然后照准矩形控制网上基础中心线的两端点,用正倒镜法,先将经纬仪中心导入中心线内,而后进行投点。

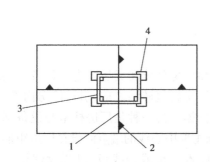

图 3-41　绘制地脚螺栓固定架位置
1—墨线;2—中线点;3—螺栓固定架;
4—垫层抄平位置

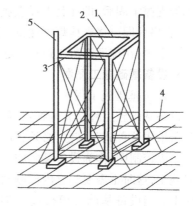

图 3-42　地脚螺栓固定架位置
1—固定中线投点;2—拉线;
3—横架抄平位置;4—钢筋网;5—标高点

螺栓固定位置在垫层上绘出后,即在固定架外四角处测出 4 点标高,以便用来检查并整平垫层混凝土面,使其符合设计标高,便于固定架的安装。如基础过深,从地面上引测基础底面标高标尺不够长时,可采取挂钢尺法。

2)固定架中线投点与抄平

(1)固定架的安置

固定架是用钢材制作,用以固定地脚螺栓及其他埋件设件的框架(见图 3-42)。根据垫层上的中心线和所画的位置将安置在垫层上,然后根据在垫层上测定的标高点,借以找平地脚,将高的地方混凝土打去一些,低的地方垫以小块钢板并与底层钢筋网焊牢,使符合设计标高。

(2)固定架抄平

固定架安置好后,用水准仪测出 4 根横梁的标高,以检查固定架标高是否符合设计要求,允许偏差为 −5 mm,但不应高于设计标高。固定架标高满足要求后,将固定架与底层钢筋网焊牢,并加焊钢筋支撑,若系深坑固定架,在其脚下需浇灌混凝土,使其稳固。

(3)中线投点

在投点前,应对矩形边上的中心线端点进行检查,然后根据相应两端点,将中线投测于固定架横梁上,并刻绘标志。其中,线投点偏差(相对于中线端点)为±1~±2 mm。

3)地脚螺栓的安装与标高测量

根据垫层上和固定架上投测的中心点,把地脚螺栓安放在设计位置。为了测定地脚螺栓的标高,在固定架的斜对角处焊两根小角钢,在两角钢上引测同一数值的标高点,并刻绘标志,其高度应比地脚螺栓的设计高度稍微低一些。然后在角钢上两标点处拉一细钢丝,以定出螺栓的安装高度,待螺栓安好后,测出螺栓的第一丝扣的标高。地脚螺栓不宜低于设计标高,允许偏高为+5~+25 mm。

4)支模板与浇灌混凝土的测量工作

支模测量与混凝土杯形基础相同。重要基础在浇灌过程中,为了保证地脚螺栓位置及标高的正确,应进行看守观测,如发现变动应立即通知施工人员及时处理。

5)用木架安放在地脚螺栓时的测量工作

为了节约钢材,有的基础不用固定架,而采用木架,这种木架与模板边结合在一起,在模板与木架支撑牢固后,即在其上投点放线。地脚螺栓安装以后,检查螺栓第一丝扣标高是否符合要求,合格后即可将螺栓焊牢在钢筋网上。因木架稳定性较差,为了保证质量,模板与木架必须支撑牢固,在浇灌混凝土过程中必须进行看守观测。

3. 设备基础施工测量

1)设备基础施工程序

设备基础施工程序有两种:一种是在厂房柱子基础和厂房部分建成后才进行设备基础施工。若采用这种施工方法,必须将厂房外面的控制网在厂房砌筑砖墙之前,引进厂房内部,布设一个内控制网,作为设备基础施工和设备安装放线的依据。另一种是厂房柱基与设备基础同时施工,这时不需要建立内控制网,一般是将设备基础主要中心线的端点测设在厂房矩形控制网上。当设备基础支模板或地脚螺栓时,局部的架设木线板或钢线板,以测设螺栓组中心线。

2)设备基础控制的设置

(1)内控制网的设置

厂房内控制网根据厂房矩形控制网引测,其投点误差为±2~3 mm,内控制网标点一般应选在施工不易破坏的稳定柱子上,标点高度最好一致,量距及通视。点的疏密程度根据厂房的大小与厂房内设备分布情况而定,在满足施工定线的要求下,尽可能少布点,减少工作量。

①中小型设备基础内控制网的设置。内控制网的标志一般首先采用在柱子上预埋标板,如图3-43所示。然后将柱中心线投测于标板之上,以构成内控制网。

②大型设备基础内控制网的设置。大型连续生产设备基础中心线及地脚螺栓组中心线很多,为便于施工放线,将槽钢水平地焊接在厂房钢柱上,然后根据厂房矩形控制网,将设备基础主要中心线的端点,投测于槽钢上,以建立内控制网。

如图3-44所示为内控制网立面布置图。先在设备内控制网的厂房钢柱上引测相同高程的标点,其高度以便于量距为原则,然后用边长为50 mm×100 mm的槽钢或50 mm×50 mm的角钢,将其水平地焊牢于柱子上。为了使其牢固,可加焊角钢于钢柱上。柱间跨度大时,钢

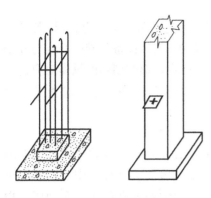

图 3-43　柱子标板设置

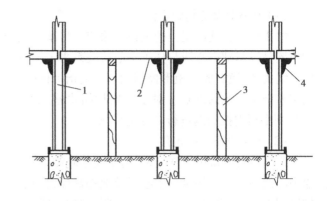

图 3-44　内控制网立面布置

1—钢柱;2—槽钢;3—木支撑;4—角钢

材会发生挠曲,可在中间加一木支撑。

（2）线板架设

大型设备基础有时与厂房基础同时施工,不可能设置内控制网,而采用在靠近设备基础的周围架设木线板或钢线板的方法。根据厂房矩形控制网,将设备基础的主要中心线投测到线板上,然后根据主要中心线用精密量距的方法,在线板上定出其他中心线和螺栓组中心的位置,由此拉线来安装螺栓。

①木线板的架设。木线板可直接在设备基础的外模支撑上,支撑必须牢固稳定。在支撑上铺设截面 5～10 cm 表面刨光的木线板（见图 3-45）。为了便于施工人员拉线来安装螺栓,木线板的高度要比基础模板高 5～6 cm,同时纵横两方向的高度必须相差 2～3 cm,以免挂线时纵横两钢丝在相交处相碰。

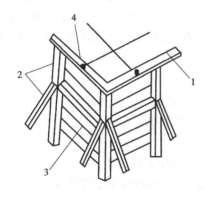

图 3-45　木线板架设

1—50 cm×10 cm 木线板;2—支撑;

3—模板;4—地脚螺栓组中心线点

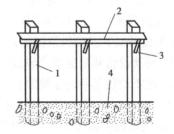

图 3-46　钢线板架设

1—钢筋混凝土预制小柱子;2—角钢;

3—角钢斜撑;4—垫层

②钢线板的架设。用预制钢筋混凝土小柱子做固定架,在浇灌混凝土垫层时,即将小柱埋设在垫层内（见图 3-46）。在混凝土柱上焊角钢斜撑（须先将混凝土表面凿开露出钢筋,而后将斜撑焊在钢筋上）,再于斜撑上铺焊角钢作为线板。架设钢线板时,最好靠近设备基础的外模,这样可依靠外模的支架顶托,以增加稳固性。

3）基础定位

（1）中小型设备基础定位

中小型设备基础定位的测设方法与厂房基础定位相同。不过在基础平面上，如设备基础的位置是以基础中心线与柱子中心线关系来表示，这时测设数据，需将设备基础中心线与柱子中心线关系，换算成与矩形控制网上距离指标桩的关系尺，然后在矩形控制网的纵横对应边上测定基础中心线的端点。对于采用封闭式施工的基础工程（即先厂房面后进行设备基础施工），则根据内控制网进行基础定位测量。

（2）大型设备基础定位

大型设备基础中心线较多，为了便于施测，防止产生错误，在定位以前须根据设计原图编绘中心线测设图。将全部中心线及地脚螺栓组中心线统一编号，并将其与柱子中心线和厂房控制网上距离指标桩的尺寸关系注明，定位放线时，按照中心线测设图，在厂房控制网或内控制网对应边上测出中心线的端点，然后在距离基础开挖边线 1~1.5 m 处，定出中心桩，以便开挖。

4）基坑开挖与基础底层放线

当基坑采用机械挖土时，测量工作及允差按下列要求进行：根据厂房控制网或场地上其他控制点测定挖土范围线，其测量允差为 ±5 cm；标高根据附近水准点测设，允差为 ±3 cm。在基坑挖土中应经常配合检查挖土标高，挖土竣工后，应实测挖土面标高，测量允差为 ±2 cm。

设备基础底层放线包括坑底抄平与垫层中线投点两项工作，测设成果系提供施工人员安装固定架、地脚螺栓及支模用。其测设方法同前。

5）设备基础上层放线

这项工作主要包括固定架设点、地脚螺栓安装抄平及模板标高测设等。其测设方法均同前。但大型设备基础地脚螺栓很多，而且大小类型和标高不一，为使安装地脚螺栓时其位置和标高都符合设计要求，必须在施测前绘制地脚螺栓图（见图 3-47）作为施测的依据。地脚螺栓图可直接从原图描下来。若此图只供检查螺栓标高用，上面只需绘出主要地脚螺栓组中心线，地脚螺栓与中心线的尺寸关系可以不注明，只将同类的螺栓分区编号，并在图旁附绘地脚螺栓标高表，注明螺栓号码、数量、螺栓标高及混凝土面标高。

6）设备基础中心线标板的埋设与投点

作为设备安装或砌筑依据的重要中心线，应参照下列规定埋设牢固的标板：

（1）联动设备基础的生产轴线，应埋设必要数量的中心线标板。

（2）重要设备基础的主要纵横中心线。

（3）结构复杂的工业炉基础纵横中心线，环形炉及烟囱的中心线位置。

中心线标板可采用小钢板下面加焊两锚固脚的形式（见图 3-48（a）），或用 φ18~φ22 mm 的钢筋制成卡钉（见图 3-48（b）），在基础混凝土未凝固前，将其埋设在中心线的位置，如图 3-48（c）所示。埋标时应使顶面露出基础面 3~5 mm，至基础的边缘 50~80 mm。若主要设备中心线通过基础凹形部分或地沟时，则埋设 50 mm×50 mm 的角钢或 100 mm×50 mm 的槽钢，如图 3-48（d）所示。

中线投点的方法与柱基中线投点法相同，即以控制网上中线端点为后视点，采用正倒镜法，将仪器移置于中线上，而后投点；或者将仪器置于中线一端点，照准另一端点，进行投点。

4. 基础施工与竣工测量的允差

1）基础中心线及标高测量允差

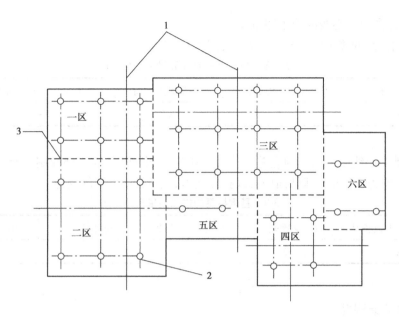

图 3-47　地脚螺栓分区编号图

1—螺栓组中心线;2—地脚螺栓;3—区界

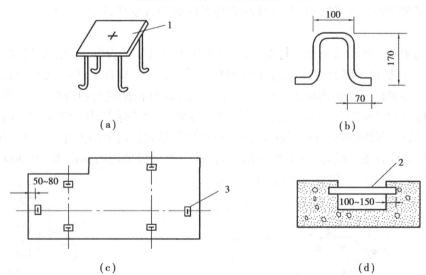

图 3-48　设备基础中心线标桩的埋设(单位:mm)

1—6080 钢板加焊钢筋脚;2—角钢或槽钢;3—中心线标板

基础工程各工序中心线及标高测设的允差,应符合表 3-7 的规定。

表 3-7　基础中心线及标高测量允差/mm

项　目	基础定位	垫层面	模　板	螺　栓
中心线端点测设	±5	±2	±1	±1
中心线	±10	±5	±3	±2
标高测设	±10	±5	±3	±3

注:测设螺栓及模板标高时,应考虑预留高度。

2）基础标高及中心线的竣工测量允差

（1）基础标高的竣工测量允差应符合表 3-8 的规定。

表 3-8　基础标高的竣工测量允差/mm

杯口底标高	钢柱、设备基础面标高	地脚螺栓标高	工业炉基础面标高
±3	±2	±3	±3

（2）基础中心线竣工测量的允差应符合下列规定：根据厂房内、外控制点测设基础中心线的端点，其允差为 ±1 mm；基础面中心线投点允差，应符合表 3-9 的规定。

表 3-9　基础标高的竣工测量允差/mm

连续生产线上设备基础	预埋螺栓基础	预留螺栓孔基础	基础杯口	烟囱、烟道、沟槽
±2	±2	±3	±3	±5

三、柱子安装测量

1. 柱子安装前的准备工作

（1）对基础中心线及其间距，基础顶面和杯底标高进行复核，符合设计要求后，才可以进行安装工作。

（2）把每根柱子按轴线位置进行编号，并检查柱子的尺寸是否符合图纸的尺寸要求，如柱长、断面尺寸、柱底到牛脚面的尺寸，牛腿面到柱顶尺寸，等等，检查无误后，方可进行弹线。

（3）在柱基顶面投测柱列轴线。柱基拆模后，用经纬仪根据柱列轴线控制桩，将柱列轴线投测到杯口顶面上（见图 3-49），并弹出墨线，用红漆画出"▶"标志，作为安装柱子时确定轴线的依据。如果柱列轴线不通过柱子的中心线，应在杯形基础顶面上加弹柱中心线。用水准仪，在杯口内壁，测设一条一般为 - 0.600 m 的标高线（一般杯口顶面的标高为 - 0.500 m），并画出"▼"标志（见图 3-50），作为杯底找平的依据。

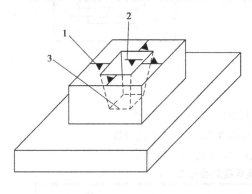

图 3-49　杯形基础柱列轴线

1—柱中心线；2—— 60 cm 标高线；3—杯底

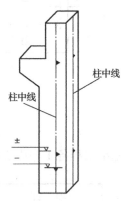

图 3-50　柱身弹线

（4）柱身弹线。柱子安装前，应将每根柱子按轴线位置进行编号。如图 3-50 所示，在每根柱子的 3 个侧面弹出柱中心线，并在每条线的上端和下端近杯口处画出"▶"标志。根据牛腿面的设计标高,从牛腿面向下用钢尺量出 −0.600 m 的标高线,并画出"▼"标志。

(5)杯底找平。先量出柱子的 −0.600 m 标高线至柱底面的长度,再在相应的柱基杯口内,量出 −0.600 m 标高线至杯底的高度,并进行比较,以确定杯底找平厚度,用水泥砂浆根据找平厚度,在杯底进行找平,使牛腿面符合设计高程。

2. 柱子的安装测量

柱子安装测量的目的是保证柱子平面和高程符合设计要求,柱身铅直。

预制的钢筋混凝土柱子插入杯口后,应使柱子三面的中心线与杯口中心线对齐(见图 3-51(a)),并用木楔或钢楔临时固定,如有偏差可用锤子敲打楔子拨正。其偏差允许值为 ±5 mm。

钢柱吊装要掌握如下要求:基础面设计标高加上柱底到牛腿面的高度,应等于牛腿面的设计标高。首先,根据基础面上的标高点修整基础面,再根据基础面设计标高与柱底到牛腿面的高度计算出垫板厚度。安放垫板要用水准仪配合抄平,使其符合设计标高。

钢柱在基础上就位以后,应使柱中线与基础面上的中线对齐。

柱子立稳后,立即用水准仪检测柱身上的 ±0.000 m 标高线,其允许误差应满足表 3-10 的要求。

表 3-10　柱子安装测量允差

测　量　内　容	测量允差/mm
钢柱垫板标高	±2
钢柱 ±0 标高检查	±2
预制钢筋混凝土 ±0 标高检查	±2
柱子垂直度检查	柱高 H 在 5 m 内,允许值为 ±5 柱高 H 在 5 ~ 10 m,允许值为 ±10 柱高 H 在 10 m 以上,允许值为 ±20

3. 柱子垂直度校正测量

如图 3-51(a)所示,用两台经纬仪分别安置在柱基纵、横轴线上,离柱子的距离不小于柱高的 1.5 倍,先用望远镜瞄准柱底的中心线标志,固定照准部后,再缓慢抬高望远镜仰视到柱顶,观察柱子偏离十字丝竖丝的方向。如中线偏离十字丝竖丝,表示柱子不垂直,可指挥调节拉绳或支撑、敲打楔子等方法使柱子垂直。经校正后,柱子的中线与轴线偏差允许值为 ±5 mm。柱子垂直度允许误差,按表 3-10 的规定,标高 10 m 以上时,其最大误差允许值为 ±20 mm。满足要求后,即可灌浆,以固定柱子位置。

在实际安装时,一般是一次把许多柱子都竖起来,然后进行垂直校正。这时,可把两台经纬仪分别安置在纵横轴线的一侧,一次可校正几根柱子,如图 3-51(b)所示,但仪器偏离轴线的角度,应在 15° 以内。但在这种情况下,柱子上的中心标点或中心墨线必须在同一平面上,否则仪器必须安置在中心线上。

4. 柱子安装测量的注意事项

所使用的经纬仪必须严格校正,操作时应使照准部水准管气泡严格居中。校正时,除注意柱子垂直外,还应随时检查柱子中心线是否对准杯口柱列轴线标志,以防柱子安装就位后,产

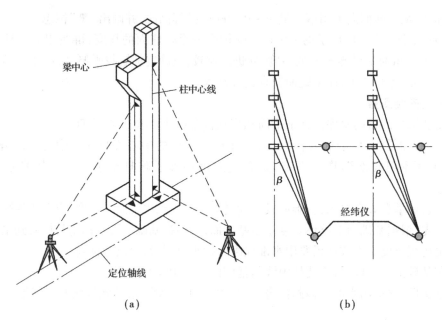

图 3-51 柱子垂直度校正测量

生水平位移。在校正变截面的柱子时,经纬仪必须安置在柱列轴线上,以免产生差错。在日照下校正柱子的垂直度时,应考虑日照使柱顶向阴面弯曲的影响,为避免此种影响,宜在早晨或阴天校正。

四、吊车梁及轨道的安装测量

1. 吊车梁的安装测量

吊车梁安装测量主要是保证吊车梁中线位置和吊车梁的标高满足设计要求。

1)吊车梁安装前的准备工作

吊车梁安装前的准备工作有以下 3 项:

(1)在柱面上量出吊车梁顶面标高

根据柱子上的 ±0.000 m 标高线,用钢尺沿柱面向上量出吊车梁顶面设计标高线,作为调整吊车梁面标高的依据。

(2)在吊车梁上弹出梁的中心线

如图 3-52 所示,在吊车梁的顶面和两端面上,用墨线弹出梁的中心线,作为安装定位的依据。

(3)在牛腿面上弹出梁的中心线

根据厂房中心线,在牛腿面上投测出吊车梁的中心线,投测方法如下:

如图 3-53(a)所示,利用厂房中心线 A_1A_1,根据设计轨道间距,在地面上测设出吊车梁中心线(也是吊车轨道中心线)$A'A$ 和 $B'B$。在吊车梁中心线的一个端点 A'(或 B')上安置经纬仪,瞄准另一个端点 A'(或 B'),固定照准部,抬高望远镜,即可将吊车梁中心线投测到每根柱子的牛腿面上,并墨线弹出梁的中心线。

2)吊车梁的安装测量

安装时,使吊车梁两端的梁中心线与牛腿面梁中心线重合,是吊车梁初步定位。采用平行

线法,对吊车梁的中心线进行检测,校正方法如下:

(1)如图 3-53(b)所示,在地面上,从吊车梁中心线,向厂房中心线方向量出长度 a(1 m),得到平行线 $A''A'$ 和 $B''B'$。

(2)在平行线一端点 A'(或 B')上安置经纬仪,瞄准另一端点 A'(或 B'),固定照准部,抬高望远镜进行测量。

(3)此时,另外一人在梁上移动横放的木尺,当视线正对准尺上 1 m 刻划线时,尺的零点应与梁面上的中心线重合。如不重合,可用撬杠移动吊车梁,使吊车梁中心线到 $A''A'$(或 $B''B'$)的间距等于 1 m 为止。

吊车梁安装就位后,先按柱面上定出的吊车梁设计

图 3-52　在吊车梁上弹出梁的中心线

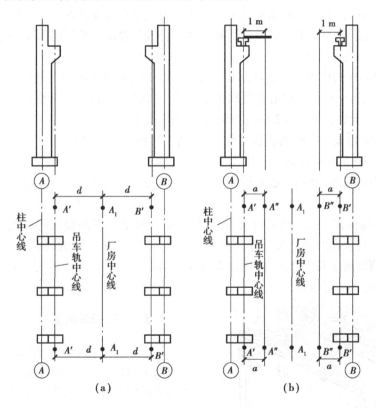

(a)　　　　　(b)

图 3-53　吊车梁的安装测量

标高线对吊车梁面进行调整,然后将水准仪安置在吊车梁上,每隔 3 m 测一点高程,并与设计高程比较,误差应为 ±3 ~ ±5 mm。

3)吊装后校正测量

吊车梁安装就位后,根据柱面上控制吊车梁面的标高线对梁面进行调整,然后置水准仪于吊车梁面上,检查梁面标高,如不能满足设计要求,应用抹灰调整。

吊车梁平面位置的校正,是用全站仪从车间两端将地面上定出的吊车梁中心线投测到两端的柱上,先检查校正两端的吊车梁。然后,再在已校好的两端吊车梁间拉钢丝,用撬棍或其他工具拨正中间各根吊车梁,使各吊车梁顶面中心线达到设计位置。顶面中心线对定位中心

线的偏差不得大于 ±5 mm。此外,还要检测两列吊车梁间的跨距,检验是否符合设计要求。

在校正吊车梁平面位置时,可使用吊锤球的方法,检查吊车梁的垂直度,若有偏差,可在吊车梁的支座面上加铁垫纠正。

2. 吊车轨道安装测量

这项工作的目的是保证轨道中心线和轨道顶标高符合设计要求。其主要工作是检查测量。

1)吊车轨道安装前的准备工作

轨道中心线在安装吊车梁时已测设,并经过严格校正,故此时主要工作是测出轨道的垫板标高。根据柱子上端测设的标高点,测出轨道垫板标高,使其符合设计要求,以便安装轨道。梁面垫板标高的测量允差为 ±2 mm。

2)吊车轨道安装及检查测量

准备工作做好后,即可安装吊车轨道。吊车轨道在吊车梁安装好以后,必须检查轨道中心线是否成一条直线、轨道跨距及轨道顶标高是否符合设计要求。检测结果要作出记录,作为竣工资料提出。检测方法及要求如下:

(1)轨道中心线的检查。安置经纬仪于吊车梁上,照准预先在墙上或屋架上引测的中心线两端点,用正倒镜法将仪器中心移至轨道中心线上,而后每隔 18 m 投测一点,检查轨道的中心是否在一直线,允许偏差为 ±2 mm;否则,应重新调整轨道。

(2)轨道跨距检查。在两条轨道对称点上,用钢尺精密丈量其跨距尺寸,实测值与设计值相差不得超过 ±3~5 mm;否则,应予以调整。

轨道安装中心线经调整后,必须保证轨道安装中心线与吊车梁实际中心线的偏差允许值为 ±10 mm。

(3)轨顶标高检查。吊车轨道安装后,必须根据在柱子上端测设的标高点(水准点)用水准仪检查轨顶标高。在两轨接头处各测一点,中间每个 6 m 测一点,允许误差为 ±2 mm。

上述安装测量属于高空作业,应注意人身和仪器的安全。作业中需配备特制的仪器架及其固连设备,有时还需要搭设观测平台。

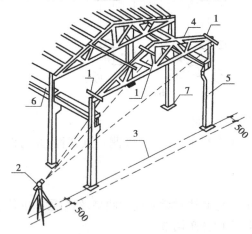

图 3-54　房架安装测量
1—卡尺;2—经纬仪;3—定位轴线;
4—屋架;5—柱;6—吊木架;7—基础

五、屋架安装测量

屋架吊装前,用全站仪或其他方法在柱顶面上放出屋架定位轴线,并应弹出屋架两端头的中心线,以便进行定位。屋架吊装就位时,应该使屋架的中心线与柱顶上的定位线对准,允许误差为 ±5 mm。

屋架的垂直度可用锤球或全站仪进行检查。用全站仪检查时,首先可在屋架上安装3把卡尺(见图3-54),一把卡尺安装在屋架上弦中点附近,另外两把分别安装在屋架的两端。自屋架几何中心沿卡尺向外量出一定距离,一般为 500 mm,并作标志。然后在地面上距屋架中线同样距离处安置全站仪,观测 3 把卡尺上的标志是否在同一竖直面内,若屋架竖向偏差较大,则用机具校正,最后将屋架固定。垂直度允许偏差为:薄腹梁为 5 mm;桁架为屋架高的 1/250。

六、高耸型建筑物施工测量

高层及高耸建筑简称高层建筑,系指 20 ~ 40 层的高层建筑、40 层以上的超高层建筑以及各种结构的电视塔、烟囱等高耸建筑物。迄今为止,最高的建筑物为台北 101 大楼,高 508 m;而迪拜 Burj Dubai 大厦,有 161 层,高 818 m,它成为世界第一高楼。未来的建筑工程师的梦想是实现超过千米的高层建筑。

高层建筑物的特点很多。在建筑设计方面的特点有:投资大,造价高,地基需特殊处理,现代设备齐全,动力装备容量大,有防火、防震措施,楼与楼的间距大,等等。在施工方面的特点有:建筑工地多为狭窄,受周围已有建筑物的限制,而且建筑物又很高,施工技术要求高,多采用现浇钢筋混凝土多层框架结构,施工手段正在不断更新。因此,在施工过程中对施工测量的要求也相应较高。

根据高层建筑物的施工特点,测量工作的主要任务是解决各轴线在各层的定位问题,即保证高层建筑物的垂直度。

1. 高层建筑施工测量

1)平面控制网和高程控制网的布设

高层建筑的平面控制网通常布设于地坪层(底层),其形式一般为一个矩形或若干个矩形,且布设于建筑物内部,以便逐层向上投影,控制各层的细部(墙、柱、电梯井筒、楼梯等)的施工放样。如图 3-55(a)所示为一个矩形的平面控制网,如图 3-55(b)所示为主楼和裙房布设有一条轴线相连的两个矩形的平面控制网。

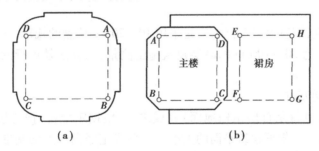

图 3-55 高层建筑物矩形控制网

平面控制点点位的选择应与建筑物的结构相适应,选择点位的条件如下:

(1)矩形控制网的各边应与建筑轴线相平行。

(2)建筑物内部的细部结构(主要是柱和承重墙)不妨碍控制点之间的通视。

(3)控制点向上层作垂直投影时,要在各层楼板上设置垂准孔,因此,通过控制点的铅垂线方向应避开横梁和楼板中的主钢筋。

平面控制点一般为埋设于地坪层地面混凝土上面的一块小铁板,上面刻划十字线,交点上统一小孔,代表点位中心。控制点在结构和外墙(包括幕墙)施工期间应妥善保护。

平面控制点之间的距离测量精度不应低于1/10 000,矩形角度测设的误差不应大于±10″。

高层建筑施工的高程控制网为建筑场地内的一组水准点(不少于 3 个)。待建筑物基础和地平层建造完成后,在墙上或柱上从水准点测设"一米标高线"(标高为 +1.000 m)或"半米

137

标高线"(标高为 +0. 500 m),作为向上各层测设设计高程之用。

2)建筑物主轴线的定位

在软土地基区的高层建筑常采用柱基,一般打入钢筋桩或钢筋混凝土方桩。由于高层建筑的上部荷载主要由桩基承受,故对桩位要求较高,按规定钢筋桩和钢筋混凝土的定位偏差不得超过$\frac{1}{2}D(D$ 为圆柱桩直径或方桩边长)。因此,为了定出桩位,首先根据控制点,定出建筑物主轴线,再根据设计的桩位图和尺寸,逐一定出桩位。对定出的桩位,要校核桩位之间的尺寸,以防错误。

高层建筑的桩基础和箱形基础,其基坑都很深,有的可达 20 余米。对于这样的深基坑,在开挖时应根据规范和设计规定的精度(平面和高程)完成土方工程。

基坑下部轮廓的定线和土方工程定线,可根据建筑物的轴线进行,也可根据控制点来定。其定线的方法主要有投影法、主轴线法和极坐标法。

由于高层建筑的基础尺寸较大,而且在第一层立桩、砌筑墙体后,标桩与基础之间的通视受到限制。因此,必须在高层建筑基础表面上定出起算轴线标志,使定线工作转向基础表面,在表面上作出控制点,以作为详细定线的基础。

高层建筑基础层的标高是控制各层标高的基础。因此,必须对基础上的标高进行控制、校核。

3)高层建筑物的竖向测量

竖向测量本质上属于基准线测量,基准线是铅垂线,故又称铅直测量或垂直测量。同时,它也是一种投点测量,即将点的平面位置和高程在铅垂线方向上投影到另一高程面上,它是高层建筑施工测量的主要内容。高层建筑竖向测量方法主要有以下 3 种:

(1)吊线锤法

吊线锤法是竖向测量的传统方法,它是采用 10 ~ 20 kg 特制的线锤,通过挂线逐层传递轴线的方法,对于高度为 50 ~ 100 m 的高层建筑施工测量,该方法是可行的。其具体操作方法如下:

①确定竖向传递基准点

在地下室顶板(也就是首层结构地面)完成之后,根据定位桩,把首层的轴线放样出来。经过复核检查无误后,可根据建筑平面的大小和造型确定竖向传递的基准点。挂吊线锤的传递点均布置在室内,一般离墙、柱 50 ~ 80 cm,并做成桩点用钢板维护加盖,保护好。选点示意图如图 3-56 所示。

在首层支模往二层施工时,木工按首层放的线进行支模施工,并用小线锤检查模板的垂直度,保证结构位置的准确性。在支放楼板模板时,要对准传递点位置,留出 20 cm 见方的孔洞,作为以后竖向传递时挂吊大线锤的钢丝通过的竖向通道。

②轴线传递

当楼面模板全部支撑完成后,测量放线人员应从预留孔处挂吊大线锤将首层传递基准点引到楼面,通过该点与相邻点形成十字坐标,可用它来检查校核支模中梁、柱、墙的准确性。经复核无误后,即可进行钢筋工程和混凝土工程的施工。所留的竖向小孔洞应做成倒锥台形(见图 3-57),平时用盖盖住,到工程结构封顶后,可逐个封闭。

在楼面混凝土结构有一定强度时,放线人员再次在预留孔洞处对中基准点挂吊大线锤,把

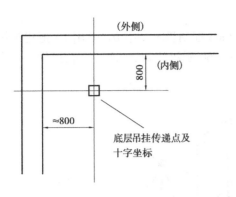

图 3-56　线锤吊挂传递(平面)(单位:mm)

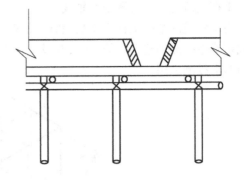

图 3-57　传递孔支模

该点传递到楼面。其实是该点引出的十字线,而点是在孔洞上无法标出。如图 3-58 和图 3-59 所示,在孔边作出明显标记,其交点即传递上来的点。以后各层均如此逐层传递直至结构封顶。

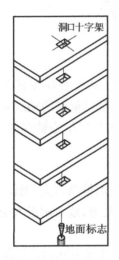

图 3-58　吊线坠法投测轴线

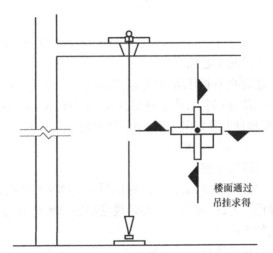

图 3-59　挂吊示意图

③吊线锤法注意事项

首层地面设置的控制基准点的定位必须十分精确,并应与房屋轴线位置的关系尺寸定至毫米整数。经校核无误后,才可在该处制定桩位,并定出基准点,且应很好保护。

挂吊大线锤的钢丝必须在使用前进行检查,应无曲折、死弯和圈结;若使用尼龙细线时,应选用能承受住线锤重量并受力后的伸长度不大的线类。

当层数增多后,挂吊线锤时应上下呼应,可用对讲机,或用手电筒光亮示意。上部移动支架时要缓慢进行,避免下部线锤摆动过大而不易对中准确。

大风大雨天气不宜进行竖向传递,如果工程进展急需,则在顶上应采取避雨措施。事后应进行再次检查校核,一旦有误差则应及时纠正。

(2)经纬仪投点法

经纬仪投点法称为外控法。外控法是在建筑物外部,利用经纬仪,根据建筑物轴线控制桩来进行轴线的竖向投测,也称为"经纬仪引桩投测法"。其具体操作方法如下:

①在建筑物底部投测中心轴线位置

高层建筑的基础工程完工后,将经纬仪安置在轴线控制桩 A_1,A_1',B_1 和 B_1' 上,把建筑物主轴线精确地投测到建筑物的底部,并设立标志,如图 3-60 所示的 a_1,a_1',b_1 和 b_1',以供下一步施工与向上投测之用。

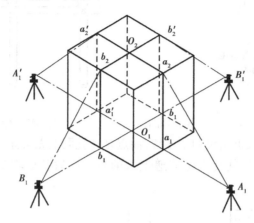

图 3-60　经纬仪投测中心轴线

②向上投测中心线

随着建筑物不断升高,要逐层将轴线向上传递(见图 3-60),将经纬仪安置在中心轴线控制桩 A_1,A_1',B_1 和 B_1' 上,严格整平仪器,用望远镜瞄准建筑物底部已标出的轴线 a_1,a_1',b_1 和 b_1' 点,用盘左和盘右分别向上投测到每层楼板上,并取其中点作为该层中心轴线的投影点,如图 3-60 所示的 a_2,a_2',b_2 和 b_2'。

③增设轴线引桩

当楼房逐渐增高,而轴线控制桩距建筑物又较近时,望远镜的仰角较大,操作不便,投测精度也会降低。为此,要将原中心轴线控制桩引测到更远的安全地方,或者附近大楼的屋面。其具体做法如下:

将经纬仪安置在已经投测上去的较高层(如第 10 层)楼面轴线 $a_{10}a_{10}'$ 上(见图 3-61),瞄准地面上原有的轴线控制桩 A_1 和 A_1' 点,用盘左、盘右分中投点法,将轴线延长到远处 A_2 和 A_2' 点,并用标志固定其位置,A_2,A_2' 即为新投测的 A_1A_1' 轴控制桩。

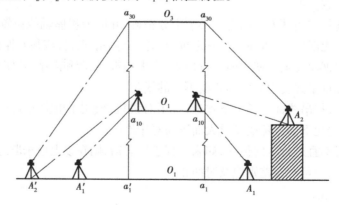

图 3-61　经纬仪引桩投测

更高各层的中心轴线,可将经纬仪安置在新的引桩上,按上述方法继续进行投测。

④经纬仪传递应注意的要点

在向每高一层次传递时,每次应向下观测以下各层的传递点标记是否在一条竖向垂直线上。凡发现异常,应立即查找原因,如仪器有无问题,桩点是否移动等,找出原因后要立即纠正,防止传递失误造成高层施工垂直度偏差超过规范允许值。

经纬仪一定要经过严格检校,尤其是照准部水准管轴应严格垂直于竖轴,作业时要严格对中、整平,并且要作为该项工程的专用仪器,不得用于其他工程。

传递观测应选在无大风及日光不强烈的时候,避免因自然条件差而给观测带来困难,影响投测精度,进而影响工程质量。

结合结构施工的上升、荷载的增加,应配合进行房屋的沉降观测。如发现有不均匀沉降,应立即报告有关部门,以采取适当措施。

（3）激光铅垂仪法

对于高层建筑物尤其超高层建筑物,采用上述两种方法很难满足精度要求,同时工作量很大。因此,目前对于高层建筑物更多地采用激光铅垂仪进行竖向投测。

①激光铅垂仪简介

激光铅垂仪是一种铅垂定位专用仪器,适用于高层建筑的铅垂定位测量。该仪器可以从两个方向（向上或向下）发射铅垂激光束,用它作为铅垂基准线,精度比较高,仪器操作也比较简单。

激光铅垂仪的基本构造如图3-62所示,主要由氦氖激光管、精密竖轴、发射望远镜、水准器、基座、激光电源及接收屏等部分组成。激光器通过两组固定螺钉固定在套筒内。激光铅垂仪的竖轴是空心筒轴,两端有螺扣,上下两端分别与发射望远镜和氦氖激光器套筒相连接,二者位置可

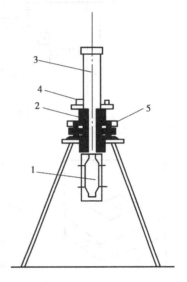

图3-62　激光铅垂仪示意
1—氦氖激光器;2—竖轴;
3—发射望远镜;4—水准管;5—基座

对调,构成向上或向下发射激光束的铅垂仪。仪器上设置有两个互成90°的管水准器,仪器配有专用激光电源。使用时必须熟悉说明书。

②激光铅垂仪投测轴线

为了把建筑物的平面定位轴线投测至各层上去,每条轴线至少需要两个投测点。根据梁、柱的结构尺寸,投测点距离轴线500～800 mm为宜,其平面布置如图3-63所示。

为了使激光束能从底层投测到各层楼板上,在每层楼板的投测点处,需要预留孔洞,洞口大小一般在300 mm×300 mm左右。

激光铅垂仪进行轴线投测的投测方法如下:

在首层轴线控制点上安置激光铅垂仪,利用激光器底端（全反射棱镜端）所发射的激光束进行对中,通过调节基座整平螺钉,使管水准器气泡严格居中,如图3-64所示。

在上层施工楼面预留孔处,放置接受靶。

接通激光电源,启辉激光器发射铅直激光束,通过发射望远镜调焦,使激光束会聚成红色耀目光斑,投射到接受靶上。

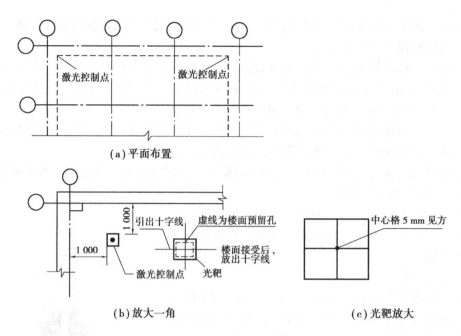

(a) 平面布置

(b) 放大一角

中心格 5 mm 见方

(c) 光靶放大

图 3-63　激光投点平面布置示意图(单位:mm)

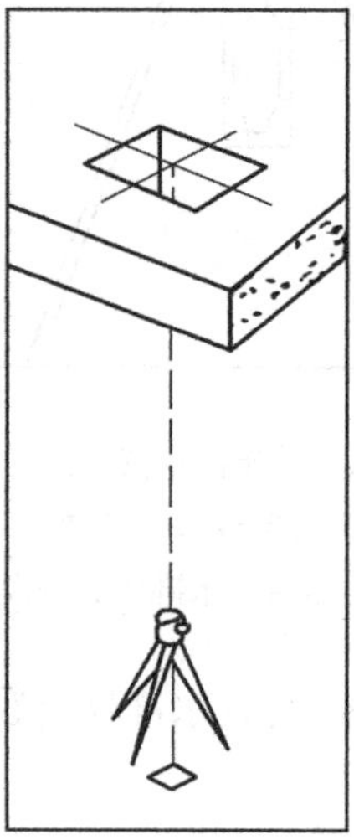

移动接受靶,使靶心与红色光斑重合,固定接受靶,并在预留孔四周作出标记,此时,靶心位置即为轴线控制点在该楼面上的投测点。

③注意事项

激光束要通过地方的楼面处,施工支模预留孔洞的大小,以能放置靶标盘大小为限,不能太大,大了靶盘放置落空比较麻烦。孔应留成倒锥形,以便完工后填堵。平时应用大木盖盖好,保证安全生产。

用来做靶标的材料应是半透明的,以便在其上形成光斑,使在楼面上的人看得清楚。靶标应做成 5 mm 方格网,使光斑居中后可以按线引至洞口,作为形成楼面坐标网的依据。

要检查复核楼面传递点形成的坐标与首层的坐标网的尺寸、关系是否一致。如有差错或误差应及时找出原因,并加以纠正,从而保证测量精度和工程质量。

图 3-64　铅垂仪投点示意图

当高层建筑施工至 5 层以上,应结合沉降观测的数据,看看沉降是否均匀。以免因不均匀沉降而造成传递偏差。

每一层的传递,应一个作业班内完成,并经质检员等有关人员复核,确认无误后才可进行楼面放线工作。

每层的投递应做测量记录,并应及时整理形成资料并保存,以便查考、总结、研究之用。整个工作完成之后,可作为档案保存归档。

2. 烟囱施工测量

烟囱是一种特殊构筑物,其特点是基础面积小、主体高。因此,不论是砖结构还是钢混结构,施工要求都应严格。烟囱筒身中心线的垂直区偏差,当高度 H 为 100 m 或 100 m 以下时,

误差值应小于 0.15H%；当烟囱高度 H 大于 100 m 时，筒身中心线的垂直偏差应小于
0.000 5H，但不能超过 50 cm，烟囱砌筑圆环的直径偏差值不得大于 3 cm。

烟囱施工测量的任务是严格控制烟囱中心的位置，保证烟囱主体的竖直。以下介绍其施
测步骤：

1）中心线标定

施工前，首先应按图纸要求根据场地控制网，在实地定出烟囱的中心位置 O（见图 3-65），
然后再定出以 O 点为交点的两条相互垂直的定位轴线 AB 和 CD，同时定出第 3 个方向作为检
核。为了便于在施工过程中检查烟囱的中心位置，可在轴线上多设置几个控制桩，各控制桩到
烟囱中心 O 的距离，视烟囱高度而定，一般为烟囱高度的 1.5 倍。各桩点应做成半永久性的，
并妥为保存。烟囱中心 O 点，常打入大木桩，上部钉一小钉，以示中心点位。

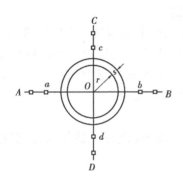

图 3-65　烟囱的定位、放线

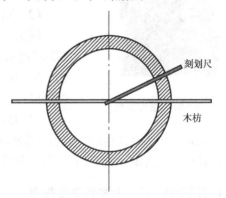

图 3-66　烟囱壁位置的检查

2）烟囱基础施工测量

基坑的开挖方法依施工场地的实际情况而定。当现场比较开阔时，常采用"大开口法"进
行施工。以中心点 O 为圆心，以烟囱底部半径 r 加上基坑放坡宽度为半径，在地面上用皮尺画
圆并撒灰线，标明挖坑范围。当挖到设计深度时，坑内测设水平桩作为检查坑底标高和打垫层
的依据，同时在基坑边缘的轴线上钉 4 个小木桩（见图 3-65 中的 a,b,c,d 点），用于修坡和确
定基础中心。

当烟囱基础是钢筋混凝土时，应在基础面上中心点处埋设钢筋作为标志。根据定位轴线，
用全站仪把烟囱中心投到标志上，并刻上"＋"字，作为烟囱竖向投点和控制半径的依据。

3）烟囱筒身施工测量

（1）引测烟囱中心线

在烟囱施工中，应随时将中心点引测到施工的作业面上。

①在烟囱施工中，一般每砌一步架或每升模板一次，就应引测一次中心线，以检核该施工
作业面的中心与基础中心是否在同一铅垂线上。引测方法如下：

在施工作业面上固定一根枋子，在枋子中心处悬挂 8 ~ 12 kg 的锤球，逐渐移动枋子，直到
锤球对准基础中心为止。此时，枋子中心就是该作业面的中心位置。

②另外，烟囱每砌筑完 10 m，必须用经纬仪引测一次中心线。引测方法如下：

如图 3-65 所示，分别在控制桩 A,B,C,D 上安置经纬仪，瞄准相应的控制点 a,b,c,d，将轴
线点投测到作业面上，并作出标记。然后，按标记拉两条细绳，其交点即为烟囱的中心位置，并

图 3-67 坡度靠尺

与锤球引测的中心位置比较,以作校核。烟囱的中心偏差一般不应超过砌筑高度的1/1 000。

③对于高大的钢筋混凝土烟囱,烟囱模板每滑升一次,就应采用激光铅垂仪进行一次烟囱的铅直定位,定位方法如下:

在烟囱底部的中心标志上,安置激光铅垂仪,在作业面中央安置接收靶。在接收靶上显示的激光光斑中心,即为烟囱的中心位置。

④在检查中心线的同时,以引测的中心位置为圆心,以施工作业面上烟囱的设计半径为半径,用木尺画圆(见图3-66),以检查烟囱壁的位置。

(2)烟囱外筒壁收坡控制

烟囱筒壁的收坡是用靠尺板来控制的。靠尺板的形状如图3-67所示,靠尺板两侧的斜边应严格按设计的筒壁斜度制作。使用时,把斜边贴靠在筒体外壁上,若锤球线恰好通过下端缺口,说明筒壁的收坡符合设计要求。

(3)烟囱筒体标高的控制

一般是先用水准仪,在烟囱底部的外壁上,测设出 + 0. 500 m(或任一整分米数)的标高线。以此标高线为准,用钢尺直接向上量取高度。

【技能训练 12】 激光铅垂仪投点

1. 技能训练目的

(1)了解激光铅垂仪的构造。

(2)掌握激光铅垂仪的使用。

(3)学会用激光铅垂仪投测轴线。

2. 技能训练内容

用激光铅垂仪投测建筑物轴线。

3. 技能训练仪器设备

采用激光铅垂仪。

4. 技能训练过程

(1)激光铅垂仪安置在底层测站点 O 上,严格对中、整平。

(2)接通激光电源,启辉激光器,即可发射出铅直的激光直线,在高层楼板孔洞上水平放置绘有坐标格网的接收靶 C。

(3)水平移动接收靶,使靶心与红色光斑重合,此靶心位置即为测站点 CO 铅垂投位置,C点作为该层楼面的一个控制点。

5. 上交资料

每位学生的实训报告 1 份。

6. 注意事项

(1)激光铅垂仪系精密仪器,操作时应小心谨慎,严格按照规程操作。

(2)实训结束后及时归还仪器。

知识技能训练 3

1. 施工测量的主要任务有哪些?

2. 建筑方格网如何布设和测定?

3. 欲在地面上测设一段长 49.000 m 的水平距离,所用钢尺的名义长度为 50 m,在标准温度 20 ℃时,其鉴定长度为 49.994 m,测设时的温度为 13 ℃,所用拉力与钢尺鉴定时的拉力相同,钢尺的膨胀系数为 1.25×10^{-5},概量后测得两点间的高差为 $h = -0.55$ m,试计算在地面应测设的长度。

4. 欲在地面上测设一个直角 $\angle AOB$,先按一般方法测设出该直角,经检验测得其角值为 $90°01'36''$,若 $OB = 160$ m,为了获得正确的直角,试计算 B 点的调整量并绘图说明其调整方向。

5. 测设点的平面位置有哪些方法? 各适用于什么场合? 各需要哪些测设数据?

6. 某建筑场地上有一水准点 A,其高程为 $H_A = 138.416$ m,欲测设高程为 139.000 m 的室内 ± 0.000 标高,设水准仪在水准点 A 所立水准尺上的读数为 1.034 m,试说明其测设方法。

7. 设 A, B 为已知平面控制点,其坐标分别为 $A(156.32$ m,576.49 m$)$,$B(208.78$ m,482.27 m$)$,欲根据 A, B 两点测设 P 点的位置,P 点设计坐标为 $(180.00$ m,500.00 m$)$。试分别计算用极坐标法、角度交会法和距离交会法测设 P 点的测设数据,并绘出测设略图。

8. 建筑场地平面控制网的形式有哪些? 它们各适用于哪些场合?

9. 在测设 3 点"一"字形的建筑基线时,为什么基线点不应少于 3 个? 当 3 点不在一条直线上时,为什么横向调整量是相同的?

10. 民用建筑施工测量包括哪些主要测量工作?

11. 试述基槽开挖时控制开挖深度的方法。

12. 轴线控制桩和龙门板的作用是什么? 如何设置?

13. 建筑施工中,如何由下层楼板向上层传递高程? 试述基础皮数杆和墙身皮数杆的立法。

14. 为了保证高层建筑物沿铅垂方向建造,在施工中需要进行垂直度和水平度观测,试问两者间有何关系?

15. 高层建筑物施工中如何将底层轴线投测到各层楼面上?

16. 比较民用建筑施工测量与工业厂房施工测量在内容、要求、方法等方面的异同点。

学习情境 *4* 地下工程施工测量

教学内容

主要介绍矿山建设中的控制测量、竖井联系测量、巷道施工测量、井下生产测量等,重点介绍贯通测量的精度估算和测量方法,以及隧道工程施工测量、地下管线施工测量等。

知识目标

能正确陈述矿山测量的主要内容;能陈述贯通工程的精度估算和测量方法;能基本陈述隧道工程测量和地下管线测量的方法和步骤。

技能目标

能正确识读工程图纸;能熟练使用全站仪、经纬仪和水准仪等仪器标定巷道中腰线;能编写贯通测量设计书,编写测量技术总结资料。

学习导入

地下工程在国民经济建设中占有十分重要的地位,从矿山开采,城市地下管道,到铁路公路隧道都属于地下工程范畴。为了确定地下工程中各工程点的相对位置关系,保障施工的安全,必须进行测量工作,测量是地下工程的眼睛。

一、学习建议

地形测量、控制测量、测量平差等测量知识在地下工程测量中都要用到;空间概念要清晰;要适应测量环境的改变;对各项工程的技术要求要明确。

二、关于地下工程的几个基本概念

(1)平峒。从地面直接通向岩体,水平开掘的坑道。

（2）巷道。在地下岩体内的坑道，包括水平巷道和倾斜巷道，其断面多为梯形或拱形。

（3）斜井。由地面直接通向岩体，具有较大坡度的坑道。

（4）竖井。由地面按一定尺寸断面垂直向下掘进形成的空间。

（5）盲井。由上平巷向下平巷开挖的小断面垂直坑道。

（6）天井。由下平巷向上平巷开挖的小断面垂直坑道。

（7）隧道。双向连接地面道路的地下坑道，坡度比较平缓。

子情境 1 矿山控制测量

一、地面控制测量

矿区控制网是建立在国家控制网基础上的，是地区性的控制网，是矿区范围内一切测量的基础。矿区控制网的精度和布设情况，关系着矿区工程建设的质量和生产安全，对矿区的开发和建设具有深远意义。

矿区控制网在布设方法方面虽有其自身的特点，但它的平面坐标系统和高程系统与国家控制网应保持一致。因此，可以说矿区控制网是国家控制网的补充。矿区控制网分为平面控制网和高程控制网两部分。

1. 矿区平面控制网

矿区平面控制网的主要任务是为矿区开发和生产各个阶段的地形测图和各项采矿工程测量服务。因此，它的布设就应该适应于采矿生产的需要和采矿生产的特定条件。

矿区首级控制网应从实际需要出发，根据测区面积、测图比例尺及矿区发展远景，因地制宜地选择布网方案。矿区平面控制网的布网形式主要分为导线测量网和 GPS 测量网。

1）导线测量网

随着电磁波测距的发展，导线测量作为矿区平面控制的一种形式正在广泛的应用。特别是在已经建成的矿区，村镇稠密的平原地区，用导线测量方法加密平面控制和建立贯通等工程测量控制，往往比布设三角测量更为有利灵活，基本上取代了三角测量。

矿区导线网的布设规格：矿区平面控制网可以采用国家三、四等导线测量的方法来建立。对于四等以下的导线，《城市测量规范》中又分为一、二、三级。在实际工作中，主要是根据矿区的地形特点和建筑物密集程度，选择其中一二种级别的导线作为平面控制。

现将不同级别的电磁波测距导线的主要技术指标和精度规格，列于表4-1。

表4-1 电磁波测距导线主要技术要求

等　级	附合导线长度 /km	平均边长 /m	每边测距中误差/mm	测角中误差 /(″)	导线全长相对闭合差
三等	15	3 000	±18	±1.5	1/60 000
四等	10	1 600	±18	±2.5	1/40 000
一级	3.6	300	±15	±5	1/14 000
二级	2.4	200	±15	±8	1/10 000
三级	1.5	120	±15	±12	1/6 000

2)GPS 控制网

国家测绘局 1992 年制订的我国第一部"GPS 测量规范"将 GPS 的精度分为 $AA \sim E$ 6 级。其中 AA, A, B 3 级一般是国家 GPS 控制网。C, D, E 3 级是针对局部性 GPS 网规定的。GPS 测量基本技术要求见表4-2。

一般要求 GPS 网每 3 km 左右布设一对点,每对点之间的间距约为 0.5 km,并保证点对之间通视. 具体要求见相关规程。

表 4-2　GPS 测量基本技术要求

项　　目			级　别					
			AA	A	B	C	D	E
卫星截止高度角			10°	10°	15°	15°	15°	15°
同时观测有效卫星数			≥4	≥4	≥4	≥4	≥4	≥4
有效观测卫星总数			≥20	≥20	≥9	≥6	≥4	≥4
观测时段数			≥10	≥6	≥4	≥2	≥1.6	≥1.6
时段长度/min	静态		≥740	≥540	≥240	≥60	≥45	≥40
	快速静态	双频 + P 码				≥10	≥5	≥2
		双频全波				≥15	≥10	≥10
		单频				≥30	≥20	≥15
采样间隔/s	静态		30	30	30	10 ~ 30	10 ~ 30	10 ~ 30
	快速静态					5 ~ 15	5 ~ 15	5 ~ 15
时段中任意卫星有效观测时间≥/min	静态		≥15	≥15	≥15	≥15	≥15	≥15
	快速静态	双频 + P 码				≥1	≥1	≥1
		双频全波				≥3	≥3	≥3
		单频				≥5	≥5	≥5

2. 近井网(点)的设置

为了把地面坐标系统中的平面坐标及方向传递到井下去,在定向之前,必须在地面井口附近设立作为定向时与垂球线连接的点,称为连接点。由于井口建筑物很多,因而连接点不能直接与矿区地面控制点通视,以求得其坐标及连接方向。为此,还必须在定向井筒附近设置一近井点。为传递高程,还得设置井口水准基点(一般近井点也可作为水准基点)。

近井点和井口水准基点是矿山测量的基准点。在建立近井点和井口水准点时,应满足下列要求:

(1)尽可能埋设在便于观测、保存和不受开采影响的地点。当近井点必须设置于井口附近工业厂房顶上时,应保证观测时不受机械振动的影响和便于向井口敷设导线。

(2)每个井口附近应设置一个近井点和两个水准点。

(3)近井点至井口的连测导线边数应不超过 3 个。

(4)多井口矿井的近井点应统一合理布置,尽可能使相邻井口的近井点构成 GPS 网(或导线网)中的一个边,或力求间隔的边数最少。

近井网的布设方案和要求:由于要求两相邻近井点的点位精度与矿区各级 GPS 网(或导线网)的最弱边和导线网最弱点的点位精度基本一致,因此,近井网的布设方案可参照矿区平面控制网的布设规格和精度要求来测设。其具体要求见表4-3。

表4-3　近井导线的布设与精度要求

导线名称	等　级	边长/km	高级点间路线总长/km	导线最大相对闭合差	最弱点点位误差/ m
光电测距导线	四等 5″	2 ~ 5 0.8 ~ 3	15 7	1:40 000 1:20 000	±0.1 ±0.1
钢尺量边导线	5″ 10″	0.05 ~ 0.25 0.03 ~ 0.17	3 1.5	1:8 000 1:5 000	±0.1 ±0.1

3. 矿区高程控制测量

高程控制网是进行矿区大比例尺测图和矿山工程测量的高程控制基础,建立高程控制网的常用方法是水准测量和三角高程测量。水准测量方法建立起来的高程控制网,称为水准网。由于水准网的精度较高,因此,矿区基本高程控制(也称为首级高程控制)多用水准测量方法建立。为了满足矿区生产和建设的需要,无论大小矿区都应在国家等级水准点的基础上,建立矿区基本高程控制,作为矿区各种高程测量的依据。一般来说,大矿区应测设三等水准作为基本高程控制,中等矿区应测量四等水准,小矿区可用等外水准作为基本高程控制。由于矿区需要施测更大比例尺的地形图,以及要进行井上下各种工程建筑物的定线和施工放样工作,因此,作为矿区基本高程控制的水准路线长度应予适当缩短,以加大水准点密度,保证各种高程测量的精度。矿区各种水准路线的布设长度及技术规格,见表4-4的规定。

表4-4　各等水准测量技术规格

等　级	水准路线最大长度/km	每千米高差中数全中误差 m_W/mm	不符值、闭合差限差/mm		
			测段往返高差不符值	附合路线或环线闭合差	检测已测测段高差之差
三等水准	45	6	$12\sqrt{R}$	$12\sqrt{L}$	$12\sqrt{K}$
四等水准	15	10	$20\sqrt{R}$	$20\sqrt{L}$	$30\sqrt{K}$
等外水准	10	15	$30\sqrt{R}$	$30\sqrt{L}$	$45\sqrt{K}$

注:表中 R 为测段长度,L 为附合路线或环线长度,K 为已测测段长度,均以 km 为单位。

矿区三、四等水准路线一般布设成闭合环线,或在已知点间连成结点系统,或布设成附合路线,具体方案可根据测区的实际情况决定。结点与高级点、结点与结点间的水准路线的长度,三等不超过 16 km,四等不超过 6 km,等外不超过 3 km。

根据矿区测量工作的特点,高程控制点应有较大的密度,因此,矿区内相邻两水准点(即埋石点)间的距离,一般为 2 ~ 4 km。在建筑物密集区和工业广场范围内,可缩短至 1 ~ 2 km。有时也可用三角点和导线点兼作水准点。

对于远离国家水准点的矿区,可暂时布设假定的高程控制系统。国家水准测设到矿区时,

149

应及时进行联测,将假定高程系统归算成国家统一的高程系统。

二、地下控制测量

为了确定井下巷道、峒室、采掘工作面及各特征点等的空间位置及相互关系,须进行一系列测量,这些测量包括平面位置与高程测量。井下平面控制测量是这些测量的基础。

井下平面控制测量是按照高级控制低级、每项测量有检查、测量精度应满足工程需要这3个原则进行的。由于受井下条件限制,井下平面控制测量主要是导线测量。

井下平面控制导线分为基本控制导线和采区控制导线两类。井下基本控制导线是由井底车场开始,沿矿井主要巷道敷设,其起始的方位角和起始的平面坐标,必须由地面控制点导入。它是矿井的首级控制导线。

采区控制导线是矿井测量的次级控制导线,主要沿着井区上、下山、中间平巷及片盘运输巷道等次要巷道敷设。

两类控制导线都可敷设成闭合(附和)导线或复测支导线。基本控制导线可分为7″和15″两级,采区控制导线又分为30″和45″两级,其施测规格和精度要求见表4-5。

表4-5　井下平面控制测量精度要求

导线类型	测角中误差	一般边长/m	最大角闭合差		最大相对闭合差	
			闭(附)合导线	复测支导线	闭(附)合导线	复测支导线
基本控制	±7″	40~140	$\pm14''\sqrt{n}$	$\pm14''\sqrt{n_1+n_2}$	1/8 000	1/6 000
	±15″	30~90	$\pm30''\sqrt{n}$	$\pm30''\sqrt{n_1+n_2}$	1/6 000	1/4 000
采区控制	±30″	—	$\pm60''\sqrt{n}$	$\pm60''\sqrt{n_1+n_2}$	1/3 000	1/2 000
	±45″	—	$\pm90''\sqrt{n}$	$\pm90''\sqrt{n_1+n_2}$	1/2 000	1/1 500

注:n—闭(附)合导线的总站数;

n_1,n_2—支导线第1次和第2次测量的总站数。

表列每类导线均有两种规格,可根据矿井的具体条件,选定矿井的基本控制导线和采区控制导线。在主要巷道中,为配合巷道施工,一般敷设30″或45″导线,用以指示巷道的挖掘方向(即测设中线),当巷道掘进一定长度后,再敷设基本控制导线。如应用激光指向仪给向,而不需要测设30″或45″导线时,则巷道每掘进300~800 m,即应测设基本控制导线,以检查并校正指向仪所指方向。主要巷道中基本控制导线和30″或45″导线的关系如图4-1所示。图4-1中实线表示基本控制导线,虚线表示30″或45″导线或激光指向仪的光束。

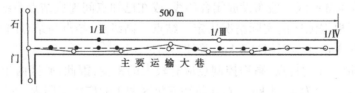

图4-1　导线布设图

井下平面控制测量的主要方法是经纬仪钢尺导线、全站仪导线,布设形式有闭合导线、附合导线和支导线 3 种。当布设支导线时,应进行往、返测量,也称复测支导线。井下经纬仪导线测量与地面导线测量基本相同,分为导线测量外业与导线内业计算。这里仅就与地面导线不同之处加以叙述。

1. 导线测量外业

井下导线测量外业主要包括选点、埋点、测角和量距,除此之外,还要进行导线的延长及检查工作。

1)选点和埋点

导线点位置选择的好坏直接影响施测工作,为此,应该认真进行,并注意以下 4 点:

(1)两相邻导线点间须通视良好,点间距离尽可能大些,一般为 30 ~ 140 cm。

(2)导线点处应便于安置仪器,并尽可能不影响运输,一般在双轨大巷中,不应将点选在两股道的中间。

(3)导线点应选在坚固可靠的棚梁上或岩石的顶板上,避开淋水或积水的地方。

(4)在巷道连接处应设点。

上述要求是相互联系的,选点时应全面考虑。

导线点一般分为永久点和临时点两种。永久性导线点应设在井底车场,主要石门和采区石门,集中石门运输大巷,岩石大巷,以及主要上山和下山等主要巷道内的顶,底板岩石内,以便长期保存。基本控制导线应每隔 300 ~ 800 m 选、埋一组边长为 30 ~ 140 m 的 3 个相邻的固定点,作为永久性基点。临时导线点是为满足日常采掘工程而施测的,一般由测量工人于导线施测前在巷道顶板岩石中,或牢固的棚梁上进行选定。

2)角度测量

(1)经纬仪(全站仪)的安置

为了观测经纬仪导线的角度,需将经纬仪安置在测站上。在井下,测点一般设于顶板或棚梁上,而仪器设于点下,称为点下对中,具体做法如图 4-2 所示。

先在测点上挂下垂球,同时将望远镜视准轴置于水平位置。并调节水平脚螺旋,使仪器竖轴竖直,在架头上前后左右平行移动仪器,使垂球尖准确的对准望远镜的镜上中心。然后将仪器照准部绕竖轴旋转,如垂球尖与望远镜镜上中心的偏移量,在允许范围内,即可将中心连接螺旋拧紧。否则,须反复进行对准整平。特别在风速较大的巷道内,应采用具有上对中光学对点器的经纬仪进行对中,以提高对中精度。

图 4-2　点下对中图

根据《规程》规定,井下导线水平角观测时,采用垂球对中的方法时,则应根据不同的导线边长和导线等级按表 4-6 的要求进行。

(2)检验与校正

在进行测量工作之前,要定期对经纬仪进行各项检验与校正。检验与校正方法见测绘基础,这里仅就镜上中心的检验与校正加以叙述。

①检验:在室内或室外避风处挂一垂球,在其下安置并整平经纬仪。然后望远镜水平,精确地将镜上中心 A (见图 4-3)和垂球尖对准。徐徐转动照准部,观察镜上中心是否偏离垂球尖

端,若始终不偏离,表示镜上中心位置正确,否则须校正。

表4-6　井下导线不同边长和导线等级对中次数与水平角测回数要求

导线等级	使用仪器	观测方法	按导线边长分					
			15 m 以下		15～30 m		30 m 以上	
			对中次数	测回数	对中次数	测回数	对中次数	测回数
±7″	J_2	测回法或左、右角	3	3	2	2	1	2
±15″	J_6	测回法或复测法	2	2	1	2	1	2
±30″	J_{15}	测回法或复测法	1	1	1	1	1	1
±45″	J_{15}	测回法或复测法	1	—	1	—	1	—

注:1.45″导线测回数按使用仪器精度确定;

2. 多次对中时,每次对中应测一测回。

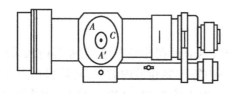

图4-3　镜上中心检验图

②校正:将镜上中心 A 对准球尖,转动照准部180°,此时垂球尖位在 A′点,标出 AA′连线的中点 C(见图4-3)。重新对中使 C 点对准球尖,徐徐转动照准部,若 C 点始终不偏离垂球尖端,即可在 C 点作出标志,作为新的镜上中心。对可调的镜上中心标志,可旋松其固定螺钉,移动标志而完成校正。

（3）水平角观测

井下测角时,还要在前、后视测点上悬挂垂球线作为觇标,并用矿灯进行照明,同时用"灯语"进行指挥。

水平角测量通常采用测回法或复测法进行观测。

①测回法:具体观测方法见测绘基础。

②复测法:具有复测机构的低精度经纬仪(如 DJ6-1、DJ15 型)适用于此法。随着技术的不断发展,此类经纬仪在测量中已很少使用,故这里不再讲述。

为提高测角精度而采用两个以上测回进行观测时,各测回间应变换度盘的起始读数,以消除盘的分划误差。

（4）竖直角观测

井下导线测量倾角的目的是为了求得倾斜导线边长的水平投影长度,以及相邻两导线点间的高差。

在实际工作中,测量倾角(通常以 δ 表示)是与水平角观测同时进行的,其步骤如下:

①如图4-4所示,在 A 点安置经纬仪,并对中、整平。同时在 B、C 两点分别悬挂垂球线,并于垂球线上用大头针作一观测标志 b,c。

②以盘左位置精确瞄准标志 b,读取竖盘读数,并将记入观测手簿中。

③倒转望远镜,以盘右位置精确标志 b,读取竖盘读数,记入手簿中。

④用小钢卷尺量仪器中心的铅垂距离 i(即仪器高),以及 B 点至 b 的铅垂距离 v(即觇标高)。

⑤用钢尺丈量仪器中心(即测站点 A)至标志 b 的倾斜距离 L,丈量精度要求与同等级的

经纬仪导线边长的丈量相同。至此完成了一测回的观测。在 A 点完成对 B 点的倾角观测之后,按上述步骤观测对 C 点的倾角。

3)边长丈量

井下各级导线的边长,通常在测角之后进行丈量。其方法有钢尺量距和电磁波测距,电磁波测距的方法与地面相同,下面主要介绍钢尺量边。

钢尺量边所用的工具有钢尺、皮尺、拉力计(弹簧秤)和温度计等。

井下基本控制导线的边长应采用经过比长的钢尺,以比长时的拉力悬空丈量,并测定温度。丈量时,将钢尺末端某一整厘米分划对准经纬仪水平轴中心(或镜上中心),另一端(即零端)对准前(或后)视点垂球线上的大头针。并同时施加该尺比长时之拉力,两端同时读取数。末端读米和整厘米的大数,零端读至毫米。两端读数之差即两点间的倾斜距离。根据测量的竖直角,计算求出其水平距离。每尺段应读数 3 次,每读一次数后,移动钢尺 2~3 cm,各次量得的长度互差应小于 3 mm。为提高量边和检核起见,每边必须往返测量。丈量时应该加入各种改正后的水平边长互差,不得大于边长的 1/6 000。在边长小于 15 m 或在 15°以上的倾斜巷道内丈量边长时,往返水平边长的互差可适当放宽,但不得大于边长的 1/4 000。

丈量采区控制导线边长时,可凭经验拉力,往返丈量,也可以错动钢尺 1 m 以上丈量两次,其互差不得大于边长的 1/2 000。量边时可不测温度。符合上述要求时,则取其往返丈量结果。

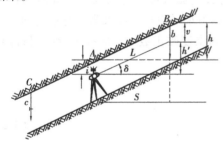 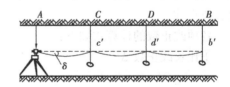

图 4-4　竖直角观测图　　　　图 4-5　导线分段丈量定线图

当边长大于尺长时,可用经纬仪定线,分段进行丈量。如图 4-5 所示,经纬仪设置在 A 点,使望远镜里的十字丝中间的横丝与 B 点垂球线上的标志 b′重合,然后,固定望远镜的制动螺钉,根据小于钢尺一整尺的距离(最小尺段长度不得小于 10 m),沿视线方向设置临时点 C,D,挂上垂球线,然后在 C,D 垂球线上设置标志 c′,d′,使 c′,d′与望远镜里的十字丝中丝重合。定线之平面内横向偏差应小于 5 cm。然后逐次丈量各段之长,最后累加求得该导线边的倾斜距离。根据测出倾斜角 δ。按下式计算水平距离,即

$$l = L \cos \delta \tag{4-1}$$

式中　l——水平距离;

　　　L——倾斜距离;

　　　$δ$——倾斜角。

4)导线的延长

随着采掘工程的进展,基本控制导线应每掘进 300~800 m;采区控制导线应每掘进 30~200 m 延长一次。当掘进工作面接近各种采矿安全边界(水、火、瓦斯、采空区及重要采矿技术边界)时,更应及时延长经纬仪导线。

延长导线之前,为了避免用错测点和检查点有无移动,应对上次导线的最后一个转角进行检查测量与原测水平角的不符值,不应超过 $2\sqrt{2}m_\beta$。《规程》规定为 $7''$ 级导线不应超过 $20''$;$15''$ 级导线不应超过 $40''$;$30''$ 级导线不应超过 $80''$;$45''$ 级导线不应超过 $120''$。

基本控制导线的边长小于 15 m 时,两次测量水平角的限差可适当放宽,但不得超过上列限差的 1.5 倍。

如不符合上述要求时,应继续退后一站检查,直至符合要求,方可由此向前延长导线。

角度与边长检查测量数据均应记入经纬仪测量记录手簿中。

在风速较大的巷道中施测基本控制导线时,仪器宜采用光学对点,或用挡风筒挡风。前后视垂球线应悬挂较重的垂球,并置于水桶稳定。

对于重要贯通工程,可把受风流影响较大的某些测点牢固地设在巷道底板上。

2. 井下经纬仪导线测量内业

井下经纬仪导线测量的内业包括计算和展点绘图两项工作。内业计算工作,包括整理外业测量结果,计算各导线的坐标方位角和各导线点的平面坐标。

(1)内业计算之前,应认真检查全部外业记录。

无论角度或边长观测值,经检查核算不符合《规定》要求,又非计算错误时,应重新观测和丈量。

(2)边长计算。对于井下基本控制导线的实测边长,应加入钢尺比长、温度、垂曲和拉力改正数。此外,倾斜边长还应加入倾斜改正数,以便化算为水平边长。如果测量时系用钢尺比长时之拉力,温度变化不超过 ±5 ℃时,可不计算拉力和温度改正数。采区控制导线,只计算比长改正数。

各项改正数的计算式如下:

①比长改正数 Δl_k

$$\Delta l_k = KL \tag{4-2}$$

式中　K——每米的比长改正数;

　　　L——实测长度。

②温度改正数 Δl_t

$$\Delta l_t = l\alpha(t - t_0) \tag{4-3}$$

式中　α——钢尺的线膨胀系数,一般为 11.5×10^6,$m/m \times ℃$;

　　　t, t_o——量边的钢尺温度,钢尺比长时取用的标准温度,一般为 20 ℃。

③垂曲改正数 Δl_f

当悬空丈量水平边长时,钢尺因自重而形成一对称悬链线,因此而造成的垂曲改正数之理论计算公式为

$$\Delta L_f = - \frac{q^2 l^3}{24\left(\frac{P}{9.8}\right)^2} \tag{4-4}$$

式中　q——钢尺 1 米长度的重量,kg/m;

　　　P——量边时之拉力(一般为比长之拉力),kg。

根据式(4-4),可求得钢尺任意长度的垂曲改正数 Δl_f 与钢尺全长的垂曲改正数 ΔL_f 之间的关系式为

$$\Delta l_f = - \Delta L_f \frac{l^3}{L^3} \tag{4-5}$$

综上所述,如果已知丈量水平边长时钢尺全长的垂曲改正数 ΔL_f,则可按式(4-5)求得该钢尺部分长度的垂曲改正数 Δl_f。

当丈量倾斜边长时,其边长的垂曲改正数计算为

$$\Delta L_f = - \Delta l_f \cos^2 \delta = - \Delta_f \sin^2 \delta \tag{4-6}$$

式中　δ——所测边的倾斜角。

ΔL_f 的符号永远为负,如式(4-6)所示。

当边长大于尺长而分段丈量时,则应按各分段的长度分别计算出垂曲正数,其总和即为该边的垂曲改正数,即

$$\Delta L_f = \sum \Delta l_f \tag{4-7}$$

④拉力改正 Δl_P

在井下量边时,如果施加的拉力 P,不等于钢尺比长时之拉力 P_0,计算拉力改正数为

$$\Delta l_p = \frac{l(p - p_0)}{EF} \tag{4-8}$$

式中　E——钢尺的弹性系数,为 $2 \times 10^6 \ \mathrm{kg/cm^2}$;

　　　F——钢尺的横断面积,$\mathrm{cm^2}$。

⑤倾斜改正数 Δl_h

$$l = L \cos \delta$$

若所量边长非水平长度 l 而为斜长 L,则应将斜长化算为水平边以便计算平面坐标。

此外,《规程》中规定:"在重要贯通测量工作中应将导线边长化算到投影水准面和高斯-克吕格平面。"下面仅列出其改正数计算公式。

将导线长化算到投影水准面(即海平面)的改正数,按下式计算为

$$\Delta l = - \frac{H_m}{R} l = - 0.000\ 157 H_m l \qquad \mathrm{mm} \tag{4-9}$$

式中　R——地球平均半径,$6\ 371\ \mathrm{km}$;

　　　H_m——所测导线边两端高程的平均值,m;

　　　l——所测导线边的水平距离,m。

当矿区采用某一高程平面作为投影水准面时,导线边长化归到该投影水准面的改正数,按下式计算为

$$\Delta l_水 = - 0.000\ 157 \Delta H l \qquad \mathrm{mm} \tag{4-10}$$

式中,$\Delta H = H_平 - H_矿$ 为导线边的平均高程与矿区投影水准面的高程之差。高差 ΔH 为正值时,则 $\Delta l_水$ 为负值;ΔH 为负值时,则 $\Delta l_水$ 为正值。

将导线边长化算到高新-克吕格平面改正数的计算式为

$$\Delta l_投 = \frac{y_m^2}{2R^2} l \tag{4-11}$$

式中　y_m——导线边的平均横坐标,即导线边中点到投影带中央子午线的距离,km。

上述两项改正数之和为

$$\Delta l = \Delta l_{水} + \Delta l_{投} = \left(\frac{y_m^2}{2R^2} - \frac{H_m}{R} \right) l = (K_1 - K_2)l = Kl \qquad (4\text{-}12)$$

式中　K_1——边长化至高斯投影平面的改正数，$K_1 = \frac{y_m^2}{2R^2}l$；

$\quad\quad K_2$——边长化至投影水准面的改正数，$K_2 = \frac{H_m}{R}$；

$\quad\quad K$——两项投影改正的综合影响系数，$K = K_1 + K_2$。

综合影响系数 K 可根据导线边的高程和平均横坐标，直接从投影水准面改正和高斯投影平面改正综合影响系数表中查取，再乘以该边的长度，便可求的综合改正数 Δl。

（3）角度闭合差的计算与分配：

①井下闭合导线、附合导线、复测支导线的角度闭合差 f_β 计算同地面导线相同，具体参见测绘基础。

②方向附合导线

当用陀螺经纬仪测定了起始边、最终边或中间边的方位角时，这种导线就称为方向附合导线。其角度闭合差的计算方法与附合导线相同。各级导线的角度闭合差不得超过表4-1的要求。

对于方向附合导线，考虑其定向误差 $m_{\alpha 0}$，则允许的角闭合差 $f_{\beta允}$ 应为

$$f_{\beta允} = \pm 2 \sqrt{2m_{\alpha_0}^2 + nm_\beta^2} \qquad (4\text{-}13)$$

（4）推算各边的坐标方位角。

（5）坐标增量的计算。

（6）坐标增量闭合差的计算与分配。

（7）点的坐标计算（以上计算公式见测绘基础）。井下经纬仪导线测量成果应两个人独立计算，以资校核。

（8）导线点的展绘。各导线点的坐标经检核无误后，即可根据矿图比例尺在图纸上，也可将巷道展绘于图纸上。

用全站仪进行井下导线测量要注意两点：一是仪器设备具有防爆性质，二是边长按电磁波测距处理。

【技能训练13】　地下导线测量

1. 技能训练目标

掌握点下对中、井下导线的测角和量距的方法。

2. 技能训练仪器与工具

每组借领1台全站仪及其辅助设备，矿灯、矿帽若干，小钢尺1把，记录板1块。

3. 技能训练步骤

（1）指导教师先做示范，讲解原理与要领。

（2）布置导线点。

（3）仪器安置（对中整平）。

（4）角度观测。

（5）分段丈量。

4. 技能训练基本要求

（1）遵照附录"测量实训的一般要求"中的各项规定。

（2）完成 15″级基本控制导线测量。

（3）每个学生操作两个测站以上的实训任务，每组完成一条导线。

（4）注意粗瞄准时，前视（或后视）人员要打灯语，注意团队的合作。

5. 上交资料

（1）各组的记录手簿 1 份。

（2）每位学生的实训报告 1 份。

三、地下高程控制测量

1. 高程测量的目的与任务

井下高程测量的目的是确定各种采掘巷道、硐室在竖直方向上的位置及其相互关系，以解决各种采掘工程在竖直方向的几何关系问题。其具体任务如下：

（1）确定主要巷道内各水准点与永久导线的高程，建立井下高程基本控制。

（2）给定巷道在竖直面内的方向。

（3）确定巷道底板的高程。

（4）检查主要巷道及其运输线路的坡度和测绘主要运输纵剖面图。

2. 测量方法及精度

井下高程控制网，可采用水准测量和三角高程测量的方法测设。在主要水平运输巷道中，一般应采用水准测量方法。在其他巷道中，可根据巷道坡度的大小，采矿工程的要求等具体情况，采用水准测量和三角高程测量方法，测定井下水准点或经纬仪导线点的高程。

井下水准测量分为两级：Ⅰ级水准测量是为了建立井下高程测量的首级控制，其精度要求较高，一般由井底车场水准点开始，沿着主要水平运输巷道向井田边界测设；Ⅱ级水准测量的精度要求较低，主要是为了满足矿井日常生产的需要、检查巷道掘进和运输线路的坡度、测绘巷道底板和运输轨面的纵断面图，以及确定临时水准点和其他水准点的高程，因此，Ⅱ级水准路线均敷设在Ⅰ级水准点间和采区的次要巷道内。此外，对于井田一翼小于 500 m 的小矿井，Ⅱ级水准测量也可以作为首级高程控制。

在进行高程测量之前，应在井底车场内，以及沿主要巷道顶、底板或两帮的稳定岩石中、璇体上或井下永久固定设备基础上，预先设置好水准基点。一般每隔 300～800 m 设置一组水准点，每组水准点至少应由两个点组成，其间距离以 30～80 m 为宜。井下永久导线点也可以作为水准基点而不再埋设新点。

井下水准路线应随巷道掘进不断向前测设，一般用Ⅱ级水准测量指示巷道掘进坡度，每掘进 30～50 m 时，应设置临时水准点，测量掘进工作面的高程；每掘进 300～800 m 时，则应测设Ⅰ级水准，用以检查Ⅱ级水准，同时建立一组永久水准点，作为继续进行高程测量的基础，如此逐段向前测设，直到井田边界为止，形成井下高程控制网。

井下高程控制测量所确定的各测点的高程应与矿区地面高程系统统一。

3. 井下水准测量

井下水准测量所用的仪器、工具与地面水准测量基本相同。它主要使用精度不低于 S_{10} 级的水准仪和长度为 1.5 m 或 2 m 的矿用水准尺。

1）井下水准测量外业

井下水准测量路线的布设形式、施测方法均与地面水准测量相同。如图 4-6 所示，施测时水准仪安置于两尺点之间，前后视距离大致相等（其视线长度一般为 15~40 m），观测时要用矿灯照明水准尺，读取后视和前视读数。根据后视读数 a 和前视读数 b 计算两点的高差为

$$h = a - b \tag{4-14}$$

并根据已知点 A 的高程 H_A 和两点间的高差 h，最后求出 B 点的高程为

$$H_B = H_A + h \tag{4-15}$$

由于巷道中的水准点设置位置不同，测量中可能出现如图 4-7 所示的 4 种情况。

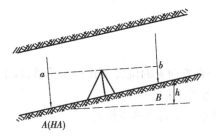

图 4-6　水准测量图

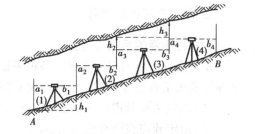

图 4-7　点在不同位置水准测量图

（1）前后视立尺点都在底板上，如测站（1），则

$$h_1 = a_1 - b_1$$

（2）后视立尺点在底板上，前视立尺点在顶板上，如测站（2），则

$$h_2 = a_2 - (-b_2) = a_2 + b_2$$

（3）前后视立尺点都在顶板上，如测站（3），则

$$h_3 = (-a_3) - (-b_3) = -a_3 + b_3$$

（4）后视立尺点在顶板上，前视立尺点在底板上，如测站（4），则

$$h_4 = -a_4 - b_4 = -(a_4 + b_4)$$

由上述 4 种情况不难看出：不论立尺点位于顶板或底板，只要在立于顶板点的水准尺读数之前冠以负号，仍可按式（4-14）计算两测点的高差。

为了绘制主要巷道轨面的剖面图，检查运输线路坡度的正确性，需要进行剖面测量。这一工作是由 Ⅱ 级水准测量来完成的。沿轨道先用皮尺每隔 10~20 m 标出一个测点，并编号，同时在巷道两帮上用白漆作出标记。施测时先用两次不同的仪器高测转点间的高差，两次仪器高之差应大于 10 cm。符合要求后，再利用第 2 次仪器高，依次取中间点的读数。内业计算时，先根据后视点的高程和第 2 次仪器高时的后视读数，求出仪器高程；再由仪器高程减去中间点的读数，而求得中间点的高程。

井下水准测量由于用途不同，其精度要求也不同。一般 Ⅰ 级水准线路应尽可能是闭合的，或者在水准基点和经纬仪导线永久点间往返各测一次。为了进行检核，在每一个测站上均应采用双仪器高法或双面尺法进行观测，变动两次仪器高或红黑面尺所测得的两次高程之差不应超过 4 mm。Ⅱ 级水准测量应在两个 Ⅰ 级水点之间用双仪器高法或双面尺法进行观测；也可敷设成支导线，但必须往返观测或用两次仪器高单程观测，其变动两次仪器高或红黑尺所测得的两次高程之差不应超过 5 mm。取两次仪器高测得的高差平均值作为一次测量结果。

《规程》规定闭合、附合及支水准路线的高程闭合差：Ⅰ 级不应超过 15 $\sqrt{R}$ mm，Ⅱ 级不应

超过 $30\sqrt{R}$ mm,式中 R 为水准路线单程长度,以百米为单位。如果高程闭合差不超过上述规定,则可取往、返测结果的平均值作为最终值。

2)井下水准测量内业计算

先检查手簿,各项限差都符合规定后,再将高程闭合差进行平差,并计算各测点的高程。复测水准支线应取往返测量的高差平均值作为平差结果。闭、附合水准路线的高程闭合差,则可按与各点间测站数成正比例并反号进行分配,相邻两点的高差改正数按下式计算为

$$v_h = \frac{f_h}{\sum n}n \tag{4-16}$$

式中　f_h——闭、附合水准路线的闭合差。

闭合水准路线的高程闭合差:

$$f_h = \sum_{1}^{n} h_i$$

附合水准路线的高程闭合差:

$$f_h = \sum_{i}^{n} h_i - (H_k - H_0)$$

式中　H_k——附合水准路线终点高程;

　　　H_0——附合水准路线起始点高程;

　　　$\sum n$——水准路线测站总和;

　　　n_i——某测段水准路线的测站数。

高程闭合差也可按距离成比例反符号进行分配,其计算式为

$$v_i = -\frac{f_h}{\sum D}D_I \tag{4-17}$$

式中　$\sum D$——水准线路长度总和;

　　　D_i——某测段水准线路的长度。

3)巷道纵断面图的绘制

为了检查平巷的铺轨质量或为平巷改造提供设计依据,应根据各测点的高程,绘制巷道纵剖面图。绘制巷道纵剖面图时,水平比例应为 1∶2 000,1∶1 000 或 1∶500,对应的竖直比例尺一般为 1∶200,1∶100 或 1∶50。其绘制方法如下:

(1)按水平比例尺画一表格,表中填写:测点编号、测点之间的距离、测点的实测高程和设计高程、轨面的实际坡度。

(2)图绘在表的上方。先依竖直比例尺,按一定高差间隔绘一组平行的等高线,等高线高程注在左端。水平方向表示距离,按测点距起始点的水平距离,先绘出各测点的水平投影位置,再按各测点的实测高程画出各测点在竖直面上的位置,连接各测点,即为巷道的纵断面线。最后画出轨面的设计坡度线和与该巷道相交的各巷道位置。

(3)表格的下方绘出该巷道的平面图,并在图上绘出水准点或导线点的位置。图 4-8 是某矿运输大巷的剖面图,其水平比例尺为 1∶1 000,竖直比例尺为 1∶100。

4. 井下三角高程测量

井下三角高程测量,通常是在倾角大于 8°的倾斜巷道或斜井中与经纬仪导线测量同时进

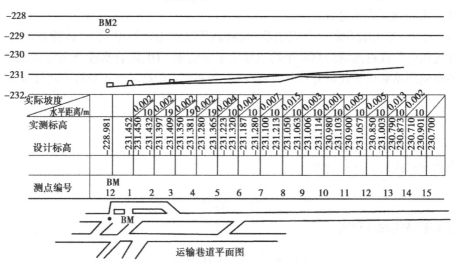

图 4-8　巷道纵剖面图

行的。如图 4-9 所示,安置经纬仪于 A 点,瞄准 B 点垂球线上的标志,测出倾角 δ,并丈量仪中心至标志的斜距 L,量取器高 i 与觇标高 v 内业计算时就可根据三角原理,求出两点间的高差 h_{AB},即

$$h_{AB} = L \sin \delta + i - v \tag{4-18}$$

由于井下测点可设在顶板或底板上,因此,在计算高差时,也会出现和井下水准测量相同的 4 种情况。故采用式(4-18)时,应注意在 i 和 v 的数值之前冠以相应正负号,如图 4-9 所示。

根据《规程》规定,三角高程测量的倾角观测用一测回。通过斜井导入高程时,应测两测回,测回间的互差,对于 J_6 经纬仪应不大于 $40''$,对于 J_2 经纬仪应不大于 $20''$。仪器高和觇标高应用小钢尺在观测开始前和结束后各量一次,两次丈量的互差不得大于 4 mm 为测量结果。基本控制导线相邻两点间的高差测量应往返进行。往返测量的高差互差和三角高程闭合差应不超过《规程》规定的限差要求,见表 4-7。当高差的互差符合要求后应取往返测高差的平均值作为该次测量结果。

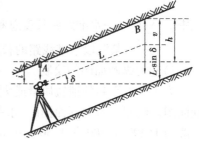

图 4-9　三角高程测量图

高差经改正后,可根据起始点的高程推算各导线点的高程。

表 4-7　三角高程的限差要求

导线类别	相邻两点往返测高差 的允许互差/mm	三角高程允许 闭合差/mm
基本控制	$10 + 0.3l$	$30\sqrt{L}$
采区控制	—	$80\sqrt{L}$

注:l—导线水平边长,以米为单位;

　　L—导线周长(复测支导线为两次测导线的总长度),以百米为单位。

【技能训练14】　地下水准测量

1. 技能训练目标

掌握井下水准测量的方法和特点。

2. 技能训练仪器与工具

每组借领1台水准仪及其辅助设备,矿灯、矿帽若干,小钢尺1把,记录板1块。

3. 技能训练步骤

(1)指导教师先做示范,讲解原理与要领,示范操作一个测站。

(2)按双面尺法操作步骤进行。

4. 技能训练基本要求

(1)遵照附录"测量实训的一般要求"中的各项规定。

(2)完成Ⅱ级水准测量。

(3)每个学生操作两个测站以上的实训任务,每组完成一条附和水准路线。

(4)注意粗瞄准时,前视(或后视)人员要打灯语,注意团队的合作。

(5)记录时要注意正尺或倒尺。

5. 上交资料

(1)各组的记录手簿1份。

(2)每位学生的实训报告1份。

子情境2　竖井联系测量

一、联系测量概述

为了使井上下能采用统一的坐标系统而进行的测量工作称为矿井联系测量。联系测量包括平面联系测量与高程联系测量两部分,前者称为定向,后者简称导入高程。

联系测量的作用是统一井上下的坐标系统,其原因是:第一,需要确定地面建筑物、铁路、水体(江河、湖泊)等与井下采矿工程间的相互位置关系。这种关系一般是用井上下对照图来反映的。第二,需要确定相邻矿井各种采矿工程的相互位置关系,并正确划定两矿井间的安全边界。

此外,为解决很多重大工程问题,如井巷相互贯通,由地面向井下指定地点开凿小井或打钻,等等,都要求井上下采用统一的坐标系统。总之,井上下采用统一的坐标系统是矿井安全生产与合理开采的一个重要保证。联系测量的主要任务是测定。

(1)井下经纬仪导线起始边的方位角。

(2)井下经纬仪导线起始点的平面坐标。

(3)井下高程基点的高程。

前两项任务是定向测量来完成的,第3项任务是导入高程测量完成的。

在上述3项任务中,前两项是决定井下测点平面位置的,其中测定井下导线起始边方位角是关键。在图4-10中,1,2,3,4,5点为井下导线点的正确位置,若由于联系测量误差影响而使点1偏至点1′时,偏离距离为 e ,则其他各点也同样偏离正确位置一段距离 e ,即起始点位置误

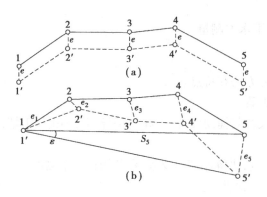

图 4-10　联系测量影响图

差对其余各点的影响,不随导线的伸长而增加(见图 4-10(a)),而起始边方位角误差的影响却不同。若平面联系测量中,起始边 1-2 的方位角产生误差 ε,第 1 边 1-2 成为 1-2′。如果不考虑井下导线测量的误差,则误差 ε 使原来的导线绕 1 点转了一个 ε 角而处于 1,2′,3′,4′,5′ 的位置,很明显 $\angle 515' = \varepsilon$,故

$$e_5 = \frac{S_5 \times \varepsilon}{\rho}$$

若导线有更多点时,则第 i 个点的偏移量为

$$e_i = \frac{S_i \times \varepsilon}{\rho}$$

式中　S_i——点 i 至点 1 的距离,即起始点至该点的直线距离;

　　　ρ——3 438′(即一弧度之分数)。

可见起始边方位角的误差所引起的各点位置误差,离起始点距离越远,则误差越大(见图 4-10(b))。可设 $\varepsilon = 2'$,$S = 3\,000$ m 时,则

$$e = \frac{3\,000 \text{ m} \times 2'}{3\,438'} = 1.74 \text{ m}$$

上例说明,在矿井定向测量过程中,精确地传递方位角是最重要的,至于坐标误差,最大也不过是 10 ~ 20 mm,比之方位角误差影响就小多了。因此,把平面联系测量简称为"矿井定向",并用井下导线起始边方位角的误差作为衡量矿井定向精度的标准。

我国《煤矿测量规程》中规定,采用几何定向测量方法时,从近井点推算的两次独立定向结果的互差,对两井和一井定向测量分别不得超过 1′ 和 2′;当一井定向测量的外界条件较差时,在满足采矿工程要求的前提下,互差可放宽至 3′。

矿井定向的方法有下列 4 种:

①通过平峒或斜井的几何定向。

②通过一个竖井的几何定向(即一井定向)。

③通过两个竖井的几何定向(即两井定向)。

④陀螺经纬仪定向。

通过平峒或斜井的几何定向,只要通过斜井或平峒敷设经纬仪导线,对地面和井下进行连测即可。本节内容主要讲述一井定向、两井定向和高程联系测量。近年来,用陀螺经纬仪进行矿井定向日益增多,是今后的发展方向。

二、一井定向

1. 概述

通过一个竖井进行几何定向,须在竖井井筒内悬挂两根钢丝,钢丝的一端固定在井口地面,下端系上定向专用垂球,钢丝在井筒内应自由悬挂,称两根钢丝为"垂球线"。然后在地面和井下定向水平分别用经纬仪和钢尺测出有关数据,按照地面坐标系统求出两垂球线的平面坐标及其连线的方向角;在定向水平上则将垂球线与井下永久点予以连测,这样便将地面的方向和坐标传递到井下,从而达到定向的目的。一井定向工作分为以下两部分:

(1)由地面向定向水平进行投点,简称为投点。

(2)在地面和井下定向水平分别与垂球线进行连测,这部分工作简称为连接。

在选择连接方法时,应遵循以下 3 个原则:

①应使两垂球线见的距离为最大。

②连接点与垂球线所构成的几何图形最为有利。

③在获得同样精度的各种方法中,应该选择占用井筒时间最短者。

2. 投点

投点的方法有多种,一般都采用单重投点法。单重投点法是在投点中所用的垂球重量不变。单重投点又分为两类,即单重稳定投点和单重摆动投点。前一种方法是将垂球放在盛有某种液体的桶内,使其基本稳定,在定向水平上测角量边时,均与静止的垂球线进行连接;后一种方法是让垂球线自由摆动,通过观测求出垂球的静止位置并加以固定,然后按照固定的垂球线进行连测。单重稳定投点法只有当垂球摆动的振幅不超过 0.4 mm 时才能运用。否则,必须采用摆动投点。

从地面向定向水平投点时,由于井筒内气流、滴水和其他因素的影响,将垂球线投到定向水平时发生偏离,一般称这种偏差为投点误差。由于这种投点误差所引起的两垂球线连线的方向的误差,故称为投向误差。

如图 4-11 所示,A 和 B 为两垂球线在地面上的位置,而 A' 和 B' 为垂球线在定向水平上偏离后的位置。其中,图 4-11(a)表示两垂球沿其联线方向偏离,这种情况下,投点误差对 AB 方向无影响。而图 4-11(b)中两垂球线偏向联线同一侧,且位于联线的垂直方向上,使 AB 方向投射时产生一个误差角 θ,其值可由下式求得

$$\tan \theta = \frac{BB' - AA'}{AB}$$

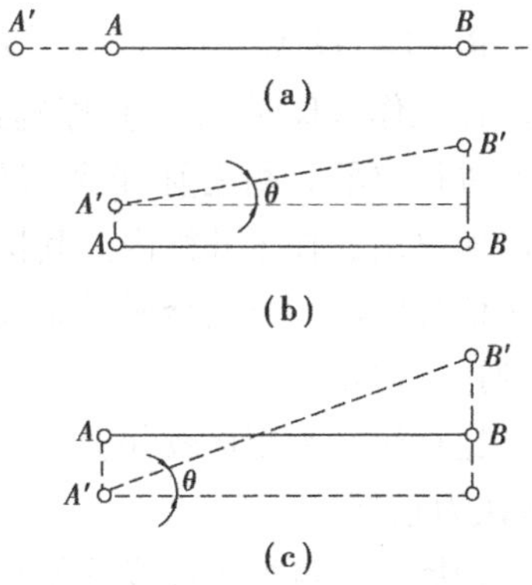

如两垂球各向其联线两边偏离,且偏于垂直于联线的方向上(见图 4-11(c)),则其投向误差为

$$\tan \theta = \frac{AA' + BB'}{AB}$$

若设 $AA' = BB' = e$,$AB = c$,由于 θ 角一般较小,故上式可简化为

$$\theta = \frac{2e}{c}\rho''$$

图 4-11　投点误差影响图

163

上述 3 种属于特殊情况,以第 3 种情况的投向误差最大。对于一般情况下的投向误差为

$$\theta = \frac{e}{c}\rho$$

该式说明,投向误差 θ 与投点误差 e 成正比,而与两垂球线间距离 c 成反比。因此,要减小投向误差,就必须加大两垂球线间的距离 c 或减小投点误差 e。

按《规程》规定,两次独立定向之最大不超过 $\pm 3'$,则一次定向允许误差为 $\frac{\pm 3'}{\sqrt{2}}$,其中误差为

$$m_a = \pm \frac{3'}{2\sqrt{2}} = \pm 64''$$

若除去因井上下连接所产生的误差,则投向误差约为 $45''$。设垂球线间距离 c 分别为 2,3,4 m 时,则投点误差相应为 0.4,0.6,0.8 mm。

由此可知,投点误差最大不应超过 1 mm,这是需要十分认真努力才能保证的。

投点所需的设备和安装如图 4-12 所示。

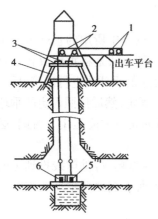

图 4-12 投点图

在图 4-12 中,手摇绞车 1 是缠绕钢丝用的,将它固定于井口附近,钢丝通过安放在井架横梁上的导向滑轮 2 放入井筒内,为了使钢丝固定在井架横梁 4 上安一定点板 3。在钢丝下端垂球 5,并将垂球置于有稳定液的水桶 6 内。

在下放钢丝前应计算出钢丝的拉伸长度,其计算公式为

$$\Delta L = K \times G \times L$$

式中　K——受力 1 kg 使钢丝每米的伸长系数;

　　　G——垂球重量,kg;

　　　L——钢丝长度 , m。

例如,钢丝直径 $d = 1$ mm,$L = 200$ m,$G = 50$ kg,其伸长度:$\Delta L = 0.006\ 4 \times 200 \times 50$ cm $= 64$ cm

由此可见,钢丝的拉长值很大,为此应先算出 ΔL,使钢丝放到井底挂工作垂球时,不使垂球碰到桶底。

在进行仪器观测之前,必须确信垂球线(包括钢丝与重锤)不与井壁设备和井筒内其他物体接触而自由悬挂于井筒内。其检查方法如下:

①信号圈法。可用金属丝做成直径为 2~3 cm 的"信号圈",套在钢丝外下放,观察是否能够到达定向水平。

②比距法。利用比较井上下两垂球线间距离进行检查,若井上下量得距离不大于 2 mm 时,即认为正常。

③钟摆法。可把垂球线看作钟摆,垂球摆动的时间 t 是否与井深为长度公式中的 t 值比较来判断是否处于自由悬挂,即

$$t = \pi \sqrt{\frac{l}{g}}$$

式中　l——钢丝绳井筒长度;

　　　g——重力加速度9.8。

3. **连接**

投点工作完成以后,应立即进行井上下的连接工作。其任务是在地面上测定两垂球线坐标及其联线的方位角;在井下定向水平,根据垂球线坐标及其联线方位角测定井下导线起始点的坐标与起始边方位角。

连接测量的方法很多,如连接三角形法、瞄直法、对称读数连接法及连接四边形法等。目前,我国常用连接三角形法和用于小型矿井的瞄直法。

1)连接三角形法

(1)连接三角形组成

如图 4-13 所示,由悬挂在井筒内的两根垂球线 A 和 B,与井上下的连接点 C 和 C',组成以 AB 为公用的井上三角形 ABC 和井下三角形 ABC',此即所谓的连接三角形。图 4-13(b)即为井上下连接三角形的平面投影。

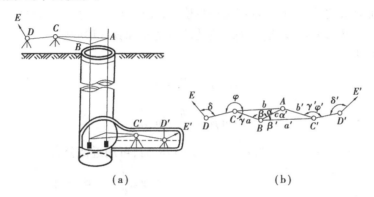

(a)　　　　　　　　　(b)

图 4-13　连接三角形图

只要已知 D 点坐标和 DE 边的方位角并测得地面连接 $\triangle ABC$ 各内角及边长,便可按导线计算方法,算出 A,B 两点的坐标及其联线的方位角。然后根据算得的 A,B 坐标及其连线方位角和井下三角形的各数据,算出井下导线起始 $D'E$ 的方位角及 D' 点的坐标。

在组成连接三角形时,选择井上下连接点 C 和 C' 点是关键,应按下述要求进行:

①点 C 与 D 及点 C' 和 D' 应相互通视,并要求 CD 边长大于 20 m。

②点 C 和 C' 应尽可能设在 AB 连线上,使角度 γ 和 α 及 γ' 和 β' 小于 2°,构成有利三角形,称"延伸三角形"。对非延伸的连接三角形,一般只能用于井田范围不大的小型矿井。

③点 C 和 C' 应尽可能靠近最近的垂球线,使 a/c 及 b'/c 的值最小,一般其比值小于 1.5 倍为宜。但注意不要近于望远镜明视距离(2 m)。

(2)外业工作

以图 4-13 为例说明连接三角形连接时的测量工作。

①在连接点 C 上应用全圆观测法测量角 γ,φ。当 CD 边小于 20 m 时,在 C 点观测水平角,仪器应对中 3 次,每对中一次应将照准部(或基座)位置变换 120°。对于一定井定向所使用的仪器,测回数和限差规定如表 4-8 所示。

②丈量连接三角形各边长度时,应对钢尺施以比长时的拉力,并测量温度。在垂线稳定的情况下,钢尺以不同起点丈量 6 次,各次观测值的互差不得大于 2 mm,取平均值作为结果。

③如施测时连接点 C 是临时选定的,还应在点 D 和 D' 处测量角度 δ 和 δ',同时丈量 CD 及 CD' 边。

表4-8　测回数和限差规

仪器类别	水平角观测方法	测回数(或复测数)	测角中误差	限　差			
				半测回归零差	各测回互差	校验角与最终角之差	重新对中测回（复测）互差
J_2	全圆方向观测法	3	$\pm 6''$	$12''$	$12''$	—	$60''$
J_6	全圆或复测法	6	$\pm 6''$	$30''$	$30''$	$40''$	$72''$

关于测角量边方法及要求,在地面与连接导线相同,而井下则按着井下基本控制导线进行。

（3）内业工作

在进行内业计算之前,应对全部记录进行检查,经检查无误后,方可计算。

①解算连接三角形要素,求出两垂球线处的角度 α 和 β 并检验。

按正弦公式求 α,β：

$$\sin \alpha = \frac{\alpha}{c} \sin \gamma_0$$

$$\sin \beta = \frac{b}{c} \sin \gamma_0$$

当 $\alpha < 2°$ 及 $\beta > 178°$ 时,可用近似公式计算为

$$\alpha'' = \gamma''_0 \frac{a}{c} \qquad \beta'' = \gamma''_0 \frac{b}{c}$$

式中　γ''_0——平差后角值。

由解算三角形得到 α 和 β 的角值后,则 $(\alpha + \beta + \gamma)$ 应等于 $180°$。两垂球线间距离 c 可按余弦公式进行计算,即

$$c^2_{计} = a^2 + b^2 - 2ab \cos \gamma_0$$

《规程》规定,c 的计算值和直接丈量值之差,井上不应超过 2 mm；井下不应超过 4 mm。

②经检验连接三角形的解算值合乎要求后,将井上下看成一条由 E-D-C-A-B-C'-D'-E' 组成的导线,求出井下起始边的方外角 $\alpha_{D'E'}$ 和起始点的坐标 x'_D, y'_D,即可按照导线计算方法,计算各边方位角及各点之坐标,计算宜用表格进行。

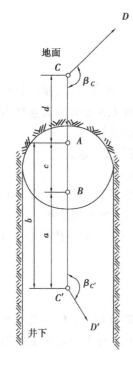

图4-14　瞄直法图

2）瞄直法

该法又称穿线法,实质是连接三角形法的一个特例,就是使井上连接点位于 AB 的延长线上,即 C,A,B,C' 位于同一直线上,如图4-14所示。只需在 C 与 C' 安置经纬仪,精确测出角度 $\beta_{C'}$ 和 β_C,量出 $CA,AB,C'B$ 长度,即可完成定向任务。

瞄直法的内外业工作简单,适用于精度不高的小矿井定向,特别是在建井时掘进马头门的车场时,用该法可取得好效果。

三、两井定向

当某矿具有两个竖井,且在定向水平有卷道相通并能进行测量时,就应采用两井定向方法定向。所谓"两井定向",就是在两个井筒中各挂一根垂球线,然后在地面和井下利用导线把这两个垂球线连接起来(见图 4-15),通过计算把地面坐标系统中的平面坐标及方向传递到井下。

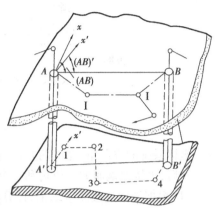

由于两井定向是把两垂线球分别挂在两个井筒内,因此其间距离很大,一般达 30 m 以上,比一井定向两垂球线之间的距离大大地增加,从而减少了投向误差的影响。如果设投点误差 $e = 1$ mm,垂球线间距离为 30 m 时,其投向误差为

$$\theta = \pm \frac{e}{c} \rho'' = \pm \frac{1}{3\,000} \times 2 \times 10^5 \approx \pm 6.7''$$

对比一井定向,其误差为其十分之一。因此,两井定向中,投点误差就不是主要问题了,这是两井定向的最大优点。两井定向的工作程序和一井定向相似,即包括向定向水平投点,在地面和定向水平进行垂球线的连接及内业计算。

图 4-15　两井定向连接图

1. 投点

投点的设备和方法与一井定向相同,但比一井定向简单,它还可以将垂球线挂于井筒的管子间内,占用生产时间很短,只是当需要与垂球线连接,进行测角量边时才暂停提升。

2. 井上下连接测量

按《规程》要求,在进行两井定向测量之前,应根据一次定向测量中误差不超过 $\pm 20''$ 的要求,用预计方法确定井上下连接导线的施测方案,其连接方法可分地面与井下两部分。

1)地面连接

地面连接任务也是测定两垂球线的坐标,再由算得的坐标计算出两垂球线联线的方位角。地面连接的方式,当两井间距离较近(约 30 m),则可以利用一个近井点、用导线或直接由近井点进行连接,如图 4-16(a)所示;当两井间距离较远时,则分别在两个井筒附近建近井点进行连接,如图 4-16(b)所示。

2)井下连接

在定向水平上,一般是利用基本控制导线将两垂球线连接起来。在敷设导线时,如条件许可,尽可能使导线取最短距离,最好沿垂线球联线方向延伸,组成延伸导线。

3. 内业计算

与一井定向不同,两井定向的内业计算是按地面连接测量的结果,算出两垂球线的坐标,再利用坐标反算出两垂球线联线的方位角 α_{AB} 和 d_{AB}。由于井下连接的导线没有起始方向,需首先假定一个坐标系,按这个假定坐标系计算出两个垂球线的假定坐标,再用该假定坐标反算出两垂球线联线的假定方向角 α'_{AB} 和 d'_{AB} 长度。求出垂球线 AB 连线在井上下的两个方位角 α_{AB} 和 α'_{AB} 的差值 $\Delta\alpha$,根据这一差值 $\Delta\alpha$ 就可将井下导线边在假定坐标系统中的方位角改化为

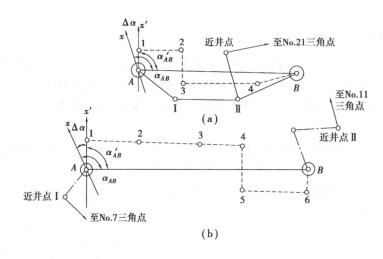

图 4-16　两井定向导线图

统一坐标系统的方位角,完成两井定向的方向传递。

然后,再按照地面的方位角和一个垂球点的坐标,重新计算井下连接导线各点的坐标。

(1)根据地面连接测量结果,计算两垂球联线的方位角和长度为

$$\tan \alpha_{AB} = \frac{y_B - y_A}{x_B - x_A} = \frac{\Delta y_{AB}}{\Delta x_{AB}}$$

$$D_{AB} = \frac{x_B - x_A}{\cos \alpha_{AB}} = \frac{y_B - y_A}{\sin \alpha_{AB}} = \sqrt{(\Delta x_{AB})^2 + (\Delta y_{AB})^2}$$

(2)确定井下假定坐标系统,计算在定向水平上两垂球线 A,B 连线的方位角和长度。为了计算方便,一般设点 A 为假定坐标原点,A_1 为假定坐标系的 x' 轴方向,也就是 $x'_A = 0$,$y'_A = 0$,$\alpha'_{A1} = 0°00'00''$。按假定坐标系统算出井下连接导线点 B 的假定坐标 x'_B 和 y'_B。然后计算 AB 的假定方位角和长度,即

$$\tan \alpha'_{AB} = \frac{y'_B}{x'_B} = \frac{\Delta y'_{AB}}{\Delta x'_{AB}}$$

$$D'_{AB} = \frac{y'_B}{\sin \alpha'_{AB}} = \frac{x'_B}{\cos \alpha'_{AB}} = \sqrt{(\Delta x'_{AB})^2 + (\Delta y'_{AB})^2}$$

(3)计算井下经纬仪导线第 1 边在地面坐标系统中的方位角 α_{A1},则

$$\Delta \alpha = \alpha_{AB} - \alpha'_{AB}$$

$$\alpha_{A1} = \Delta \alpha = \alpha_{AB} - \alpha'_{AB}$$

应注意:当 $\alpha_{AB} < \alpha'_{AB}$ 时,可用 $\alpha_{AB} + 360° - \alpha'_{AB}$ 计算。

(4)重新计算在地面系统中井下导线各点坐标 x 和 y。

将井下连接导线按地面坐标系统算出 B 点的坐标,该坐标值应与地面的连接所得的 B 点坐标相同。若两值不等时,其相对闭合差不超过井下连接导线的精度规定时,则认为井下连接导线的测量与计算是正确的,这时可将闭合差按与边长成正比的方法,对井下的连接导线各点的坐标加以改正。

四、高程联系测量

高程联系测量的任务是将地面系统中的标高经过平峒,斜井或竖井传递到井下高程的起

点上,故将这项工作简称为导入标高。

通过平峒导入标高,可用井下几何水准测量来完成。其测量方法和精度要求可按井下 I 级水准测量规定进行。

通过斜井导入标高,可用三角高程测量来完成,其测量方法和精度要求按井下基本控制导线规定进行。

通过竖井导入标高,应采用专门的方法来完成。

1. 导入高程原理

如在地面井口附近设有水准基点 A,其高程为 H_A 该点称为近井水准基点。若在井底车场中设置一水准点 B,若要求其高程时,则可在地面与井下安置水准仪,并在 A,B 两点上分别竖立水准尺(见图 4-17),分别读取读数 a 及 b。然后量出地面与井下两水准仪视线之间的距离 L,则 A,B 两点的高差 Δh,就可按下式求得

$$\Delta h = L - a + b = L + (b - a)$$

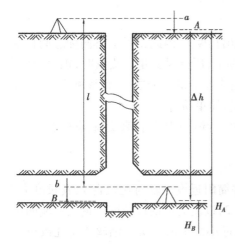

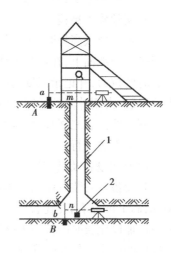

图 4-17　水准导入高程图

图 4-18　钢尺导入高程图
1—钢丝;2—垂球

则 B 点在地面统一坐标系统中的高程为

$$H_B = H_A - \Delta h$$

因此,通过竖井导入标高的实质就是求 L 的长度。

目前,根据测量 L 所用的工具不同,导入标高的方法有钢尺导入高程、钢丝导入高程和光电测距仪导入高程 3 种。

2. 钢尺导入高程

导入高程通常使用长钢尺。所谓的长钢尺,是对于一般常用的短钢尺而言的,它的长度有 100,200,500 m,甚至有专门用来导入高程的 1 000 m 长钢尺。但在我国该类长钢尺数量不多,同时用长钢尺导入高程也不常见。

长钢尺一般都卷在专用的手摇绞车上,利用长钢尺导入高程所需要的设备与安装,如图 4-18 所示。钢尺通过井盖放入井下,到达井底后,挂上工作垂球(一般用 10 kg 左右,最好等于钢尺比长时的拉力),以拉直钢尺。下放钢尺后,在地面及井下安置水准仪,分别在 A,B 两点立水准尺,并读取水准尺读数 a 和 b,然后将水准仪照准钢尺,当钢尺挂上垂球并稳定后,井上

下同时读数 m 与 n。最后再在 A,B 两点水准尺上读数,以检查仪器高度是否有变化。此外,还应在井上下测定温度 t_1 和 t_2。

其中 A,B 两点高差为

$$\Delta h_{AB} = (m - n) + (b - a) + \sum \Delta l$$

式中　$\sum \Delta l$——钢尺的各项改正数之和,即比长改正、温度改正、拉力改正(公式见测量学)和钢尺自重改正:

$$\Delta l_c = \frac{\gamma}{E} \times l \left(L - \frac{l}{2}\right)$$

式中　γ——钢尺的单位体积重量,$\gamma = 7.8 \ g/cm^3$;

　　　L——钢尺悬挂的部分全长;

　　　l——钢尺丈量时长度(即 $m - n$ 值);

　　　E——钢尺弹性系数 $2 \times 10^6 \ kg/cm^2$。

3. 钢丝导入高程

用钢丝导入高程时,由于钢丝无刻划,不能直接量出长度 L,因此钢丝上下两标志间长度,可于平坦的地面上,在保持工作时钢丝所受张力的条件下,用钢尺丈量。丈量时,钢尺应施以比长时的拉力,并记录温度;往返丈量结果的互差,不得大于 L 的千分之一,用该种方法导入高程,可减少占用井筒的时间和减去设立比长台的工作量,简单易行。

钢丝两标志之间长度,也可采用在比长台逐段量出。当采用比长台来丈量钢丝的长度时,可按以下方法进行:

1)所用设备及其安装

其设备及安装方法如图 4-19 所示。它主要是在井筒附近设一临时比长台 1,其长度大于 20 m,高 1 m 左右,在比长台上安设一经过检验的钢尺 2,以便丈量钢尺长度。钢尺一端固定,另一端加以比长时的拉力 P;有毫米刻划的一端,应靠近小绞车的一头。钢丝 4 绕在绞车上,经过后端的小滑轮 5 引导到比长台上,钢丝通过比长台时应与钢尺平行并尽量靠近钢尺,然后经小滑轮 6 再通过导向滑轮 7 挂上一重物后徐徐下放,经检查确认钢丝自由悬挂后,即可进行测量工作。

2)测量工作

(1)井下

在井底车场安置水准仪,在 B 点的水准仪尺上读数,瞄准钢丝并将水准仪视线与钢丝的交点用标线夹标出,(如图 4-20 所示;然后再读 B 点水准尺以检验仪器高是否变动;如此读数差小于 2 mm,则取平均值作为最终值。

(2)地面

在比长台前端的钢丝上夹一标线夹 10,与在井下标线夹对准的同时,对准钢尺上的某整数刻划,并读取该读数 m 记入手簿。

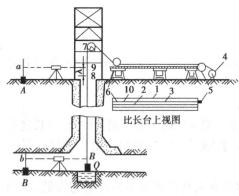

比长台上视图

图 4-19　钢丝导入高程图

这里强调井上下同时对标线夹的目的,在于防止钢丝颤动的影响。有时在地面比长台旁安设一经纬仪,观测钢尺上某一刻划,以监查钢尺在比长台上的稳定度。

但是由于钢丝弹动,在井下要将标线夹对准水准视线非常困难,因此,可用专门制作的带有厘米刻划的"垂直标尺",将它固定在视线与钢丝的交点上,利用它读出水准仪视线所对准的读数以代替标线夹。垂线标尺可利用小钢板尺自制(见图 4-21)。

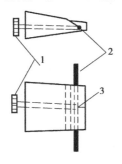

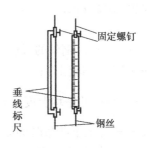

图 4-20　标夹图　　　　　　　　　图 4-21　垂线标尺图

当井上下标线夹对好后,井下人员应立即离开井筒。

(3)提升钢丝测量井深 L

利用井上下标线夹 8 在井筒内所走的距离与标线夹 10 在比长台上所走的距离相等的原理,便可在比长台上量出钢丝提升的长度。

当小绞车转动时,地面比长台上的标线夹 10 便沿比长台向后端移动,当该标线夹到达钢尺毫米刻划范围时,止动绞车,将标线夹标线对准钢尺读取毫米读数 n_1。钢尺第 1 次所提升的长度为 $m_1 - n_1$。

然后将标线夹取下,重新卡在前端并对准钢尺的某一整分划取读数 m_2,然后再开动绞车,提升钢丝。当标线夹又到达后端毫米刻划时,读取读数 n_2。以此类推,直到井下标线夹 8 升到地面水准仪的视野内为止。但应注意不应该使标线夹被碰动而产生误差。最后,在地面尚应进行下述工作:

①在比长台最后一次读数够不上毫米刻划时,可利用三棱尺量取最后端读数 n 的毫米数值。

②在井口安置的水准仪,读取 A 点上的水准尺读数,然后照准钢丝,在视野与钢丝的交点再设一标线夹 9,再读 A 点上的水准尺读数以检验之。

③用三棱尺量取标线夹 8 和 9 的距离 λ。

为了检查标线夹是否被撞碰,一般在标线夹 8 的上下各另设一标线夹,量出其距离用做检查。

此外,在提升钢丝的始末应在井上下记录温度。若比长台附近温度与井口温度不等时,则应分别测定并记录。

3)内业计算

A,B 两点高差 Δh 应为

$$\Delta h = \sum (m - n) + (b - a) \pm \lambda + \sum \Delta l$$

上述公式中的 λ 的符号决定于标线夹位置,标线夹 8 在 9 的下面时为正,在其上面则为负。按《规程》规定在总改正数 $\sum \Delta l$ 中,只需对丈量钢丝用的钢尺进行比长与温度改正,以

及井上下温度不同而影响钢丝长度改正。与前述计算相同,这里仅就比长台钢尺与钢丝的温度改正作些说明。

①钢尺的温度改正:

$$\Delta l_t = \alpha \times l(t_1 - t_0)$$

②钢丝的温度改正:

$$\Delta l'_t = \alpha' \times l(t - t_1)$$

式中　α, α'——钢尺、钢丝的线胀系数;

　　　t_0——钢尺标准温度;

　　　t——井筒中的平均温度,$t = \dfrac{t_1 + t_2}{2}$;

　　　t_1, t_2——井上下测量时的温度。

由于 $\alpha = \alpha'$,故上述两式改正数之和为

$$\Delta l' = \Delta l'_t + \Delta l_t = \alpha' \times (t - t_1) + \alpha \times l(t_1 - t_0)$$
$$= \alpha \times l(t - t_0)$$

丈量中,钢尺施标准拉力,故无拉力改正;钢丝悬重在丈量中始终未变,因此,无拉力改正;钢丝自重很小,其改正数可忽略不计。《规程》规定,导入高程测量应独立进行两次,两次测量值不应超过 4 mm。由于钢丝导入高程的设备及安装与竖井定向时所用的部分投点设备及安装方法相同,因此,两项工作可连续进行。当完成定向测量后,即可进行导入高程测量。这样可节省占用井筒的时间。

4. 光电测距仪导入高程

运用光电测距仪导入高程,不仅精度高,而且缩短了井筒占用时间,因此是一种值得推广的导入标高方法。

用光电测距仪导入高程的基本原理,如图 4-22 所示。

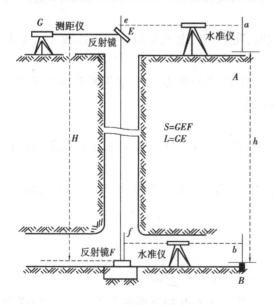

其方法是:在井口附近的地面上安置光电测距仪,在井口和井底的中部分别安置反射镜;井上的反射镜与水平面成 45°夹角,井下的反射镜处于水平状态;通过光电测距仪分别测量出仪器中心至井上和井下反射镜的距离 L, S。从而计算出井上与井下反射镜中心间的铅垂距离 H 为

$$H = S - L - \Delta L$$

式中　ΔL——光电测距仪的总改正数。

然后,分别在井上下安置水准仪。读取立于 E, A 及 F, B 处水准尺的读数 e, a 和 f, b,其 A, B 之间的高差为

$$h = H - (a - e) + b - f$$

B 的高程 H_B 为

$$H_B = H_A - h$$

运用光电测距仪导入标高也要测量两

图 4-22　光电测距仪导入高程

次,其互差也不应超过 H/8 000。

五、陀螺经纬仪定向

立井采用几何方法定向时,因占用井筒而影响生产,且设备多,组织工作复杂,需要较多的人力、物力。采用陀螺经纬仪定向即可克服上述缺点,且可大大提高定向精度。

例如,国产 DJ2-T20 型陀螺经纬仪,一次测定方向的中误差为 ±20″。

1. 陀螺经纬仪的工作原理

所谓陀螺,是指高速旋转的钢体。以陀螺制成的仪器称为陀螺仪;没有任何外力作用,并具有 3 个自由度的陀螺仪称为自由陀螺仪。自由陀螺仪具有定轴性和进动性两个特例。定轴性是指陀螺轴不受外力作用时,它的方向始终指向初始恒定方向;进动性是指陀螺轴受外力作用而产生规律地偏转的效应。

矿用陀螺经纬度仪采用的是具有两个完全自由度和一个不完全自由度的钟摆式陀螺仪。如图 4-23 所示为徐州光学仪器厂生产的 JT15 陀螺经纬仪的主要结构图。陀螺仪由于具有定轴性和进动性两个特征,它在地球自转作用的影响下,其轴绕测站的子午线作简谐摆动,摆的平衡位置就是子午线方向。将陀螺仪与经纬仪结合起来,利用陀螺仪定出子午线方向;经纬仪测出定向边与子午线的夹角,这样就可以测出地面或井下任意边的大地方位角。

2. 陀螺北方向值的观测

陀螺北方向指的是陀螺子午线方向,即陀螺轴在摆动平衡位置所指的方向。陀螺北方向值的观测通常采用逆转点法。

所谓逆转点,是指陀螺轴绕子午线摆动时偏离子午线最远处的东西两个位置,分别称为东、西逆转点。按逆转点法观测北方向值的方法如下:

在测站上安置仪器,观测前将水平微

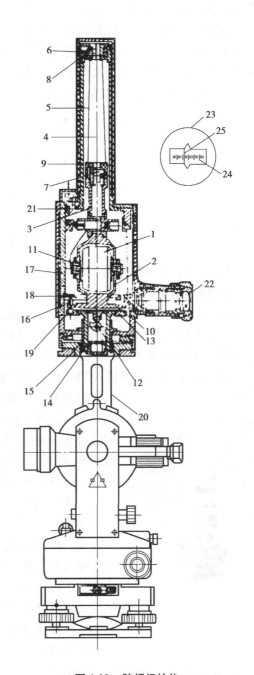

图 4-23 陀螺经纬仪

1—陀螺马达;2—陀螺房;3—悬挂柱;
4—悬挂带;5—导流丝;6—上钳形夹头;
7—下钳形夹头;8—上导流丝座;9—下导流丝座;
10—陀螺房底盘;11—连轴座;12—限幅手轮(凸轮);
13—限幅盘;14—导向轴;15—轴套;16—顶尖;
17—支撑支架;18—锁紧盘;19—泡沫塑料袋;
20—联接支架;21—照明灯;22—观测目镜;
23—观测目镜视场;24—分划板刻度线;25—光标线

动螺旋置于行程中间位置,并于正镜位置将经纬仪照准部对准近似北方,然后启动陀螺。此时,在陀螺仪目镜视场中可以看到光标线在摆动。用水平微动螺旋使经纬仪照准部转动,平稳匀速地跟踪光标线的摆动,使目镜视场中分划板上的零刻度线与光标线随时重合。当光标达到东西逆转点时,读取经纬仪水平度盘上的读数。连续读取 5 个逆转点时的读数 u_i,便可按以下公式求得陀螺子午线的方向值 N_T,即

$$N_1 = \frac{1}{2}\left(\frac{u_1 + u_3}{2} + u_2\right)$$

$$N_2 = \frac{1}{2}\left(\frac{u_2 + u_4}{2} + u_3\right)$$

$$N_3 = \frac{1}{2}\left(\frac{u_3 + u_5}{2} + u_4\right)$$

$$N_T = \frac{1}{3}(N_1 + N_2 + N_3)$$

式中　N_1, N_2, N_3——摆动中值。

3. 全站型陀螺经纬仪

全站型陀螺仪是一种将陀螺仪和全站仪集成于一体的且具有全天候、全天时、快速高效独立的测定真北方位的精密测量仪器,如图 4-24 所示。它主要用于大型隧道(洞)贯通测量、地铁定向测量、矿山贯通测量、建立方位基准及导航设备标校等领域。利用陀螺经纬仪的真北测定方法有"逆转点跟踪测量模式"和"中天测量模式"等。

1)逆转点跟踪测量模式

顺时针或逆时针旋转全站仪使陀螺仪目镜视场内的测标尽可能接近零分划线,当测标抵达逆转点时,按下全站仪键盘或遥控键盘按键读取并储存水平角值,在读取了两个或两个以上逆转点数据后便可自动进行真北的计算。

2)中天测量模式

用逆转点跟踪测量模式观测两个逆转点,或者借助管式罗盘等其他方法进似测定真北,使其误差在 ±20′ 以内,然后将全站仪望远镜站准真北方向并固紧水平制动螺钉,每当测标与零分划重合时按下键盘,按键读取逆转点摆幅,这一简单过程一旦完成,全站仪便可自动计算出真北方向。

图 4-24　全站型陀螺经纬仪

4. 陀螺经纬仪定向

定向前应选好在地面测定仪器常数的已知边,在井下选好测定方位角的定向边。定向边的长度应大于 30 m,陀螺仪定向的作业过程如下:

1)在地面已知边上测定仪器常数 Δ

由于仪器结构本身的误差,致使陀螺经纬仪所测定的陀螺子午线和真子午线不重合,二者的夹角(即方向差值)称为仪器常数,用 Δ 表示。在井下定向测量前和测量后,应在地面同一条已知边(一般是近井点的后视边)上各测 3 次仪器常数。所测出的仪器常数互差应小于 2′。

其测定方法如图 4-25(a)所示,A 为近井点,B 为后视点,α_{AB} 为已知坐标方位角。在 A 点安置陀螺经纬仪,整平、对中,然后以经纬仪两个镜位观测 B,测出 AB 的方向值 M_1,启动陀螺

仪,按逆转点法测定陀螺北方向值 N_T,再用经纬仪的两个镜位观测 B,测出 AB 的方向值 M_2。取 M_1 和 M_2 的平均值 M 为 AB 线的最终方向值。于是

$$T_{AB陀} = M - N_T$$

$$\Delta = T_{AB} - T_{AB陀} = \alpha_{AB} + \gamma_A - T_{AB陀}$$

式中　$T_{AB陀}$——AB 边一次测定的陀螺方位角;

　　　T_{AB}——AB 边的大地方位角;

　　　α_{AB}——AB 边的坐标方位角;

　　　γ_A——A 点的子午线收敛角。

可见,测定仪器常数实质上就是测定已知边的陀螺方位角,根据已知边陀螺方位角,便可求出仪器常数 Δ。

2)井下定向边陀螺方位角的测定及坐标方位的计算

与地面同样的方法,在井下定向边上测出 ab 边的陀螺方位角 T_{ab} 陀,如图 4-25(b)所示,则该边的坐标方位角为

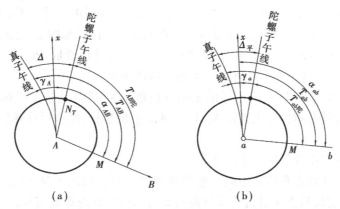

(a)　　　　　　　　　　(b)

图 4-25　几个方位角示意图

$$T_{ab陀} = M - N_T$$

$$\alpha_{ab} = T_{ab陀} + \Delta_平 - \gamma_a$$

式中　$T_{ab陀}$——AB 边的陀螺方位角;

　　　$\Delta_平$——仪器常数的平均值;

　　　γ_a——a 点的子午线收敛角,即

$$\gamma = k \cdot y$$

子情境 3　巷道施工测量

一、概述

巷道施工测量是矿井经常进行的测量工作。其主要任务是按照设计要求,标定各种巷道,以便施工。其具体任务是:

(1)标定巷道中线,以指示巷道在水平面内的掘进方向。

（2）标定巷道腰线，以指示巷道掘进的坡度和底板高程，即控制巷道在竖直面内的掘进。

在进行巷道施工测量之前，应详细检查有关设计图纸资料，了解设计巷道的性质和用途，弄清新老巷道、采空区之间的位置关系，以及设计巷道周围的水、火、瓦斯等情况，并对设计巷道的各种几何要素进行验算，进而确定测量方法和精度要求。

二、巷道中线的标定

标定巷道中线就是给定巷道平面内的掘进方向，简称给中线。一般新开巷道标定中线的过程大致如下：

1. 初步标定巷道开切点和临时中线

标定巷道开切点和临时中线一般用挂罗盘仪、皮尺或经纬仪等工具进行，其标定步骤如下：

1）确定标定数据

标定数据可以用图解或解析的方法予以确定。

一般次要巷道开切时，通常用图解法确定标定数据。在图 4-26 中，虚线表示设计巷道，AB 为巷道的设计中线，4,5 为原有巷道的导线点。在大比例尺图或原图上，定出交点 A，用缩尺量取距离 S_{4A} 和 S_{5A}，（$S_{5A} + S_{4A}$ 应等于 4~5 导线边长）。并用量角器量 AB 中线的坐标方位角或 4~5 导线边与 AB 中线间的水平夹角 β，习惯称为指向角 β。

解析法则是根据设计巷道 AB 中线的坐标方位角与 4~5 导线边的坐标方位角计算出水平夹角 β，并根据设计巷道的起点坐标 X_A，Y_A 与 4,5 点的坐标，用坐标反算公式分别计算出边长 S_{4A} 和 S_{5A}。

2）实地标定巷道开切点和临时中线

实地标定巷道开切点和临时中线一般用罗盘仪进行。如图 4-26 所示，在实地找到 4,5 导线点后，首先用皮尺从点 4 沿边长量取距离 S_{4A}，用临时标志在巷道顶板定出 A 点，并丈量 S_{5A} 作为检核。然后将线绳的一端拴在 A 点上，并拉紧另一端至开切帮，挂上罗盘仪，并使挂罗盘仪的零度指向开切帮方向（见图 4-27），左右移动开切帮一端的线绳，使静止后的磁针北端对准 AB 中线的磁方位角值 α'_{AB}，此时线绳 Aa 即为开切巷道中线方向（见图 4-26）。在 aA 的延长线上，于非开切帮上标 b'，a' 点，则 b'，a' 和 A，a 点就组成了一组中线点，指示巷道的开切方向。

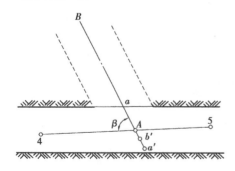

图 4-26　开切点平剖图

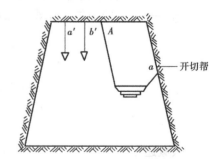

图 4-27　开切点竖剖图

α'_{AB} 是开切巷道中线的磁方位角，而在图上量取或计算的 α_{AB} 则是开切巷道中线的坐标方位角。因此，实地标定磁方位角时，必须在坐标方位角上加入坐标磁偏角的改正值，即

$$\alpha'_{AB} = \alpha_{AB} + \Delta$$

式中,Δ 磁偏角的符号东偏为正(+),西偏为负(-)。

此外,也可用经纬仪或皮尺拉三角形等方法给出巷道开切方向。

2. 精确标定直线巷道的中线

当巷道掘进 4 ~ 8 m 后,应用经纬仪重新标定一组中线点。每组点均不得少于 3 个,点间距离以不小于 2 m 为宜。首先根据解析法所确定的标定数据 β(见图 4-28)和 S_{4A},S_{5A},在 4 点安置经纬仪,瞄准 5 点,使望远镜置于水平位置,用钢尺量出 S_{4A},精确定出开切点 A,并丈量 S_{5A},作为校核。然后将经纬仪安置在 A 点,根据 β 角用正倒镜分别标出点 $2'$ 和 $2''$,取其中点 2 作为中线点(见图 4-28),并在棚梁上钉一小钉作为标志。用望远镜瞄准 2 点,在此方向上再设一点 1。

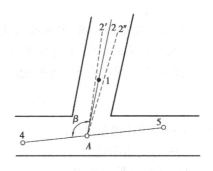

图 4-28　中线标定图

由 A,1,2 这 3 点组成一组中线点,用小钉在棚梁(或顶板)上予以标志,并用油漆或石灰浆沿 A,1,2 这 3 点在顶板上划出中线,作为巷道掘进的方向。

三、曲线巷道中线的标定

井下车场和运输巷道弯处或巷道分岔处,一般是用圆曲线巷道连接。曲线巷道的起点、终点、曲线半径和转角(曲线中心角),在设计图中都有规定。

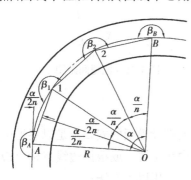

图 4-29　曲线巷道图

因为曲线巷道中线是弯曲的,不能像直线巷道那样直接标定出来,而只能在小范围内用分段弦线来代替圆弧线,用折线代替整个圆曲线,并实地标定这些弦线来指示巷道掘进的方向。

经纬仪法这是常用的一种方法。图 4-29 为一曲线巷道,已知曲线巷道起点 A,终点 B,曲线半径 R,中心角 θ。

1. 算标定数据

用弦线来代替圆弧,首先要确定合理的弦长。将曲线 n 等分,则弦长为

$$l = 2R \sin \frac{\theta}{2n} \tag{4-19}$$

$$\beta_A = \beta_B = 180° + \frac{\theta}{2n} \tag{4-20}$$

$$\beta_1 = \beta_2 = 180° + \theta/n \tag{4-21}$$

2. 实地标定

如图 4-29 所示,当巷道掘进到曲线起点 A 后,先标定出该点。在 A 点安置经纬仪,后视另一中线点 M,转角 β_A,即可给出弦 A_1 的方向。因为曲线巷道尚未掘出,因此必须倒转望远镜在 A_1 的反方向的顶板上标出 $1'$ 点。用 $1'A$ 方向指示 A ~ 1 段的掘进方向。同样当巷道掘进到 1 点后,应根据 A_1 方向和弦长 l 先准确标定出 1 点,然后将经纬仪安置在 1 点,转动望远镜拨转角 β_1,倒镜在顶板上定出 $2'$ 点,用 $2'1$ 方向指示 1 ~ 2 段的掘进方向。以下各段标定方法依此

类推。

为了指导掘砌施工,还应绘制 1∶50 或 1∶100 的大样图,图上绘出巷道两帮与弦线的相对位置,在图上直接量出弦线到巷道两帮的边距。确定边距的方法有半径法与垂线法两种。

(1)半径法

当曲线巷道采用金属、水泥或木支架支护时,需要沿半径绘制边距大样图,如图 4-31 所示,边距沿半径方向量取,并计算出内、外帮棚腿间距 $d_内$ 和 $d_外$,使棚子按设计架在半径方向上。则图 4-31 可以看出,内、外棚腿间距可计算为

$$d_内 = d - \frac{dD}{2R} \qquad d_外 = d + \frac{dD}{2R} \tag{4-22}$$

式中　d——设计的棚间距;

　　　D——巷道净宽。

(2)垂线法(见图 4-30)

绘制方法是沿弦线每隔 1 m 作弦的垂线,然后从图上量取弦线到巷道两帮的边距,并将数值注在图上,以便施工。

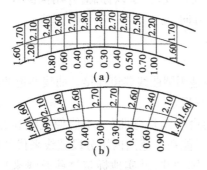

图 4-30　巷道大样图

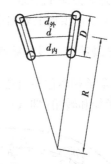

图 4-31　棚腿间距图

四、中线的延长

在巷道掘进过程中,掘进工作面炮眼的布置,支架的位置或砌碹模板的安置都是以巷道中线为依据的。掘进人员应随时根据中线点在工作面标出巷道中线位置。或根据边线点标出边线位置,再找出中线位置。在巷道掘进过程中,中线的延长通常采用以下方法:

1. 瞄线法

如图 4-32 所示,在中线点 1,2,3 上挂垂球线,一人站在垂球 1 的后面,用矿灯照亮 3 根垂球线,并在中线延长线上设置新的中线点 4,系上垂球,沿 1,2,3,4 的方向用眼睛瞄视,另一人在工作面移动矿灯,使其正好在中线延长线上,矿灯的位置就是巷道中线的位置。标设边线时其方法完全一样。

2. 拉线法

如图 4-33 所示,将线绳的一端系于 1 点上,另一端拉向工作面,使线绳与 2,3 点的垂球线相切,并依此设置中线点 4,使其垂球也与线绳相切,则线绳在工作面的端点即为巷道中线位置。

3. 经纬仪延长中线法

随着巷道的掘进,用上述方法延长中线 30～40 m 时,应用经纬仪进行检查校正,并重新延

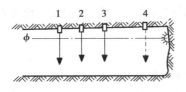

图 4-32　瞄线图

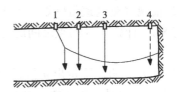

图 4-33　拉线图

设一组中线点。如图 4-34 所示,距 B 组中线点 30 ~ 40 m 时,应延设一组中线点 C,延设时应首先检查 B 组中线点是否移动,如果没有移动,在 B 点安置仪器,后视 A 点,用正倒镜测设 C 组中线点。在每组中选择一个点作为导线点,图中 A,B,C 点。标定后要测出两导线点间的距离和导线转角。如果巷道不改变方向,则每次向前标定中线点时,指向角 β 为 180°。测量导线的精度应满足规程规定的 15″或 30″导线的要求。上述导线除标设中线外,还应将巷道及时测绘到采掘工程平面图上。主要巷道每掘进 300 ~ 800 m,应测设基本控制导线,以检查临时导线,同时建立井下的基本测量控制。

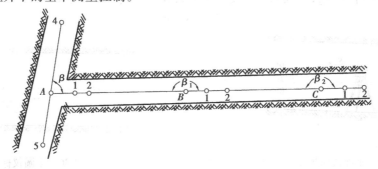

图 4-34　中线延长图

五、巷道腰线的标定

井下运输和排水都要求各种巷道有一定的坡度和倾角。为了控制掘进巷道的坡度或倾角,而采用标定腰线的方法来指示掘进巷道在竖直面内的方向。标定腰线的测点称为腰线点,腰线点应成组设置,每组 2 ~ 3 个点,通常每隔 30 ~ 40 m 在巷道的一帮或两帮设置一组腰线点。若干个腰线点连成的直线即为巷道的坡度线,也称腰线。腰线一般高出底板或轨道面 1 m。

实地标定工作一般和标定中线同时或先后进行的。根据巷道的性质、用途不同,标定腰线可采用不同的仪器和方法。次要巷道一般用挂半圆仪标定腰线,倾角小于 8°的主要巷道用水准仪标定腰线,倾角大于 8°的主要巷道则用经纬仪标定腰线。

1. 平巷腰线的标定

1)用水准仪(或经纬仪作水准仪用)标定腰线

倾角小于 8°的主要巷道,一般用水准仪标定巷道的腰线。

用水准仪标定腰线的原理是给出一条水平视线。图 4-35 中,已知腰线点 A 及巷道设计坡度 i,需要标定腰线点 B。标定步骤如下:

(1)水准仪安置在 A,B 之间的适当位置,后视 A 处巷道帮壁,划一水平记号 A'。并量取 $A'A$ 的铅垂距离 a。

179

（2）前视 B 处巷道帮壁划一下水平记号 B'。这时，$A'B'$ 为水平视线，用皮尺量出 $A'B'$ 的水平距离 S_{AB}。计算 A,B 两点之间的高差，即

$$h_{AB} = S_{AB} \cdot i \tag{4-23}$$

（3）从 B' 铅直向下量出 a 值，得到一条与 $A'B'$ 平行的水平线 AB''（见图 4-35）。然后从 B'' 向上量出 h_{AB}，即得到新设腰线点 B。A 和 B 连线即为腰线，并用油漆或石灰浆划出腰线。

另外，也可按 $b = a - h_{AB}$ 计算出 b 值，从 B' 点向下量出 b 值，得到新设腰线点 B。

若坡度 i 为负值，则应从点 B'' 向下量出 h_{AB}。同法，可给出其他腰线点。用水准仪标定腰线虽很简单，但易出错。因此，要注意前、后视读数的正负号和高差 h 的正负号。

2）半圆仪标定腰线

在倾角小于 8° 的次要巷道中，一般用挂半圆仪标定腰线。如图 4-36 所示，1 点为已知腰线点，2 点为将要标定的腰线点。首先将线绳的一端系于 1 点上，靠近巷道同一帮壁拉直线绳，悬挂半圆仪，另一端上下移动，使半圆仪读数为 0°。此时，测绳处于水平位置。用皮尺丈量 1 点至 2' 点的平距 S_{12}，再根据巷道设计坡度 i，算出腰线点 2 高于 2' 点的高差 h，即

$$h = S_{12} \times i$$

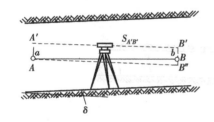

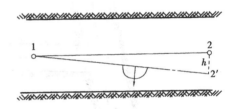

图 4-35　水准仪标腰线　　　　　　　图 4-36　半圆仪标腰线

求得 h 之后，用小钢卷尺由 2' 点垂直向上量取 h 值，便得到腰线点 2 的位置。连接 1,2 两点，用石灰浆或油漆在巷道帮壁上划出腰线。这里需要注意的是，如果巷道的坡度为负坡度，则应由 2' 点垂直向下量取 h 值。

2. 斜巷道腰线的标定

在主要倾斜巷道中，应采用经纬仪标定腰线。用经纬仪标定腰线的方法有以下 3 种：

1）给中线点同时标设腰线点

此法是在中线点的垂球线上作出腰线的标志。如图 4-37（a）所示，仪器安在中线点 1 上，标出中线点 1,2,3,4 之后，用正镜标出巷道的设计倾角 δ，在仪器视线与各垂球线的相交处用大头针分别作临时记号，得到 2',3',4' 点。再用倒镜测其倾角作为检查，然后量出仪器高 i，则仪器视线到腰线的铅垂距为

$$K = H_1 - (H_1' + h) - i \tag{4-24}$$

式中　H_1——1 点的高程；

　　　　H_1'——1 点处轨面设计高程；

　　　　i——仪器高；

　　　　h——轨面到腰线点的铅垂距离。

由中线点上的记号 2',3',4' 分别向下量取 K 值（K 值为负值时，向上量），得到的 2'',3'',4'' 即为所求腰线点。然后用挂半圆仪从腰线点拉一条垂直于中线的水平线到两帮上（见图 4-37（b）），并用线绳连接帮壁上的 2'',3'',4'' 点，用石灰浆或油漆划出腰线。

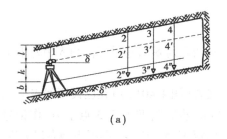
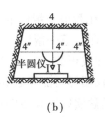

图 4-37　经纬仪在中线上标腰线图

2）伪倾角标设法

主要巷道掘进时，应在巷道帮壁上精确标设腰线点。如果经纬仪安置在巷道中线点上，往巷道帮壁上标设腰线点，则出现了伪倾角问题。如图 4-38 所示，AB 为倾斜巷道的中线方向，其倾角为 δ，BC 垂直于 AB，C 点在巷道左帮上，与 B 点同高。由图 4-38 中可知 $BB' = AB'\tan\delta'$；$CC' = AC'\tan\delta'$，而 $BB' = CC'$，故

$$AC'\tan\delta' = AB'\tan\delta$$

则
$$\tan\delta' = \frac{AB'}{AC'}\tan\delta \qquad \cos\beta = \frac{AB'}{AC'}$$

图 4-38　伪倾角图

代入上式得计算伪倾角 δ' 的一般公式为

$$\tan\delta' = \cos\beta\tan\delta \qquad\qquad (4-25)$$

式中　δ——设计巷道的真倾角；

　　　δ'——设计巷道的伪倾角；

　　　β——真、伪倾斜方向间的水平角，该角用经纬仪测得。

在实地标设时，如图 4-39 所示，将经纬仪安置在中线点 B 上，测出中线点 A 与原腰线点 1 之间的水平夹角 β_1（见图 4-39（b））。根据水平角 β_1 和巷道的设计倾角 δ_1，按式（4-25）计算得伪倾角 δ'_1。瞄准 1 点，固定水平度盘，上下移动望远镜，使竖直度盘读数为 δ'_1，在巷道帮上作记号 $1'$，用小钢卷尺量出 $1'$ 到腰线点 1 的铅垂距离 K（见图 4-39（a））。然后转动照准部，瞄准新设的中线点 C 后，再测出中线方向与拟标腰线点间夹角 β_2，如图 4-39（b）所示。同法，计算求得 B-2 方向的伪倾角 δ'_2。望远镜上下移动，使竖盘读数为 δ'_2，在巷道帮上作记号 $2'$，用小钢卷尺上量出距 K，即得到新标设的腰线点 2。用线绳连接 1，2 两点，用石灰浆或油漆沿线绳划出腰线。同法，可标出其他腰线点。

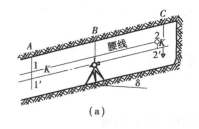
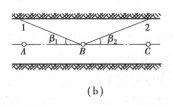

图 4-39　经纬仪伪倾角标腰线图

此法标设腰线可与标设中线同时进行，操作简便，精度可靠，是主要倾斜巷道中常用的一

种方法。

3）经纬仪安置在巷道一帮标定腰线

将经纬仪安置在巷道一帮标定腰线时，其伪倾角 δ' 与巷道真倾角 δ 相差很小，可直接用真倾角标定腰线，不加改正数。

实地标定时，仪器尽可能靠近巷道一帮安置（图4-40(a)）在已设腰线点1，2，3 的后面（见图4-40(b)），使竖盘读数为巷道的设计倾角 δ，然后瞄准1，2，3 点上方，作记号 1′，2′，3′；同时，沿视线方向在掘进工作面附近巷道帮上标定 4′，5′，6′点。再用小钢卷尺分别量出 1′，2′，3′ 它到1，2，3 点的铅垂距离 K。再从 4′，5′，6′ 向下量出铅垂距离 K，得到4，5，6 即为腰线点。然后用线绳连接两组腰线点，用右灰浆或油漆沿线绳划出腰线。

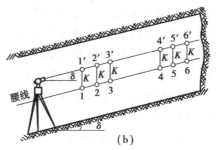

图 4-40　经纬仪在一帮上标腰线

【技能训练 15】　掘进巷道中线、腰线的标定

1. 技能训练目标

掌握巷道中线、腰线的标定方法和计算方法。

2. 技能训练仪器与工具

每组借领水准仪 1 台及其辅助设备，全站仪（防爆）或经纬仪 1 台及其辅助设备，矿灯、矿帽若干，小钢尺 1 把，记录板 1 块。

3. 技能训练步骤

（1）指导教师先布置任务，并做示范，讲解原理与要领。

（2）仪器安置（对中整平）。

（3）检核控制点。

（4）计算放样数据。

（5）拨角，放样中线点。

（6）架设水准仪，后视读数，计算放样数据。

（7）放样并标定腰线点。

4. 技能训练基本要求

（1）遵照附录"测量实训的一般要求"中的各项规定。

（2）完成中、腰线的放样工作。

（3）每个学生标定 1 个中线点、1 个腰线点。

（4）腰线放样计算时注意后视点的位置，在顶板还是在底板。

5. 上交资料

（1）各组的计算数据 1 份。

(2)每位学生的实训报告 1 份。

子情境 4　巷道贯通测量

一、概述

在同一巷道不同的地点,以两个或两个以上的工作面,按照设计的方向和要求,沿着相同方向或相对方向掘进(见图 4-41(a)、(b)),最后彼此接通;或是一个巷道按设计要求掘进到一定地点与另一巷道相通(见图 4-41(c)),这种掘进巷道的方式,称为巷道贯通,简称贯通。根据工作面相互掘进方向不同,一般分为相向贯通(见图 4-41(a))和同向贯通(见图 4-41(b))。采取贯通掘进巷道,可以加快施工速度,缩短通风和运输距离,改善劳动条件。

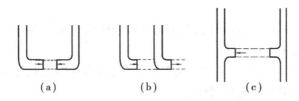

(a)　　　　　(b)　　　　　(c)

图 4-41　巷道贯通类型图

为了保证按照设计要求使巷道贯通所进行的各项测量工作,称为贯通测量。

1. 贯通测量的分类和允许偏差

贯通测量分为以下两大类:

(1)沿导向层的贯通,可分为水平巷道的贯通、倾斜巷道的贯通。

(2)不沿导向层的贯通,又可分为水平巷道的贯通、倾斜巷道的贯通和竖井巷道的贯通。

贯通巷道在接合处的偏差可能发生在空间的 3 个方向上,即沿巷道中心线的长度偏差,垂直于巷道中心线左右(平面上)的偏差和上下(高程上)的偏差。第 1 种偏差只在距离上对贯通有影响,对巷道质量没有影响,而后两种方向上的误差对巷道质量有影响。故称后两种方向为贯通的重要方向。贯通的允许偏差是针对重要方向来定的。对竖井贯通来说,对工程质量有影响的是平面位置的偏差。表 4-9 为贯通测量允许偏差的参考值。

表 4-9　贯通测量允许偏差值

贯通种类	贯通巷道名称	在贯通面上的允许偏差/ m	
		两中线之间	两腰线之间
第 1 种	沿导向层开凿的水平巷道	—	0. 2
第 2 种	沿导向层开凿的倾斜巷道	0. 3	—
第 3 种	在同一矿井中开凿的倾斜或水平巷道	0. 3	0. 2
第 4 种	在两矿井中开凿的倾斜或水平巷道	0. 5	0. 2
第 5 种	用小断面开凿的立井井筒	0. 5	—

2. 贯通测量的任务

(1)确定贯通巷道在水平面上和竖直面上的方向。

(2)根据求得的数据,标定贯通巷道的中线和腰线。

(3)定期进行已掘进巷道的检查测量和填图,以控制工作面按标定的方向掘进。

3. 贯通测量工作步骤

(1)根据贯通巷道的种类和允许偏差,选择合理的测量方案。重要贯通工程,要进行贯通测量误差预计,其预计误差采用中误差的两倍。

(2)根据所选定的测量方案进行各项测量工作的施测和计算,求得贯通导线的终点坐标和高程。各种测量和计算都必须有可靠的检核。

(3)对贯通导线施测成果及定向精度等进行必要的分析,并与误差估算时所采用的有关参数进行比较。若施测精度低于设计要求,则应重测。

(4)根据求得的有关数据,计算贯通巷道的标定几何要素,并实地标定贯通巷道的中线和腰线。

(5)根据掘进工作的需要,及时延长巷道的中线和腰线。定期进行检查测量并填图,同时根据测量结果及时调整中线和腰线。

(6)巷道贯通后,立即测量贯通实际偏差值,并将两边导线连接起来,计算各项闭合差。还应对最后一段巷道的中腰线进行调整。

(7)重要贯通工程完成后,应对测量工作进行精度分析,作出技术总结。

二、水平巷道贯通测量

1. 沿导向层贯通的水平巷道

这种贯通的典型情况是在倾斜或急倾斜(倾角大于 30°)煤层中贯通平巷顺槽。由于巷道沿着煤层的走向掘进,在水平方向上受导向层的限制,一般不需再给出巷道的中线,可只控制巷道的腰线,故高程方向是贯通的重要方向。因此,必须严格掌握高程测量的精度,因为它不仅会引起贯通在竖直方向上的偏差,而且还能引起水平面上的偏差。

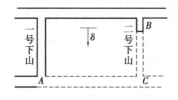

图 4-42　沿导向层水平巷道贯通

如图 4-42 所示,下平巷已由一号下山的 A 点开切,二号下山已掘进到 B 点。为了加快下平巷的掘进,当二号下山掘到 C 点后便向 A 点进行贯通。实际测量工作和计算步骤如下:

(1)用水准测量或三角高程测量测得 A,B 两点的高程为 H_A 和 H_B。

(2)计算 C 点的高程。在巷道平面图上量得 AC 之间的距离,设下平巷由 A 向 C 的坡度为 +5‰,则 C 点的高程为

$$H_C = H_A + \frac{5}{1\,000} \cdot S_{AC}$$

(3)计算从 B 点到 C 点的下掘深度和斜长,其中下掘深度为

$$h = H_B - H_C$$

BC 斜长为

$$L = \frac{h}{\sin \delta}$$

当二号下山掘进斜长 L 米后,在工作面标设 C 点,用三角高程求出 H_C,并与计算的 C 点高程相比较,符合后即可作为下平巷掘进的起点。

设 $H_A = -237.514$ m;$H_B = -199.40$ m;$i = +5‰$;$S_{AC} = 400$ m;$\delta = 45°$,则

$$H_C = -237.514 \text{ m} + 400 \times \frac{5}{1\ 000} \text{ m} = -235.514 \text{ m}$$

$$h = -199.410 \text{ m} - (-235.514) \text{ m} = 36.104 \text{ m}$$

$$L_{BC} = \frac{36.104}{\sin 45°} \text{m} = 51.059 \text{ m}$$

(4)控制平巷的坡度。掘进时要用水准测量测设腰线点,随时检查坡度并及时填图。

2. 不沿导向层贯通的水平巷道

若要在两个石门 A,B 之间贯通一条运输平巷,即图4-43 中用虚线表示的巷道,其测量和计算工作如下:

(1)根据设计,从井下某一已知导线边开始,测设经纬仪导线到贯通巷道的两端,并进行井下高程测量。然后计算出 CA,DB 坐标方位角和 A,B 点的平面坐标,以及 A,B 点的高程。

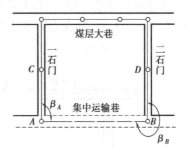

图 4-43　不沿导向层水平巷道贯通图

(2)计算标定数据:

①计算贯通巷道的中心线 AB 的坐标方位角 α_{AB} 和水平距离 l_{AB}:

$$\alpha_{AB} = \arctan \frac{y_B - y_A}{x_B - x_A} = \arctan \frac{\Delta y}{\Delta x}$$

$$l_{AB} = \frac{y_B - y_A}{\sin \alpha_{AB}} = \frac{x_B - x_A}{\cos \alpha_{AB}} = \sqrt{(\Delta x)^2 + (\Delta y)^2}$$

②计算指向角 β:

$$\beta_A = \alpha_{AB} - \alpha_{AC} \qquad \beta_B = \alpha_{BA} - \alpha_{BD}$$

③计算贯通巷道的倾角 δ:

$$\tan \delta = \frac{H_B - H_A}{l_{AB}}$$

式中　H_A,H_B——A 点和 B 点处巷道底板或轨面的高程。

④计算贯通巷道的斜长 L_{AB}:

$$L_{AB} = \frac{l_{AB}}{\cos \delta} = \frac{H_B - H_A}{\sin \delta} = \sqrt{(H_B - H_A)^2 - l_{AB}^2}$$

对于平巷,如贯通距离较短,A,B 两点的高差较小时,可不计算斜长。若沿煤层或岩层走向贯通水平巷道时,则不需要计算 α_{AB} 和指向角 β。

对于倾斜巷道,如果沿煤层顶、底板贯通时,可不必计算倾角 δ。

三、倾斜巷道的贯通

1. 沿导向层贯通的倾斜巷道

这种贯通的典型情况是在倾斜煤层中贯通上下山。由于巷道沿着煤层的底板或顶板掘进的,在高程上受导向层的限制,只需给定巷道的中线,故水平方向是贯通巷道的重要方向。因此,必须严格掌握井下经纬仪测量的精度。

2. 不沿导向层贯通的倾斜巷道

贯通巷道一端在测量前已经开切的贯通测量。如图 4-44 所示,将在两平巷 AP 之间贯通的倾斜巷道。该巷道在下平巷的开切地点 A,以及巷道中心线的坐标方位角 α_{AP},均已给出。要求在上平巷确定开切点 P,以便在 P 点标定二号下山中线进行贯通。

（1）测量方法:在上、下平巷之间敷设经纬仪导线和进行高程测量,以求得 A,B,C,D 各点的平面坐标和高程。设点时,A 点应设在贯通巷道的中心线上;设置 C,D 点时,应使 AP 的延长线与 CD 边相交,其交点 P 即为欲确定的开切点。

（2）标定数据的计算,如图 4-44(a)所示。

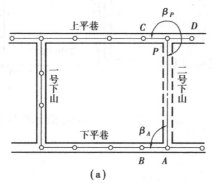 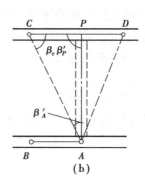

图 4-44　倾斜巷道贯通图

①计算方位角 α_{AC}:

$$\tan \alpha_{AC} = \frac{y_C - y_A}{x_C - x_A}$$

②计算距离 S_{AC}:

$$S_{AC} = \frac{y_C - y_A}{\sin \alpha_{AC}} = \frac{x_C - x_A}{\cos \alpha_{AC}}$$

③计算夹角 β_C,β_A' 和 β_P':

$$\beta_C = \alpha_{CA} - \alpha_{CD} \qquad \beta_A' = \alpha_{AP} - \alpha_{AC}$$

$$\beta_P' = \alpha_{PC} - \alpha_{PA} = \alpha_{CP} - \alpha_{AP}$$

检核
$$\beta_C + \beta_A' + \beta_P' = 180°$$

④确定线段长度:

$$S_{CP} = \frac{S_{AC}}{\sin \beta_P'} \sin \beta_A', \qquad S_{AP} = \frac{S_{AC}}{\sin \beta_P'} \sin \beta_C$$

⑤计算 P 点的坐标:

$$x_P = x_C + S_{CP}\cos \alpha_{CD} \qquad y_P = y_C + S_{CP}\sin \alpha_{CD}$$

⑥计算指向角(见图4-44(b)):

$$\beta_P = \alpha_{PA} - \alpha_{DC} \qquad \beta_A = \alpha_{AP} - \alpha_{AB}$$

(3)根据求出的标定要素,实地标定出 P 点,并在 P 点标定出贯通中线。

(4)在 P,A 点之间进行高程测量,得到 H_P,H_A。求出巷道的倾角 δ,即

$$\tan\delta = \frac{H_P - H_A}{S_{AP}}$$

(5)在巷道的两端标设出巷道的腰线。方法略。

(6)每当巷道掘进一段距离,进行中、腰线的检查与调整,直至巷道安全贯通。

上述这种情况的贯通,也可用图解法在设计图上求得开切点 P,并标定于实地。

四、巷道贯通实例

【例4-1】　如图4-45所示。设计要求采区上山(倾角12°)到达大巷水平后,按上山方向掘进石门(坡度0‰)。而石门与大巷之间尚需通过半径 $R=12$ m 的一段弯道 AB,才能互相连通。试求测量标定数据。

通过在已掘上山和大巷中的经纬仪导线测量和高程测量,已求得测点的数据如下:

大巷:$x_8 = 9\,734.529, y_8 = 7\,732.511, \alpha_{7-8} = 3°46'57'', H_8 = -121.931$ m(测点8高于轨面2.613 m)。

上山:$x_{21} = 9\,879.227, y_{21} = 7\,917.675, \alpha_{20-21} = 236°17'03'', H_{21} = -129.439$ m(测点21高于腰线点1.240 m,腰线距轨面法线高1 m)。

解　(1)两相交直线交点到直线上点的距离,其公式为

$$S_{AP} = \frac{(x_A - x_B)\sin\alpha_{BP} - (y_A - y_B)\cos\alpha_{BP}}{\sin(\alpha_{AP} - \alpha_{BP})}$$

$$S_{BP} = \frac{(x_A - x_B)\sin\alpha_{AP} - (y_A - y_B)\cos\alpha_{AP}}{\sin(\alpha_{AP} - \alpha_{BP})}$$

则两个巷道在直线相交时尚需掘进的距离 l_{8-0} 和 l_{20-0},由上式计算得

$$l_{8-0} = 22.159 \text{ m} \qquad l_{21-0} = 220.849 \text{ m}$$

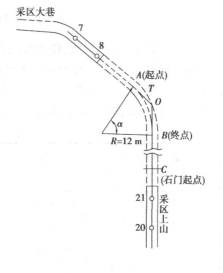

图4-45　贯通计算实例图

(2)计算弯道转角 α 和切线长 T 为

$$\alpha = \alpha_{21-20} - \alpha_{7-8} = 56°17'03'' - 3°46'57'' = 52°30'6''$$

$$T = R \cdot \tan\frac{\alpha}{2} = 5.918 \text{ m}$$

(3)计算大巷8点到弯道起点 A 的长度为

$$l_{8-A} = l_{8-0} - T = 16.241 \text{ m}$$

(4)计算采区上山的剩余长度和石门起点 C 到弯道终点 B 的长度。为此应先求出测点8处轨面和点21处轨面的高差,即

图4-46　计算要素图

187

$$H_{21轨} = -129.439 - 1.240 - \frac{1}{\cos 12°} = -131.701$$

$$H_{8轨} = -121.931 - 2.613 = -124.554$$

$$h = -131.701 - (-124.544) = -7.157$$

采区上山剩余长度（平距）为

$$l_{21-C} = \frac{h}{\tan \delta} = \frac{7.157}{\tan 12°} \text{m} = 33.671 \text{ m}$$

（5）计算弯道的弦长和转角（见图4-46），设 n 为2，则弦长为

$$l = 2R \sin \frac{\alpha}{2n} = 2 \times 12 \times \sin \frac{52°30'06''}{4} \text{m} = 5.450 \text{ m}$$

石门起点 C 到弯道终点 B 的长度为

$$l_{C-B} = l_{21-0} - T - l_{21-C} = 181.260 \text{ m}$$

转角为

$$\beta_A = \beta_B = 180° + \frac{\alpha}{2n} = 193°07'32''$$

$$\beta_1 = 180° + \frac{\alpha}{n} = 206°15'03''$$

（6）计算整个设计导线，使坐标闭合以检查计算的正确性，见表4-10。

整个解算正确以后，即可按照本学习情境子情境3中所述的曲线巷道标定的方法，依据设计导线逐步地在实地标定巷道的方向和坡度。标定时，应严格按照解算的数据进行。掘进一段后，应进行检查测量，如发现偏差应及时纠正，以保证巷道的正确贯通。

表4-10　设计导线坐标计算

点　号	水平角 $\beta_左$ /(° ′ ″)	方位角 α /(° ′ ″)	边长/m	坐标增量		坐　标	
				Δx	Δy	x	Y
8	180 00 00	03 46 57				9 734.529	7 732.511
A	193 07 32	03 46 57	16.241	16.206	1.071	9 750.735	7 733.582
		16 54 29	5.450	5.214	1.585		
1	20 61 53	43 09 32	5.450	3.976	3.728	9 755.949	7 735.167
B	193 07 31	56 17 03	181.260	100.613	150.772	9 759.925	7 738.895
C	180 00 00	56 17 03	33.671	18.690	28.008	9 860.538	7 889.667
21						9 879.228	7 917.675

【例4-2】　溜煤眼贯通问题的解算。

为了解决采区运输问题，需要从带式运输机向阶段石门，按设计坡度开掘溜煤眼，如图4-47所示。若溜煤眼上口位置已定，则应利用带式运输机和溜煤眼上口石门中的导线点，确定溜煤眼下口的位置，并计算标定数据，以便在上山中标定溜煤眼开切口和给中腰线。例如，上山中导线点 $2(X_2, Y_2, H_2)$，$3(X_3, Y_3, H_3)$ 及溜煤眼上口导线点 $1(X_1, Y_1, H_1)$ 的坐标和高程均为已知，溜煤眼的设计倾角为 δ，要求确定 M 点的位置，以便贯通溜煤眼。

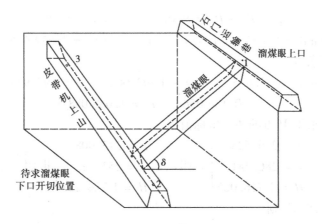

图 4-47　溜煤眼贯通图

解　(1)确定 M 点的坐标 (X,Y,H)

①设 $m = x_3 - x_2, n = y_3 - y_2; p = H_3 - H_2$。

②用下式求出 a,b,c 值:

$$a = (m^2 + n^2)\tan\delta - p^2$$
$$b = [2m(x_2 - x_1) + 2n(y_2 - y_1)]\tan^2\delta - 2p(H_2 - H_1) \qquad (4\text{-}26)$$
$$c = [(x_2 - x_1)^2 + (y_2 - y_1)^2]\tan^2\delta - (H_1 - H_1)^2$$

③将 a,b,c 值代入下式,求得 t 值:

$$t = \frac{-b \pm \sqrt{b^2 - 4ac}}{2a}$$

④将 t 值代入下式,即可求得 M 点的坐标 (x,y,H):

$$x = x_2 + mt$$
$$y = y_2 + nt \qquad (4\text{-}27)$$
$$H = H_2 + pt$$

⑤将求得的两组坐标值(因 t 值有两个解),代入下式验算,取其所需的一组坐标值。

验算公式为

$$\tan\delta = \frac{H_1 - H}{\sqrt{(x_1 - x)^2 + (y_1 - y)^2}} \qquad (4\text{-}28)$$

(2)根据 1 点和 M 点的坐标和高程,求溜煤眼标定数据。其方法同两已知点间贯通平、斜巷标定数据的计算。

如图 4-47 所示,已知: $\delta = 55°$,则

$$\text{点 1}\begin{cases} x_1 = 234.656 \\ y_1 = 266.621 \\ H_1 = 1\,747.016 \end{cases} \qquad \text{点 2}\begin{cases} x_2 = 223.129 \\ y_2 = 293.696 \\ H_2 = 1\,714.333 \end{cases} \qquad \text{点 3}\begin{cases} x_3 = 241.399 \\ y_3 = 256.316 \\ H_3 = 1\,723.427 \end{cases}$$

计算:

$$m = x_3 - x_2 = 18.270 \qquad m^2 = 333.792\,9$$
$$n = y_3 - y_2 = -37.380 \qquad n^2 = 1\,397.264\,4$$

$$p = H_3 - H_2 = 9.094 \qquad p^2 = 82.700\ 9$$

$$\tan \delta = \tan 55° = 1.428\ 148\ 0 \qquad \tan \delta^2 = 2.039\ 606\ 7$$

按式(4-26),可求得

$$a = 3\ 447.875 \qquad b = -4\ 393.062 \qquad c = 697.973$$

$$t_1 = 0.186\ 058 \qquad t_2 = 1.088\ 088\ 5$$

按式(4-27),可求得 M 点的两组坐标值为

$$\left.\begin{array}{l} x = 226.528 \\ y = 286.741 \\ H = 1\ 716.025 \end{array}\right\}\text{I 组} \qquad \left.\begin{array}{l} x = 243.008 \\ y = 253.023 \\ H = 1\ 724.228 \end{array}\right\}\text{II 组}$$

按式(4-28)进行验算,则

Ⅰ 组:

$$\tan \delta_1 = \frac{+30.991}{\sqrt{(8.128)^2 - (-20.120)^2}} = +1.428\ 1$$

$$\delta_1 = 55°$$

Ⅱ 组:

$$\tan \delta_{\text{II}} = \frac{+22.788}{\sqrt{(8.352)^2 - (13.598)^2}} = +1.428\ 1$$

$$\delta_{\text{II}} = 55°$$

故根据工程实际,取Ⅰ组坐标值为 M 点的坐标和高程。

五、贯通测量误差预计与贯通实际偏差的测定

1.贯通测量误差预计

目前,采用的误差预计方法是对贯通精度的一种估算,不是预计贯通实际偏差的大小,而是预计实际偏差可能的限度,因此,贯通误差预计具有概率上的意义。《试行规程》规定,贯通测量的预计误差可采用中误差的两倍值。根据误差理论可知,实际误差超过2倍中误差的可能性仅4.6%。因此,凡按规定的方法测量,只要没有出现粗差,贯通的实际偏差一般总是小于预计误差的。大量的贯通实践也充分证实了这一点。应当指出,对于特别重要的精确贯通,预计误差可采用3倍中误差。此时实际偏差超过预计误差的概率极小(0.3)。由于井下情况比较复杂,同样的仪器和测量方法在不同矿井条件下就会有不同的误差参数。因此,贯通误差预计中的各项误差参数原则上应采用本矿积累和分析的实际数值。这一点是非常重要的。平时在工作中应当注意积累这方面的资料,多注意测量的基础工作。

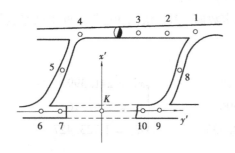

图 4-48　贯通相遇点图

选择贯通测量方案和误差预计的一般过程如下:

(1)了解贯通工程的概况情况,收集资料,初步确定贯通测量方案。

(2)确定仪器、作业方法和限差要求方案确定后,应根据贯通允许偏差值,结合具体情况,确定仪器、作业方法和限差要求,并提出测量检核的措施。测量仪器和方法的选择是与误差预计工作相结合。

(3)通误差预计。

为了预计贯通测量的误差,可针对贯通工程,选择一假定坐标系统。在平面内一般是以贯通巷道的轴线方向为 y 轴。与之垂直的方向为 x 轴,在竖直面内则为 z 轴(即 H),其坐标原点为相遇点 K,如图 4-48 所示。x,y 和 z 3 个方向上均会产生偏差。但不需要对每个方向上的误差都进行预计,而只预计其重要方向上的误差。误差预计的方法是根据选定的测量方案,结合选用的测量仪器、测量的方法和所确定的各种测量误差参数,计算各项测量误差引起贯通相遇点在贯通重要方向上的误差。

一般取 2 倍中误差作为贯通的预计误差,并与贯通允许偏差进行比较。

2. 贯通相遇点 K 的误差预计公式

误差预计时,贯通相遇点 K 在水平重要方向(x 轴)上的误差包括地面近井点的测量误差、地面连测导线的测量误差、定向误差和井下经纬仪导线测量误差。贯通相遇点 K 在高程方向上的误差包括地面水准测量误差、导入高程误差和井下高程测量误差。各种误差对贯通相遇点 K 的影响,可采用下述有关公式进行估算。

1)测量误引起贯通相遇点 K 在水平(x 轴)重要方向上的误差预计公式

(1)地面控制采用精密导线测量方案时的误差预计公式:

测角误差的影响为

$$M_{x\beta} = \frac{m_\beta}{\rho}\sqrt{\sum R_{y_i}^2} \tag{4-29}$$

量边误差的影响为

$$M_{x_l} = \pm\sqrt{\sum m_l^2\cos^2\alpha} = \pm\frac{m_l}{l}\sqrt{\sum d_x^2} \tag{4-30}$$

或
$$M_{x_l} = \pm\sqrt{a_上^2\sum l\cos^2\alpha + b_上^2 L_x^2} \tag{4-31}$$

式中　m_β——地面导线测角中误差;

R_{y_i}——各导线点与 K 点连线在 y 轴上的投影长度;

m_i——导线量边误差;

l——导线边长;

α——导线各边在假定坐标系中方位角;

d_x——导线各边在 x 轴上的投影长度;

L_x——两定向连接点(见图 4-49 中的 4 点和 9 点)的连线在 x 轴上的投影长度,也可视为两井筒连线在 x 轴上的投影长度;

$a_上$——地面导线量边偶然误差系数,一般为0.000 5;

$b_上$——地面导线量边系统误差系数,一般为0.000 05。

(2)定向误差引起 K 点在 x 轴上的误差预计公式:

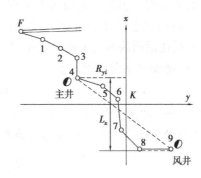

图 4-49　预计图

$$M_{x_o} = \pm\frac{1}{\rho}m_{\alpha_o}R_{y_o} \tag{4-32}$$

式中　m_{α_o}——定向误差,即井下导线起算边的坐标方位角误差;

　　　R_{y_o}——井下导线起算点与 K 点连线在 y 轴上的投影长度。

各井筒定向误差对点 K 的影响,可按上式分别估算。

(3)井下导线测量误差引起 K 点在 x 轴上的误差预计公式:

测角误差的影响为

$$M'_{x_\beta} = \pm \frac{m_{\beta_{\text{下}}}}{\rho} \sqrt{\sum R_{y_{\text{下}}}} \tag{4-33}$$

式中　$m_{\beta_{\text{下}}}$——井下导线测角误差;

　　　$R_{y_{\text{下}}}$——井下导线各点与 K 点连线上 y 轴上的投影长度。

若导线独立测量 n 次,则 n 次测量平均值的影响为

$$M_{x_{\beta\text{下}}} = \frac{M'_{x_{\beta\text{下}}}}{\sqrt{n}} \tag{4-34}$$

量边误差的影响为

$$M'_{x_{\beta\text{下}}} = \pm \sqrt{a_{\text{下}}^2 \sum l \cos^2\alpha + b_{\text{下}}^2 L_x^2} \tag{4-35}$$

式中　$a_{\text{下}}$——井下量边偶然误差系数;

　　　$b_{\text{下}}$——井下量边系统误差系数;

　　　$L_{x\text{下}}$——井下两条贯通导线的起算点连线上在 x 轴上的投影长度。

若导线测量 n 次,则 n 次测量平均值的影响为

$$M_{x_{l\text{下}}} = \frac{\pm M'_{x_{l\text{下}}}}{\sqrt{n}} \tag{4-36}$$

(4)误差引起 K 点在 x 轴上的总中误差预计公式:

$$M_{x_K} = \pm \sqrt{M_{x_{\beta\text{上}}}^2 + M_{x_{l\text{上}}}^2 + M_{x_{\beta\text{下}}}^2 + M_{x_{l\text{下}}}^2} \tag{4-37}$$

(5)贯通相遇点在 x 方向上的预计贯通误差:

$$M_{x'_{\text{预}}} = 2M_{x_K} \tag{4-38}$$

2)测量误差引起贯通相遇点 K 在高程上的误差预计公式

《规程》规定,井口水准基点的高程测量,应按地面四等水准测量的精度要求施测。四等水准支线往返测的高程平均值的中误差如下:

(1)地面水准误差预计公式:

$$M_{h\text{上}} = \pm 10 \sqrt{L} \text{ mm} \tag{4-39}$$

式中　L——水准线路的单程长度,km。

(2)导入标高误差引起 K 点在高程上的误差预计公式:

$$M'_{h_o} = \pm \frac{\Delta h}{2\sqrt{2}} = \pm \frac{h}{23\ 000} \tag{4-40}$$

式中　Δh——两次独立导入标高的互差,《规程》规定 $\Delta h \leqslant \frac{1}{8\ 000}$;

　　　h——井筒深度。

若进行 n 次独立导入标高,则 n 次导入标高平均值的影响为

$$M_{h_o} = \pm \frac{M'_{h_o}}{\sqrt{n}} \tag{4-41}$$

（3）井下水准测量误差引起贯通相遇点 K 在高程上的误差预计公式：

①按单位长度高差中误差估算为

$$M_h = m_{h_o}\sqrt{R} \tag{4-42}$$

式中　m_{h_o}——百米单位长度高差中误差，系按实测资料求得的数值；

　　　R——水准线路的长度，以百米为单位。

②或按《规程》规定的精度要求估算

首级高程控制的允许闭合差为 $15\sqrt{R}$ mm，故一次（单程）独立测量的中误差应为

$$M'_h = \pm \frac{15}{2\sqrt{2}}\sqrt{R} \approx 5\sqrt{R} \text{ mm} \tag{4-43}$$

式中　R——水准线路的长度，以百米为单位。

若进行 n 次独立测量，则 n 次测量平均值的误差为

$$M_h = \pm \frac{M'_h}{\sqrt{n}} \tag{4-44}$$

（4）井下经纬仪高程测量误差引起 K 点在高程上的误差预计公式：

按《规程》规定的精度要求估算。《规程》规定，井下三角形高程测量的允许闭合差为 $30\sqrt{L}$ mm，故一次独立测量的中误差为

$$m'_h = \pm 15\sqrt{L} \text{ mm} \tag{4-45}$$

式中　L——导线长度，以百米为单位。

若独立进行 n 次测量，则 n 次测量平均值的中误差为

$$M_{h_s} = \frac{M'_{h_s}}{\sqrt{n}} \tag{4-46}$$

（5）井下各项误差引起 K 点在高程上的总中误差：

$$M_{h_K} = \pm \sqrt{M^2_{h_\text{上}} + M^2_{h_o} + M^2_{h_\text{下}} + M^2_{h_s}} \tag{4-47}$$

（6）K 点在高程上的预计贯通误差：

$$M_{H_\text{限}} = 2M_{h_K} \tag{4-48}$$

3. 贯通实际偏差的测定

当巷道贯通后，必须进行实际偏差的测定，其目的在于：对巷道的贯通结果作出最后的评定；用实际数据来检查测量工作的正确性，进而验证贯通测量方案和误差预计的正确性，以充实贯通测量的理论和经验。

贯通后实际偏差测定方法如下：

1）水平面内实际偏差的测定

水平面内实际偏差的测定，可以采用两种方法：一种方法利用巷道中线来测定。这种方法可以不用仪器，就是当巷道贯通后，把贯通相遇点两侧的中线同时延长到巷道接合点，丈量两中线间的垂距，其值就是贯通巷道在水平重要方向上的实际偏差；另一种方法是当巷道贯通后，用经纬仪将巷道两端导线连测而成闭合，并丈量测点到相遇点的距离。根据巷道方向的偏

角和测点到相遇点的距离,计算出贯通巷道相遇点在水平面内的偏差。这种方法也可以评定贯通导线的精度。

2)高程方向上实际偏差的测定

贯通巷道在高程方向上的实际偏差,也可用两种方法来测定:一种方法就是把贯通相遇点两侧的腰线同时延长到巷道接合点,丈量两腰线间的铅垂距离,便是贯通巷道在高程方向上的实际偏差;另一种方法是把贯通相遇点两侧的水准点(或导线点),用水准仪或经纬仪进行连测,则可求得高程闭合差,即实际偏差。

3)中腰线的调整

贯通实际偏差测定后,可将贯通相遇点两侧中线点之连线方向标定出来,以代替原来的中线,作为铺轨的依据。调整腰线时,可按实际高差和距离算出巷道的坡度。如果算得的实际坡度与原设计坡度相差不大于工程允许偏差时,则可按实际坡度调整腰线。若坡度差超限,则应延长距离,使坡度差小于允许偏差后,再按延长后的距离和高差调整腰线。

子情境 5　隧道工程测量

一、地面控制测量

隧道地面的控制测量应在隧道开挖以前完成,它包括平面控制测量和高程控制测量,它的任务是测定地面各洞口控制点的平面位置和高程,作为向地下洞内引测坐标、方向及高程的依据,并使地面和地下在同一控制系统内,从而保证隧道的准确贯通。

平面控制网一般布设为独立网形式,根据隧道长度、地形及现场和精度要求,采用不同的布设方法,现在主要采用精密导线网和 GPS 网;而高程控制网一般采用水准测量、三角高程测量等。

1. 地面导线测量

在隧道施工中,地面导线测量可以作为独立的地面控制,也可用以进行 GPS 网的加密,将 GPS 点的坐标传递到隧道的入口处。这里讨论的是第 1 种情况。地面导线测量主要技术要求见表 4-11、表 4-12。

表 4-11　地面导线测量主要技术要求(铁路隧道)

等　级	隧道适用长度/km	测角中误差/(″)	边长相对中误差
二	8~20	±1.0	1/20 000
	6~8	±1.0	1/20 000
三	4~6	±1.8	1/20 000
四	2~4	±2.5	1/20 000
五	<2	±4.0	1/20 000

表 4-12 地面导线测量主要技术要求（公路隧道）

两开挖洞口间长度/km		测角中误差/(")	边长相对中误差		导线边最小边长/m	
直线隧道	直线隧道		直线隧道	曲线隧道	直线隧道	曲线隧道
4～6	2.5～4.0	±2.0	1/5 000	1/15 000	500	150
3～4	1.5～2.5	±2.5	1/3 500	1/10 000	400	150
2～3	1.0～1.5	±4.0	1/3 500	1/10 000	300	150
<2	<1.0	±10.0	1/2 500	1/10 000	200	150

在直线隧道，为了减小导线量距对隧道横向贯通的影响，应尽可能地将导线沿着隧道中线敷设，导线点数不宜过多，以减小测角误差对横向贯通的影响；对于曲线隧道而言，导线也应沿着两端洞口连线方向布设成直伸形导线为宜，但应将曲线的始点和终点以及切线上的两点包括在导线中。这样，曲线转折点上的总偏角便可根据导线测量的结果计算出来，据此便可将定测时所测得的总偏角加以修正，而获得较精确的数值，以便用以计算曲线要素。在有平峒、斜井和竖井的情况下，导线应经过这些洞口，以利于洞口投点。

为了增加检核条件，提高导线测量精度，一般导线应使其构成闭合环线，可采用主、副导线闭合环。其中，副导线可只观测水平角而不测距，为了便于检查，保证导线测量精度，应考虑每隔 1～3 条主导线边与副导线联系，形成增加小闭合环系数，以减少闭合环中的导线点数，以便将闭合差限制在较小范围内。另外，导线边不宜短于 300 m，相邻边长之比不应超过 1∶3，如图 4-50 所示为主、副导线闭合环，对于长隧道地面控制，宜采用多个闭合环的闭合导线网（环）。

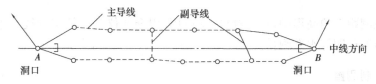

图 4-50 主、副导线地面控制网

我国已建成的长达 14 km 的大瑶山铁路隧道和 8 km 长的军多山隧道，都是采用导线法作为地面平面控制测量。

2. 地面 GPS 测量

采用 GPS 定位技术建立隧道地面平面控制网已普遍应用，它只需在洞口处布点。对于直线隧道，洞口点应选在隧道中线上。另外，再在洞口附近布设至少两个定向点，并要求洞口点与定向点间通视，以便于全站仪观测，而定向点间不要求通视。对于曲线隧道，除洞口点外，还应把曲线上的主要控制点（如曲线的起、终点）包括在网中。GPS 选点和埋石与常规方法相同但应注意使所选的点位的周围环境适宜 GPS 接收机测量。图 4-51 为采用 GPS 定位技术布设的隧道地面平面控制网方案。该方案每个点均有 3 条独立基线相连，可靠性较好。GPS 定位技术是近代先进方法，在平面精度方面高于常规方法，由于不需要点位间通视，经济节省、速度快、自动化程度高，故已被广泛采用。我国已建成的 17 km 长的秦岭隧道，就是采用 GPS 法作为地面平面控制测量。

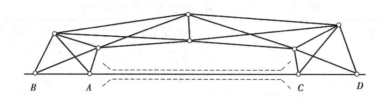

图 4-51　地面 GPS 平面控制网

3. 地面水准量

隧道地面高程控制测量主要采用水准测量的方法,利用线路定测时的已知水准点作为高程起算数据,沿着拟订的水准路线在每个洞口至少埋设两个水准点,水准路线应构成闭合环线或者两条独立的水准路线,由已知水准点从一端测至另一端洞口。

水准测量的等级,不仅取决于隧道的长度,还取决于隧道地段的地形情况,即决定于两洞口之间的水准路线的长度(见表 4-13)。

表 4-13　水准测量的等级及两洞口间水准路线长度

测量等级	两洞口间水准路线长度/km	水准仪型号	水准尺类型	说　明
二	>36	S_{05},S_1	线条式钢瓦水准尺	按精密二等水准测量要求
三	13～36	S_1	线条式钢瓦水准尺	按精密二等水准测量要求
		S_3	区格式木质水准尺	按三、四等水准测量要求
四	5～13	S_3	区格式木质水准尺	按三、四等水准测量要求

目前,光电测距三角高程测量方法已广泛应用,用全站仪进行精密导线三维测量,其所求的高程可以代替三、四等水准测量。

二、地下控制测量

地下洞内的施工控制测量包括地下导线测量和地下水准测量,它们的目的是以必要的精度,按照与地面控制测量统一的坐标系统,建立地下平面与高程控制,用以指示隧道开挖方向,并作为洞内施工放样的依据,保证相向开挖隧道在精度要求范围内贯通。

1. 地下导线测量

隧道内平面控制测量通常有两种形式:当直线隧道长度小于 1 000 m,曲线隧道长度小于 500 m 时,可不做洞内平面控制测量,而是直接以洞口控制桩为依据,向洞内直接引测隧道中线作为平面控制。但当隧道长度较长时,必须建立洞内精密地下导线作为洞内平面控制。

地下导线的起始点通常设在隧道的洞口、平坑口和斜井口,而这些点的坐标是通过联系测量或直接由地面控制测量确定的。地下导线等级的确定取决于隧道的长度和形状,见表 4-14。

1)地下导线的特点和布设

(1)地下导线由隧道洞口等处定向点开始,按坑道开挖形状布设,在隧道施工期间,只能布设成支导线形式,随隧道的开挖而逐渐向前延伸。

表4-14 地下导线等级的确定

等 级	两开挖洞口间长度/km		测角中误差/(″)	边长相对中误差	
	直线隧道	曲线隧道		直线隧道	曲线隧道
二	7 ~ 20	3.5 ~ 20	± 1.0	1/10 000	1/10 000
三	3.5 ~ 7	2.5 ~ 3.5	± 1.8	1/10 000	1/10 000
四	2.5 ~ 3.5	1.5 ~ 2.5	± 2.5	1/10 000	1/10 000
五	<2.5	<1.5	± 4.0	1/10 000	1/10 000

(2)地下导线一般采用分级布设的方法:先布设精度较低、边长较短(边长为25~50 m)的施工导线;当隧道开挖到一定距离后,布设边长为50~100 m的基本导线;随着隧道开挖延伸,还可布设边长为150~800 m的主要导线,如图4-52所示。3种导线的点位可以重合,有时基本导线这一级可以根据情况舍去,即直接在施工导线的基础上布设长边主要导线。长边主要导线的边长在直线段不宜短于200 m,曲线段不短于70 m,导线点力求沿隧道中线方向布设。对于大断面的长隧道,可布设成多边形闭合导线或主副导线环,如图4-53所示。有平行导坑时,应将平行导坑单导线与正洞导线联测,以资检核。

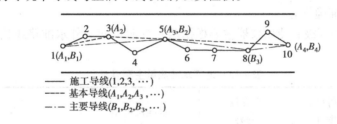

图4-52 洞内导线分级布设

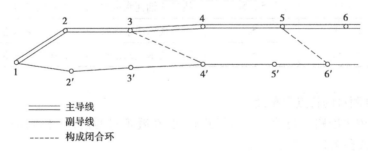

图4-53 主、副导线环形式

(3)洞内地下导线点应选在顶板或底板岩石等坚固、安全、测设方便与便于保存的地方。控制导线(主要导线)的最后一点应尽量靠近贯通面,以便于实测贯通误差。对于地下坑道的相交处,也应埋设控制导线点。

(4)洞内地下导线应采用往返观测,由于地下导线测量的间歇时间较长且又取决于开挖面进展速度,故洞内导线(支导线)采取重复观测的方法进行检核。

2)地下导线观测及注意事项

(1)每次建立新导线点时,都必须检测前一个"旧点",确认没有发生位移后,才能发展新点。

（2）有条件的地段，主要导线点应埋设带有强制对中装置的观测墩或内外架式的金属吊篮，并配有灯光照明，以减小对中与照准误差的影响，这有利于提高观测精度。

（3）使用 2″级全站仪观测角度，施工导线观测 1～2 测回，测角中误差为 ±6″以内，控制长边导线观测，左、右角两测回，测角中误差为 ±5″以内，圆周角闭合差 ±6″以内。边长往返两测回，往返测平均值小于 7 mm。

（4）如导线长度较长，为限制测角误差积累，可使用陀螺经纬仪加测一定数量导线边的陀螺方位角。一般加测一个陀螺方位角时，宜加测在导线全长 2/3 处的某导线边上；若加测两个以上陀螺方位角时，宜以导线长度均匀分布。根据精度分析，加测陀螺方位角数量以 1～2 个为宜，对横向精度的增益较大。

（5）对于布设如图 4-52 所示的主副导线环，一般副导线仅测角度，不测边长。对于螺旋形隧道，由于难以布设长边导线，每次施工导线向前引伸时，都应从洞外复测。对于长边导线（主要导线）的测量宜与竖井定向测量同步进行，重复点的重复测量坐标与原坐标较差应小于 10 mm，并取加权平均值作为长边导线引伸的起算值。

2. 地下水准测量

地下水准测量首先应以通过水平坑道、斜井或竖井传递到地下洞内水准点作为起算依据，然后随隧道向前延伸，测定布设在隧道内的各水准点高程，作为隧道施工放样的依据，并保证隧道在高程（竖向）准确贯通。

地下水准测量的等级和使用仪器主要根据两开挖洞口间洞外水准路线长度确定，详见表 4-15 的有关规定。

表 4-15 地下水准测量主要要求

测量等级	两洞口间水准路线长度/km	水准仪型号	水准尺类型	说　明
二	>32	S_{05},S_1	线条式铟瓦水准尺	按精密二等水准测量要求
三	11～32	S_3	区格式木质水准尺	按三等水准测量要求
四	5～11	S_3	区格式木质水准尺	按四等水准测量要求

1）地下水准测量的特点和布设

（1）地下洞内水准路线与地下导线线路相同，在隧道贯通前，其水准路线均为支水准路线，因而需往返或多次观测进行检核。

（2）在隧道施工过程中，地下支水准路线随开挖面的进展向前延伸，一般先测定精度较低的临时水准点（可设在施工导线上），然后每隔 200～500 m 测定精度较高的永久水准点。

（3）地下水准点可利用地下导线点位，也可以埋设在隧道顶板、底板或边墙上，点位应稳固、便于保存。为了施工方便，应在导坑内拱部边墙至少每隔 100 m 埋设一个临时水准点。

2）观测与注意事项

（1）地下水准测量的作业方法与地面水准测量相同。由于洞内通视条件差，视距不宜大于 50 m，并用目估法保持前、后视距相等；水准仪可安置在三脚架上或安置在悬臂的支架上，水准尺可直接立在洞内底板水准点（导线点）上，有时也可用倒尺法顶立在洞顶水准点标志上，如图 4-54 所示。

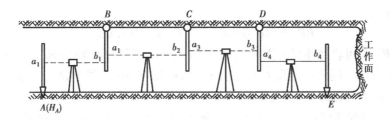

图 4-54　地下水准测量

此时,每一测站高差计算仍为 $h = a - b$,但对于倒尺法,其读数应作为负值计算,如图 4-53 中各测站高差分别为

$$h_{AB} = a_1 - (-b_1)$$
$$h_{BC} = (-a_2) - (-b_2)$$
$$h_{CD} = (-a_3) - (-b_3)$$
$$h_{DE} = (-a_4) - b_4$$

则

$$h_{AE} = h_{AB} + h_{BC} + h_{CD} + h_{DE}$$

(2)在开挖工作面向前推进的过程中,对布设的支水准路线,要进行往返观测,其往返测不符值应在限差以内,取平均值作为最后成果,用于推算各洞内水准点高程。

(3)为检查地下水准点的稳定性,还应定期根据地面近井水准点进行重复水准测量,将所得高差成果进行分析比较。若水准标志无变动,则取所有高差平均值作为高差成果;若发现水准标志变动,则应取最后一次的测量成果。

(4)当隧道贯通后,应根据相向洞内布设的支水准路线,测定贯通面处高程(竖向)贯通误差,并将两支水准路线联成附合于两洞口水准点的附合水准路线。要求对隧道未衬砌地段的高程进行调整。高程调整后,所有开挖、衬砌工程均应以调整后高程指导施工。

三、隧道施工测量

1. 进洞关系数据的计算

隧道贯通误差的大小,除与洞外、洞内控制测量的精度密切相关外,与隧道路线中线的测定精度也有密切关系。由于隧道横向贯通中误差只有几十毫米,路线中线测量的精度一般不能满足隧道横向贯通的精度要求。无论直线隧道,还是曲线隧道,应先选定洞口控制点、切线控制点及曲线交点等作为路线标准控制点标定在地面上,再与地面控制网进行联测。这样,隧道路线中线则与洞外、洞内控制测量取得了精密的关系。根据这些关系,即可进行路线中线的计算,并按设计的中线在洞内放样以至贯通。

路线进洞关系数据的计算,是指根据地面控制测量中所得到的洞口控制点的坐标及之相联系的控制点的坐标和方向,以计算进洞的数据,用作指导隧道的开挖方向。

1)直线进洞关系数据的计算

直线隧道通常在洞口设置两个控制点(见图 4-55),A,B,C,D 为路线测量时设置的 4 个转点,A,D 作为两洞口标准控制点。在地面控制布网时,将 4 点纳入网中。在得到 4 点的精密坐标值之后,即可反算 AB,CD 和 AD 的坐标方位角及直线长度。AD 与 AB 坐标方位角之差即为 β_1 之值;DA 与 DC 坐标方位角之差即为 β_2 值,于是 B 点对于 AD 的垂距 BB',C 点对于 AD 的

垂距 CC' 可计算为

$$BB' = AB \sin \beta_1 \qquad CC' = CD \sin \beta_2 \tag{4-49}$$

为了测设 B' 点,可将经纬仪置于 B 点,后视 A 点,逆时针拨角 $(90° - \beta_1)$,按视线方向量出 BB' 长度取得 B' 点位。同法可测设 C' 点。此时 B',C' 即在 AD 直线上,B',C' 即可作为方向标使用。以上 B',C' 方向标的测设,通常称为隧道控制点的移桩。

路线进洞时,将经纬仪置于 A 点 $(D$ 点$)$,瞄准 B' 点 (C') 直线隧道控制点的移桩准 B' 点 $(C'$ 点$)$,即得进洞的方向。为了避免仪器轴系误差的影响,通常采用正倒镜分中定向的方法。洞内路线中线各点的坐标应根据标准控制点 A,D 的坐标计算,而不能使用 B',C' 点计算。

当洞口仅设置一个控制点时,如图 4-55 所示 A 和 D 点,这两点为标准控制点。这时,只要将 A,D 纳入地面控制网中,取得 $A,$ D 两点的精密坐标值,即可反算出 AD 方向的坐标方位角。AK,DG 的坐标方位角也可通过坐标反算求得,$\angle KAD$ 和 $\angle GDA$ 也就可以算出。进洞时将经纬仪置于 A,D 点,即可后视 K,G 点拨角得到进洞方向。

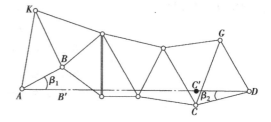

图 4-55　直线隧道控制点的移桩

2)曲线进洞关系数据的计算

曲线进洞是先计算洞口中线插点的测设数据,测设出该点,然后计算由该点进洞的数据,测设出该点的切线方向。

(1)圆曲线进洞

如图 4-56 所示,设 M,N,P,Q 为曲线两切线上的转点,是作为标准控制点的,已纳入地面控制网,精密坐标已知,设为:(x_M,y_M);(x_N,y_N);(x_P,y_P);(x_Q,y_Q) 曲线转角 α 可按下式求得

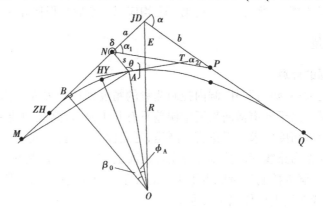

图 4-56　圆曲线进洞计算

$$\alpha_{MN} = \arctan \frac{y_N - y_M}{x_N - x_M}$$

$$\alpha_{PQ} = \arctan \frac{y_Q - y_P}{x_Q - x_P} \tag{4-50}$$

$$\alpha = \alpha_{PQ} - \alpha_{MN}(此为右转情况,左转则为 \alpha = \alpha_{MN} - \alpha_{PQ})$$

交点 JD 的坐标可计算为

$$\alpha_{NP} = \arctan \frac{y_P - y_N}{x_P - x_N} \tag{4-51}$$

$$\alpha_1 = \alpha_{NP} - \alpha_{MN}(\text{此为右转情况，左转则为 } \alpha_1 = \alpha_{MN} - \alpha_{NP})$$

$$\alpha_2 = \alpha_{QP} - \alpha_{PN}(\text{此为右转情况，左转则为 } \alpha_2 = \alpha_{PN} - \alpha_{QP}) \tag{4-52}$$

式中

$$\alpha_{QP} = \alpha_{PQ} \pm 180°$$

$$\alpha_{PN} = \alpha_{NP} \pm 180°$$

$$NP = \frac{x_P - x_N}{\cos \alpha_{NP}} = \frac{y_P - y_N}{\sin \alpha_{NP}}$$

又

$$NP = \sqrt{(x_P - x_N)^2 + (y_P - y_N)^2} \tag{4-53}$$

或者

$$a = NP \frac{\sin \alpha_2}{\sin \alpha_1}$$

$$b = NP \frac{\sin \alpha_1}{\sin \alpha}$$

所以

$$x_{JD} = x_N + a \cos \alpha_{MN}$$

$$y_{JD} = y_N + a \sin \alpha_{MN} \tag{4-54}$$

或者

$$x_{JD} = x_p + a \cos \alpha_{QP}$$

$$y_{JD} = y_p + a \sin \alpha_{QP} \tag{4-55}$$

圆心 O 的坐标为

$$x_O = x_{JD} + (R + E)\cos \alpha_{JO}$$

$$y_O = y_{JD} + (R + E)\sin \alpha_{JO} \tag{4-56}$$

式中　R——圆曲线的半径；

　　　E——曲线外矢距；

　　　α_{JO}——交点至圆心（外矢距方向）的坐标放位角，可计算为

$$\alpha_{JO} = \alpha_{MN} \pm 180° - \frac{1}{2}(180° - \alpha)(\text{右转})$$

$$\alpha_{JO} = \alpha_{MN} \pm 180° + \frac{1}{2}(180° - \alpha)(\text{左转}) \tag{4-57}$$

经过上述计算后，就将曲线上的几个主要点纳入了地面控制网的坐标系，据此可计算洞口曲线中线插点 A 的坐标。

曲线中线点 A 一般应选在距洞口位置数米至数十米的地方，必须与地面其他控制点能够通视，且便于向洞内引测中线。该点的中线里程应为整桩号。

为了测设 A 点，先应计算 A 点坐标。由图 4-56 可知：

$$\alpha_{BO} = \alpha_{MN} + 90°(\text{右转})$$

$$\alpha_{BO} = \alpha_{MN} - 90°(\text{左转}) \tag{4-58}$$

$$\alpha_{OA} = \alpha_{BO} \pm 180° + (\beta_O + \varphi_A)(右转)$$

$$\alpha_{OA} = \alpha_{BO} \pm 180° - (\beta_O + \varphi_A)(左转) \tag{4-59}$$

式中　β_O——缓和曲线角；

　　　φ_A——A 点至 HY 一段圆弧所对圆心角，可计算为

$$\varphi_A = \frac{l_A - l_{HY}}{R} \cdot \frac{180°}{\pi} \tag{4-60}$$

式中　l_A, l_{HY}——A 点及 HY 点的里程桩号。

A 点坐标：

$$x_A = x_O + R \cos \alpha_{OA}$$

$$y_A = y_O + R \sin \alpha_{OA} \tag{4-61}$$

A 点坐标求得后，即可以极坐标法测设 A 点。下面计算 A 点的测设数据 δ 和 s 为

$$\alpha_{NA} = \arctan \frac{y_A - y_N}{x_A - x_N}$$

$$\delta = \alpha_{NA} - \alpha_{MN}$$

$$S = \frac{x_A - x_N}{\cos \alpha_{NA}} = \frac{y_A - y_N}{\sin \alpha_{NA}} \tag{4-62}$$

$$S = \sqrt{(x_A - x_N)^2 + (y_A - y_N)^2}$$

测设时将经纬仪置于 N 点上，后视 M 点拨 δ 角，然后沿视线方向量取距离 S，即得 A 点。进洞方向实际上就是 A 点的切线方向。只要计算出图中的放样角 θ，则

$$\alpha_{AT} = \alpha_{OA} + 90°(右转)$$

$$\alpha_{AT} = \alpha_{OA} - 90°(左转) \tag{4-63}$$

$$\theta = \alpha_{AT} - \alpha_{AN}(右转)$$

$$\theta = \alpha_{AN} - \alpha_{AT}(左转) \tag{4-64}$$

将仪器置于 A 点，后视 N 点，拨 θ 角定出 A 点的切线方向。切线方向定出后，按 A 点里程和需要测设的曲线桩里程，用曲线测设的方法施测进洞。

（2）缓和曲线进洞

如图 4-57 所示，参照圆曲线进洞的计算，计算出交点坐标后，根据 A 点里程计算 A 点的切线支距法坐标为

$$x'_A = l_A - \frac{l_A^5}{40R^2 l_S^2}$$

$$y'_A = \frac{l_A^3}{6Rl_S} - \frac{l_A^7}{336R^3 l_S^3} \tag{4-65}$$

式中　l_S——缓和曲线长；

　　　l_A——A 点里程与 ZH 点里程之差。

计算 ZH 点坐标为

$$x_{ZH} = x_{JD} + T \cos \alpha_{NM}$$

$$y_{ZH} = y_{JD} + T \sin \alpha_{NM} \tag{4-66}$$

式中　T——该曲线的切线长。

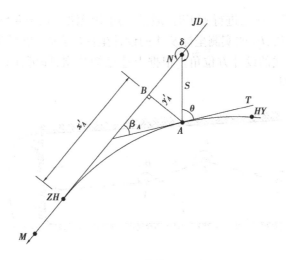

图 4-57　缓和曲线进洞测量

B 点坐标为

$$x_B = x_{ZH} + x'_A \cos \alpha_{MN}$$
$$y_B = y_{ZH} + x'_A \sin \alpha_{MN}$$ \hfill (4-67)
$$\alpha_{BA} = \alpha_{MN} + 90°（右转）$$

又

$$\alpha_{BA} = \alpha_{MN} - 90°（左转）$$

因此,A 点坐标为

$$x_A = x_B + y'_A \cos \alpha_{BA}$$
$$y_A = y_B + y'_A \sin \alpha_{BA}$$ \hfill (4-68)

下面 A 点测设数据 δ 和 S 的计算和测设方法均与圆曲线进洞中的计算相同。A 点切线方向的测设也需计算放样角 θ,但与圆曲线进洞时的计算方法不同,应按以下方法计算:

A 点的切线角为

$$\beta_A = \frac{l_A^2}{2Rl_S} \cdot \frac{180°}{\pi}$$ \hfill (4-69)

又

$$\angle BAM = \alpha_{AN} - \alpha_{AB}（右转）$$
$$\angle BAM = \alpha_{AB} - \alpha_{AN}（左转）$$ \hfill (4-70)

故

$$\angle \theta = 90° + \beta_A - \angle BAM$$ \hfill (4-71)

这样 A 点上按 θ 角即可将 A 点的切线放出。

2. 隧道掘进时的测量工作

隧道施工测量时的主要任务为:在隧道施工过程中确定平面及竖直面内的掘进方向,另外还要定期检查工程进度(进尺)及计算完成的土石方数量。在隧道竣工后,还要进行竣工测量。

1)隧道平面掘进方向的标定

隧道的掘进施工方法有全断面开挖法和开挖导坑法,根据施工方法和施工程序的不同,确定隧道掘进方向的方法有中线法和串线法。

当隧道采用全断面开挖法进行施工时,通常采用中线法。在图 4-58 中,P_1,P_2 为导线点,A 为隧道中线点,已知 P_1,P_2 的实测坐标及 A 的设计坐标(可按其里程及隧道中线的设计方位角计算得出)和隧道中线的设计方位角。根据上述已知数据,即可计算出放样中线点所需的有关数据 β_2,β_A 和 L,即

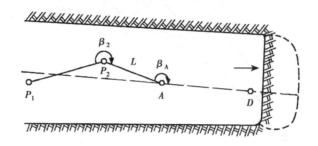

图 4-58 中线标定示意图

$$\alpha_{P_2A} = \arctan \frac{Y_A - Y_{P_2}}{X_A - X_{P_2}}$$

$$\beta_2 = \alpha_{P_2A} - \alpha_{P_2P_1}$$

$$\beta_A = \alpha_{AB} - \alpha A_{P_2}$$

$$L = \frac{Y_A - Y_{P_2}}{\sin \alpha_{P_2A}} = \frac{X_A - X_{P_2}}{\cos \alpha_{P_2A}}$$

求得上述数据后,即可将经纬仪安置在导线点 P_2 上,用盘左后视导线点 P_1,角度 β_2,并在视线方向上丈量距离 L,即得中线点 A_1。然后盘右用同法可得 A_2,取 A_1A_2 的分中点得到 A 点。在 A 点上埋设与导线点相同的标志,并应用经纬仪重新测定出 A 点的坐标。标定开挖方向时可将仪器安置于 A 点,后视导线点 P_2,拨角 β_A,即得中线方向。随着开挖面向前推进,A 点距开挖面越来越远,这时需要将中线点向前延伸,埋设新的中线点。其标设方法同前。为防止 A 点移动,在标定新的中线点时,应在 P_2 点安置仪器,对 β_2 进行检测。检测角值与原角度值互差不得超过 $\pm 2 \sqrt{m_{\beta_原}^2 + m_{\beta_检}^2}$。超限时应以相邻点逐点检测至合格的点位,并向前重新标定中线。

当隧道采用开挖导坑法施工时,因其精度要求不高,可用串线法指示开挖方向。此法是利用悬挂在两临时中线点上的垂球线,直接用肉眼来标定开挖方向。使用这种方法时,首先需用类似前述设置中线点的方法,设置 3 个临时中线点(设置在导坑顶板或底板上),两临时中线点的间距不宜小于 5 m。标定开挖方向时,在 3 点上悬挂垂球线,一人在 B 点指挥,另一人在工作面持手电筒(可看成照准标志)使其灯光位于中线点 B,C,D 的延长线上,然后用红油漆标出灯光位置,即得中线位置。另外,还可采用罗盘法标定中线。

利用这种方法延伸中线方向时,误差较大,故 B 点到工作面的距离不宜超过 30 m(曲线段不宜超过 20 m)。当工作面向前推进超过 30 m 后,应用经纬仪向前再测定两临时中线点,继续用串线法来延伸中线,指示开挖方向。

随着开挖面的不断向前推进,中线点也应随之向前延伸,地下导线也紧跟着向前敷设,为保证开挖方向的正确,必须随时根据导线点来检查中线点,随时纠正开挖方向。

用上下导坑法施工的隧道,上部导坑的中线每前进一定的距离,都要和下部导坑的中线联

测一次,用以改正上部导坑中线点或向上部导坑引点。联测一般是通过靠近上部导坑掘进面的漏斗口进行的,用长线垂球、竖直对点器或经纬仪的光学对点器将下导坑的中线点引到上导坑的顶板上。如果隧道开挖的后部工序跟得较紧,中层开挖较快,可不通过漏斗口而直接由下导坑向上导坑引点,其距离的传递可用钢卷尺或 2 m 钢瓦横基尺。

对于曲线隧道掘进时,其永久中线点是随导线测量而测设的。而供衬砌时使用的临时中线点则是根据永久中线点加密的,一般采用偏角法(适用于钢尺量边时)或极坐标法(适用于光电测距仪测距时)测设。在两已知中线点间用偏角法测设曲线时,其过程基本与洞外详细测设曲线的方法相同。但有时个别中线点由于其他原因而不能使用,此时只能在中线点上安置仪器后视导线点测设曲线。

2)隧道竖直面掘进方向的标定

在隧道开挖过程中,除标定隧道在水平面内的掘进方向外,还应定出坡度,以保证隧道在竖直面内贯通精度,通常采用腰线法,隧道腰线是用来指示隧道在竖直面内掘进方向的一条基准线,通常标设在隧道壁上,离开隧道底板一定距离(该距离可随意确定)。

在图 4-59 中,A 点为已知的水准点,C,D 为待标定的腰线点标定腰线点时,首先在适当的位置安置水准仪,后视水准点 A,依此可计算出仪器视线的高程。根据隧道坡度 i 以及 C,D 点的里程计算出两点的高程,并求出 C,D 点与仪器视线间的高差 $\Delta h_1,\Delta h_2$ 由仪器视线向上或向下量取 $\Delta h_1,\Delta h_2$ 即可求得 C,D 点的位置。

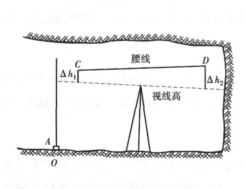

图 4-59　腰线标定示意图

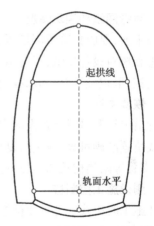

图 4-60　隧道净空断面图

3. 隧道竣工测量

隧道竣工后,为检查主要结构及线路位置是否符合设计要求,应进行竣工测量。该项工作包括隧道净空断面测量、永久中线点及水准点的测设。

隧道净空断面测量时,应在直线地段每 50 m、曲线地段每 20 m 或需要加测断面处测绘隧道的实际净空。测量时均以线路中线为准,包括测量隧道的拱顶高程、起拱线宽度、轨顶水平宽度、铺底或抑拱高程(见图 4-60)。过去,隧道净空断面测量多用人工进行,该法工作效率低、精度不高。近年来,许多施工单位已开始应用便携式断面仪进行隧道的净空断面测量,收到了很好的效果。该种仪器可进行自动扫描、跟踪和测量,并可立即显示面积、高度和宽度等测量结果,测量速度快,精度高。

隧道竣工测量后,应对隧道的永久性中线点用混凝土包埋金属标志。在采用地下导线测量的隧道内,可利用原有中线点或根据调整后的线路中心点埋设。直线上的永久性中线点,每200~250 m埋设一个,曲线上应在缓和曲线的起终点各埋设一个,在曲线中部,可根据通视条件适当增加。在隧道边墙上要划出永久性中线点的标志。洞内水准点应每千米埋设一个,并在边墙上划出标志。

子情境6 地下管道施工测量

随着经济的发展和人民生活水平的不断提高,在城镇敷设的各种管道越来越多,如给水、排水、天然气、暖气、电缆、输气和输油管道等。各种管道常相互上下穿插、纵横交错,如果在测量、设计和施工中出现差错而没有及时发现,一经埋设,以后将会造成严重后果。因此,在施工过程中,测量工作必须采用城市和厂区的统一坐标和高程系统,要严格按设计要求进行测量工作,并且做到"步步有检核",这样才能确保施工质量。

管道施工测量的主要任务,就是根据工程进度的要求,向施工人员随时提供中线方向和标高位置。

一、施工前的测量工作

1. 熟悉图纸和现场情况

施工前,要收集管道测量所需要的管道平面图、纵横断面图、附属构筑物图等有关资料,认真熟悉和核对设计图纸,了解精度要求和工程进度安排等,还要深入施工现场,熟悉地形,找出各交点桩、里程桩、加桩和水准点位置。

2. 恢复中线

管道中线测量时所钉设的交点桩和中线桩等,在施工时可能会有部分碰动和丢失,为了保证中线位置准确可靠,应进行复核,并将碰动和丢失的桩点重新恢复。在恢复中线时,应将检查井、支管等附属构筑物的位置同时测出。

3. 测设施工控制桩

在施工时中线上各桩要被挖掉,为了便于恢复中线和附属构筑物的位置,应在不受施工干扰、引测方便、易于保存桩位的地方,测设施工控制桩。施工控制桩分中线控制桩和附属构筑物控制桩两种,如图4-61所示。

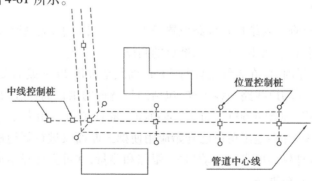

图4-61 管道控制桩设置

4. 加密施工水准点

为了在施工过程中引测高程方便,应根据原有水准点,在沿线附近每100～150 m增加一个临时水准点,其精度要求由管线工程性质和有关规范确定。

二、管道施工测量

1. 槽口放线

槽口放线是根据管径大小、埋设深度和土质情况,决定管槽开挖宽度,并在地面上钉设边桩,沿边桩拉线撒出灰线,作为开挖的边界线。

若埋设深度较小、土质坚实,管槽可垂直开挖,这时槽口宽度即等于设计槽底宽度,若需要放坡,且地面横坡比较平坦,槽口宽度可计算为

$$D_左 = D_右 = \frac{b}{2} + mh$$

式中　$D_左$,$D_右$——管道中桩至左、右边桩的距离;

　　　b——槽底宽度;

　　　$1:m$——边坡坡度;

　　　h——挖土深度。

2. 施工过程中的中线、高程和坡度测设

管槽开挖及管道的安装和埋设等施工过程中要根据进度反复地进行设计中线、高程和坡度的测设。下面介绍两种常用的方法。

1)坡度板法

管道施工中的测量任务主要是控制管道中线设计位置和管底设计高程,因此,需要设置坡度板。如图4-62所示,坡度板跨槽设置,间隔一般为10～20 m,编写板号。据中线控制桩,用经纬仪把管道中心线投测到坡度板上,用小钉作标记,称为中线钉,以控制管道中心的平面位置。

当槽深在2.5 m以上时,应待开挖至距槽底2 m左右时再埋设在槽内,如图4-63所示。坡度板应埋设牢固,板面要保持水平。

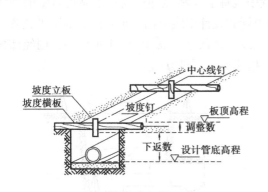

图4-62　坡度板的埋设

图4-63　深槽坡度板

坡度板设好后,根据中线控制桩,用经纬仪把管道中心线投测至坡度板上,钉上中心钉,并标上里程桩号。施工时,用中心钉的连线可方便地检查和控制管道的中心线。

再用水准仪测出坡度板顶面高程,板顶高程与该处管道设计高程之差,即为板顶往下开挖的深度。为方便起见,在各坡度板上钉一坡度立板,然后从坡度板顶面高程起算,从坡度板上向上或向下量取高差调整数,钉出坡度钉,使坡度钉的连线平行于管道设计坡度线,并距设计高程一整分米数,称为下返数,施工时,利用这条线可方便地检查和控制管道的高程和坡度。高差调整数可计算为

$$高差调整数 =（板顶高程 - 管底设计高程）- 下返数$$

若高差调整数为正,往下量取;若高差调整数为负,往上量取。

例如,预先确定下返数为 1.5 m,某桩号的坡度板的板顶实测高程为 78.868 m,该桩号管底设计高程为 77.2 m,则高差调整数为（78.868 m - 77.2 m）- 1.5 m = 0.168 m,即从板顶沿立板往下量 0.168 m,钉上坡度钉,则由这个钉下返 1.5 m 便是设计管底位置。

坡度钉是控制高程的标志,因此,在坡度钉钉好后,应重新进行水准测量,检查结果是否有误。

2）平行轴腰桩法

当现场条件不便采用坡度板时对精度要求较低的管道,可采用平行轴腰桩法来测设中线、高程及坡度控制标志。如图 4-64 所示,开挖前,在中线一侧（或两侧）测设一排（或两排）与中线平行的轴线桩,平行轴线桩与管道中线的间距为 a,各桩间隔 20 m 左右,各附属构筑物位置也相应设桩。

管槽开挖时至一定深度以后,为方便起见,以地面上的平行轴线桩为依据,在高于槽底约 1 m 的槽坡上再钉一排平行轴线桩,它们与管道中线的间距为 b 称为腰桩。用水准仪测出各腰桩的高程,腰桩高程与该处相对应的管底设计高程之差,即是下返数。施工时,根据腰桩可检查和控制管道的中线和高程。

3. 顶管施工测量

当管线穿越铁路、公路或其他建筑物时,如果不便采用开槽的方法施工,这时就常采用顶管施工法。顶管施工测量的主要任务是控制好管道中线方向、高程和坡度。

1）中线测设

如图 4-65 所示,先挖好顶管工作坑,根据地面上标定的中线控制桩,用经纬仪或全站仪将顶管中心线引测到坑下,在前后坑底和坑壁设置中线标志。将经纬仪安置于靠近后壁的中线点上,后视前壁上的中线点,则经纬仪视线即为顶管的设计中线方向。顶管内前端水平放置一把直尺,尺上标明中心点,该中心点与顶管中心一致。每顶进一段（0.5～1 m）距离,用经纬仪在直尺上读出管中心偏离设计中线方向的数值,据此校正顶进方向。

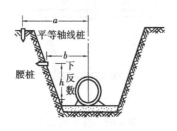

图 4-64　平行轴腰桩法

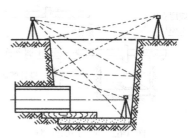

图 4-65　顶管中线测设

如果使用激光经纬仪或激光准直仪,则沿中线发射一条可见光束,使管道顶进中的校正更为直观和方便。

2)高程测设

先在工作基坑内设置临时水准点,将水准仪安置于坑内,后视临时水准点,前视立于管内各测点的短标尺,即可测得管底各点的高程。将测得的管底高程与管底设计高程进行比较,即可得到顶管高程和坡度的校正数据。

如果将激光经纬仪或激光准直仪的安置高度和视准轴的倾斜坡度与设计的管道中心线相符合,则可以同时控制顶管作业中的方向和高程。

知识技能训练 4

1. 矿山控制测量常用方法是什么?

2. 地下导线的特点是什么? 地下水准测量的特点又是什么?

3. 何为竖井联系测量?

4. 何为一井定向? 其定向作业步骤是什么?

5. 两井定向内业计算的主要步骤是什么?

6. 贯通误差是什么? 其如何分类?

7. 如何进行贯通误差预计?

8. 如何测定贯通误差?

9. 陀螺定向原理是什么? 逆转点法定向测量一测回的工作内容是什么?

10. 管道施工测量的内容和步骤是什么?

学习情境 **5**
水利工程测量

教学内容

主要介绍渠道和堤线测量的方法和步骤;河道测量的内容和方法;以及水利枢纽测量的内容和方法。

知识目标

能正确陈述渠道和堤线测量的方法和步骤,能基本陈述水位、水深、河道纵横断面测量的方法;能陈述水利枢纽控制测量的方法、水库施工放样和大坝的放样方法。

技能目标

能识读水利工程施工图;进行纵横断面图的测量和绘制;能计算土石方量;会进行河道和水利枢纽的放样计算。

学习导入

一、水利工程介绍

为了充分利用水利资源,变害为利,造福人类,必须兴建各种水上建筑物。

水利工程根据其种类可分为防洪工程、航运工程、筑港工程、灌溉工程、水力发电工程及输水工程等。根据水工建筑物所起的作用可分为拦水建筑物、输水建筑物、治水建筑物、溢水建筑物及储水建筑物等。

水利工程,尤其水利枢纽中的水上建筑物与一般工程相比,具有较大的特殊性。

(1)水利工程,尤其水利枢纽工程,多修建在地形复杂、起伏较大的山区河流之中,场地小,施工困难。

(2)其主要建筑物修筑在水中,不但受季节影响很大,且施工条件差,对工程质量要求高。

（3）建筑形状复杂。即使建筑物的同一高度,都有不同的形状和尺寸,其分布错综复杂。

（4）同一水工建筑物建成后,一部分长期位于水下运行,其承受巨大的多变的水压力;另一部分长期位于水上,其不受水压力直接影响。针对建筑物受压不等的情况,要求其具有高度的稳定性。

（5）水利工程施工后,其可塑性小。在修建较大的水利工程时,必须经过周密详细的勘测和设计,施工时,必须认真地进行放样和施工,否则会造成不可弥补的损失。

（6）水利工程风险大。

二、水利工程测量的任务

由于水利工程的特点,兴建一项水利工程,均需要经过勘测设计阶段和施工阶段,其中每一阶段均需进行大量必不可少的测量工作。测量工作质量的好坏,直接影响水利工程建设的质量。现将两个阶段的主要测量工作加以概述。

勘测设计阶段的测量工作:

（1）进行水利资源调查时,一般收集原有地形图进行,如果没有现成的地形图,则应进行草测,在可能的建筑拦河坝地段,应草测1∶5 000的地形图。

（2）进行技术经济调查时,需要测量和编制河道枯水时期的小比例尺纵、横断面图。同时,还要在沿河两岸一定范围内施测1∶5 000的沿河地形图和1∶10 000的坝段地形图以供地质钻探、经济调查和规划拟建水利枢纽的总体布置。

（3）进行初步设计时,还要编制比例尺稍大的河道纵、横断面图。此外,尚要施测水利枢纽地区的大比例尺地形图,用以选定坝址、坝轴线及水工建筑物的形式,确定正常水位、高水位和装机容量。同时,还有大量的钻孔位置连测工作及水下地形测量工作。

（4）进行技术设计时,需要在已确定坝轴线地区施测1∶2 000的地形图,根据最后确定的坝轴线、坝型、正常水位、高水位及整体布置方案,在实地定出水库淹没线和移民范围。

施工阶段的测量工作:

勘测阶段,为施测大比例尺地形图所布设的控制网,无论控制点的密度、精度及点位分布,都不满足施工放样的要求,为此,在施工前必须根据工地的地形、工程的性质和规模等,建立较高精度的施工控制网,以满足工程建设的需要。

施工阶段末期,还要进行竣工测量。竣工图和竣工数据是工程进行建设、管理、修复、改造和扩建的必要依据。水工建筑物竣工测量重点是长期在水下且高速运行后不易检修的部分,以及设计单位指定的特殊部位竣工资料是重大工程的重要档案,必须予以高度重视。

子情境1　渠道和堤线测量

一、概述

渠道分引水渠和排水渠两大类,它是连接水源和用户之间的桥梁。随着工农业生产的发展,为确保农业的丰收和城市生活用水、工业用水的需要,兴修水利,筑堤造渠已显得十分重要。

1. 渠道测量的工作步骤

渠道测量一般分为两步进行,即选线测量和定线测量,其任务是:

(1)选线测量阶段:进行纵、横断面测量,必要时可测绘1∶5 000或1∶10 000比例尺的带状地形图或实测放大图。计算工作量优化方案。

(2)定线测量阶段:纵、横断面测量,必要时可施测1∶2 000比例尺的带状地形图,计算工作量为施工提供依据。

一般中小型渠道测量的工作步骤为踏勘、选线、中线测量、纵横断面测量和土方计算及施工放样等工作。

2. 渠道和堤线测量成果

渠道和堤线测量经过选线测量和定线测量工作后,其主要成果是平面和高程控制成果、实地标定的中线桩和交点桩、纵横断面图、不同比例尺的地形图等。

二、选线测量

渠堤选线测量是线路初步设计阶段的测量工作。根据研究的线路方案和原有的小比例尺地形图,在现场结合实际情况进行选线,实地标注线路的走向和大致位置,并收集必要的地形资料,作为线路初步设计的依据。渠堤选线测量的主要测量任务是导线测量、高程测量和地形测量。渠道的开挖是否经济合理,关键在于渠道中线的选择。它的好坏将直接影响到工程的效益和费用,而且还牵涉到占用农田、拆迁等问题。为了解决这些问题,提高经济效益,渠道选线时应考虑以下4个方面:

①渠道尽量短而直,力求避开障碍物,以减少工程量和水土流失。

②灌溉渠道应尽量选在地势较高的地带,以便自流灌溉;排水渠道应尽量选在排水区地势较低的地方,以便充分排除积水。

③渠道中线应选在土质较好,坡度适宜的地带,以防渗漏、冲刷、淤塞、坍塌。

④要避免经过大挖方、大填方地段,以便达到省工、省料和少占耕地的目的。

如果兴修的渠道大而长,一般应先在地形图上选出几条路线,经过踏勘比较,选出一条既经济又合理的路线,并绘出渠道起点、转点和终点的点位略图。具体作业方法是:根据路线设计任务书和所附的路线平面位置设计图,在实地选定路线转弯点的位置,并埋设标石。若渠道上设计有建筑物如桥、闸等还应选定建筑物的中心位置,同时绘出选线略图。

如果兴修的渠道规模小,可以直接实地选线。在选线的同时还应沿线布设水准点,进行四等水准测量。每千米左右应布设一个水准点,点位应靠近渠道但在施工范围以外,以便日后测量纵横断面用。同时,还应建立平面控制网。

三、中线测量

当渠道中线的起点、转折点、终点在地面上标定后,接着就可用钢尺或测距仪测定渠道中线的长度,并用一系列的里程桩标定渠道中线经过的位置,这一过程称为中线测量。如果渠道转弯,且转角大于6°,还应测定转向角和测设圆曲线。

1. 测设交点桩

选定渠线后,首要工作就是在实地标定渠道中心线,并实地打桩。中心线的标定是利用花杆或全站仪等进行定线。无论是里程桩或是加桩均可用直径为5 cm,长30 cm左右的木桩打入地下,露出地面 5 ~ 10 cm。桩头一侧削平,并朝向渠道起点,以便注记桩号,桩号可用红漆注记在木桩上。注记形式如图 5-1 所示。

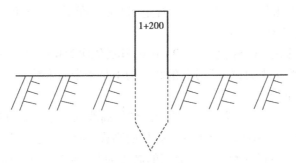

图 5-1　里程桩示意图

两相邻渠道中线相交的点即为交点,测设交点的方法有骑马桩法、拔角定线法和直接定交点法,在实地交点处打上一木桩,注记交点号即完成交点桩测设。具体方法在前面的学习中已有介绍,不再重复。如图 5-2 所示,JD_1,JD_2,JD_3 为交点桩。

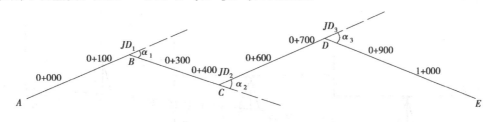

图 5-2　渠道中线示意图

2. 转折角测量

JD_1 处的转折角为 α_1,即 AB 的延长线和 BC 线的夹角。JD_2 处的转折角为 α_2,JD_3 处的转折角为 α_3。转折角 α 的测定方法:如图 5-2 所示,将经纬仪置于 JD_1 点上,对中整平,倒镜后视 A 点,度盘置 $0°00'00''$,照准部不动倒镜(盘左)得 AB 的延长线,松开照准部再前视 C 点(JD_2)水平度盘的读数 L 即为转折角 α_1 的角值。同法可测得 α_2,α_3 等转折角的角值。

从路线前进方向看路线向右偏,其转折角称为右偏角,向左偏称为左偏角。α_1 为右偏角,α_2 为左偏角,α_3 为右偏角。注意左偏角 α_2 用上述方法测定,其角值为 $\alpha_2 = 360° - L_0$

式中　L——照准前视方向的水平度盘读数。

3. 圆曲线测设

当渠道的转折角测定后,即可测设圆曲线。测设圆曲线的目的是防止渠道在使用期间产生严重淤积和水流冲刷堤岸现象。圆曲线的测设通常分两步进行:首先测设圆曲线的主点,然后进行圆曲线的详细测设。具体测设方法见学习情境 3 之子情境 4 曲线测设。

4. 测设里程桩和加桩

线路控制点标定后,即沿线路丈量距离设置里程桩。距离丈量一般可采用全站仪或钢尺量距。采用钢尺丈量时,需丈量两次,两次丈量的较差,在平地、丘陵地区不大于 1/2 000,在山区不大于 1/1 000。距离取至厘米单位。

在量距的同时,测设里程桩。里程桩是用来标志线路位置及其到距离起点的长度,同时也是纵、横断面测量的基础,并且是施工放样的根据。里程桩自线路的起点开始设置,一般每隔

100 m 设桩,称为百米桩。

如果在相邻两里程桩之间遇线路坡度变化处或与地物相交处,均应增设加桩。加桩也按对起点的水平距离进行编号,但并不一定是规定间距的整倍数。如在距渠道起点 320.50 m 处遇有道路,其加桩编号为 0 + 320.50。

里程桩的编号方法是,线路的起点为 0 + 000,其后依次为 0 + 100,0 + 200,…,"+"前面为里程桩至线路起点的整千米数,"+"号后的数字为不足千米的米数。

其具体作业方法如下:

从渠道的起点开始,用皮尺或绳尺大致沿山坡等高线向前量距,每隔 50 m 或 100 m 打一木桩(按规定要求),打桩时用水准仪测一下桩位的高程,看中线是否偏高或偏低。如图 5-3 所示,设 0 + 000 桩的设计高程为 60 m,水准点的高程为 56.684 m,要确定 0 + 000 桩的概略位置,应在水准点与 0 + 000 桩之间架设水准仪,后视水准点 BM_{M1} 读得后视尺为 1.964 m,则视线高为 59.684 m + 1.964 m = 61.648 m,然后将前视尺在前进的方向上沿山坡上、下移动,使前视尺读数 b = 61.648 m – 60 m = 1.648 m,此时该立尺点的高程即为 60 m。打下一木桩,该桩即为 0 + 000 桩。

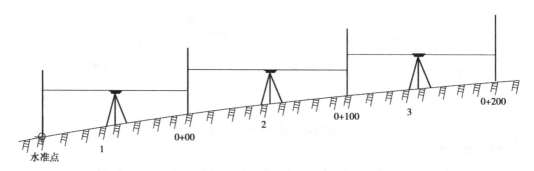

图 5-3 山区中线测量示意图

起点 0 + 000 桩标定后,可由起点按渠道的设计比降算出各里程桩的高程,然后用同样的方法测设出各里程桩的大概位置,这样渠道中线就可以定出来了。

四、纵横断面测量

渠道中线标定以后,即可进行纵横断面测量。纵横断面测量的目的在于了解渠道沿线具有一定宽度范围内的地形起伏情况,为渠道的坡度设计,计算工程量提供依据。

1.纵断面测量的步骤

纵断面测量是用水准测量方法进行的,高程计算采用了视线高法。它的任务是测出渠道中线上各里程桩及加桩的高程,为绘制断面图,计算渠道上各桩的填挖高度提供依据。

纵断面测量可分段进行,每段高差闭合差不应大于 $\pm 40\sqrt{L}$(L 为附合水准路线长度,单位为 km),若高差闭合差超限,必须返工。符合限差要求,不必进行高差调整。

具体作业方法是:如图 5- 4 所示,该渠道每隔 100 m 打一里程桩,在坡度变化的地方设有加桩 0 + 070,0 + 250,0 + 350 等。

先将仪器安置于水准点 BM_{II1} 和 0 + 000 桩之间整平仪器,后视水准点 BM_{II1} 上的水准尺,其读数为 1.123,记入表中第 3 栏(见表 5-1),旋转仪器照准前视尺(0 + 000 桩)读数为 1.201,

记入表格第 5 栏内,这样就可根据水准点 BM_{II1} 的高程求得视线高,即

视线高 = 后视点高程 + 后视尺读数 = 72.123 m + 1.123 m = 73.246 m

将此数记入表第 4 栏内,视线高减去前视尺读数 1.201 得 0 + 000 桩高程,即 73.246 m −

1.201 m = 72.045 m 记入表格第 7 栏内,但要与 0 + 000 桩号对齐。

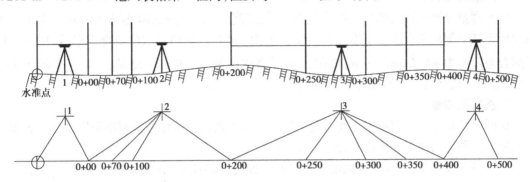

图 5-4　纵断面测量示意图

表 5-1　渠道纵断面测量记录手簿

测 站	测点桩号	后视读数	视线高	前视读数	间 视	高程	备注
1	2	3	4	0	6	7	
1	BM_{II1}	1.123	73.246			72.123	
2	0 + 000	2.113	74.158	1.201		72.045	
	0 + 070				0.98	73.18	
	0 + 100				1.25	72.91	
	0 + 200	2.653	74.826	1.985		72.173	
3	0 + 250				2.70	72.12	
	0 + 300				2.72	72.11	
	0 + 350				0.85	73.98	
	0 + 400	1.424	74.562	1.688		73.138	
4	0 + 500	1.103	74.224	1.441		73.121	
5	BM_{II2}			1.087		73.137	
检 核		$\sum a = 8.416$		$\sum b = 7.402$	$\sum a - \sum b =$	1.104	
已知点 BM_{II1},BM_{II2} 的高差之差 73.140 − 72.123 = 1.017							
$f_h = 1.014 - 1.017 = -3$ mm,$f_{h允} = \pm 40\sqrt{L} = \pm 28$ mm							

依照上述步骤,逐站施测,随记随算,测至适当的距离与水准点联测,以便检查成果是否符合限差。

2. 特殊地形的中平测量

渠道踏勘阶段的高程测量分为基平测量和中平测量。

基平测量是沿线布设的基本水准点的测量。水准点间距在平原、丘陵地区为 1 ~ 2 km,在

山地及高山地区为 0.5 ~ 1 km。水准点的位置应地基牢稳且便于使用。

基平测量一般采用几何水准测量水准点高程,或采用电磁波测距三角高程代替相应等级的水准测量;作业时均采用往、返测或两组单程观测,其高差较差的限差为 ±30 $\sqrt{L}$ mm(L 为单程水准路线长度,以千米计),在限差内,取其平均值,取位至毫米单位。

中平测量是测定导线纵断面点的高程(导线点高程),一般采用单程水准测量。水准路线应起闭于基平测量所设立的水准点上,导线点应作为转点,其高程取位至毫米单位,中平测量的闭合差限差为 40 $\sqrt{L}$ mm。在困难地段,中平高程也可用三角高程测量获得,且要起闭于已知水准点上,其路线长度不宜大于 2 km。

3. 横断面测量

横断面就是垂直于渠道中心线方向的断面。横断面测量的任务是测出渠道中线上各里程桩和加桩处两侧的地形起伏情况,绘出横断面图。

进行横断面测量时,首先应确定出横断面的方向,而后以中心桩为依据向两边施测,施测的方法较多,如花杆皮尺法、水准仪配合皮尺法、手水准法及经纬仪视距法等。

现介绍水准仪配合皮尺法。如图 5-5 所示,将水准仪架在 0+000,0+100 桩之间,两断面方向用十字架标定。如果渠道宽度不超过 50 m,可用目测方法标定断面方向。0+000 桩上立尺,水准仪后视该尺,读数记入表 5-2 的后视栏内,然后水准仪分别照准地面坡度变化的立尺点左$_1$、左$_3$、左$_5$;右$_1$、右$_2$、右$_5$ 等,将其读数依次记入相应的间视栏内。各立尺点的高程计算采用了视线高法。记录详见表 5-2,注意:左$_1$、左$_2$……,表示地形点在中心桩的左侧,角码表示地形点距中心桩的距离。右$_1$、右$_2$……表示地形点在中心桩的右侧。距中心桩的距离写在"右"字的右下方(即角码)左右之分是面向前进方向,中心桩左边为"左",中心桩右边为"右"。

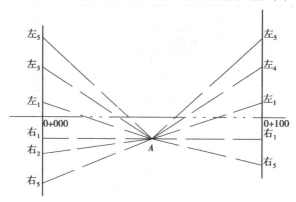

图 5-5 横断面测量示意图

注:图中 A 表示水准仪架设位置仪

为了加快测设速度架设一次仪器可以测 1 ~ 4 个断面。水准仪配合皮尺法测量横断面虽说精度较高,但它只局限于平坦地区。

4. 纵横断面图绘制

1)纵断面图的绘制

渠道纵断面测量完成后,整理外业观测成果,经检查无误后,即可绘制纵断面图。

纵断面图是在印有毫米格纸上绘制的(或电脑绘制)。绘图时,既要布局合理,又要反映出地面起伏变化。为此就必须选择适当的比例尺。通常高程比例尺比水平距离比例尺大 10 倍。

表 5-2　横断面测量记录

测　站	桩　号	后　视	前　视	间　视	视线高	高　程	备　注
1	0 +000	1.42			73.465	72.045	
	左₁			1.32		72.14	
	左₃			1.03		72.43	
	左₅			1.50		71.96	
	右₁			1.30		72.16	
	右₂			1.25		72.22	
	右₅			1.54		71.93	
2	0 +100	1.56			74.47	72.91	
	左₁			1.21		73.26	
	左₄			1.43		73.03	
	左₅			0.89		73.58	
	右₁			1.53		72.94	
	右₅			1.33		73.14	
3	0 +200	1.51			73.68	72.17	
	左₁			1.32		72.36	
	左₃			1.06		72.62	
	左₅			1.44		72.24	
	右₅			1.57		72.11	

　　具体绘制方法是：先在断面图上按水平距离比例尺定出各里程桩和加桩的位置，并注上桩号。将里程桩和加桩的实测高程记入地面高程栏内（见图5-6），按高程比例尺在相应的纵向线上标定出来，根据高程、水平距离将各点定出后，把这些点连成折线，即为渠道纵断面的地面线，如图5-6所示。

　　最后在图表上应绘出渠道路线平面略图，注明路线左右的地物、地貌的大概情况，以及圆曲线位置和转角、半径的大小。

　　2）横断面图的绘制

　　根据横断面测量的外业记录，经检查无误后，绘制横断面图。绘制横断面图的目的在于套绘标准断面图计算土方量。绘制横断面图的方法基本上与纵断面图相似，也是绘在毫米格纸上。但横断面图上高程、距离比例尺一般采用相同比例尺。常用的比例尺有1：100，1：200。图5-7是0+000桩的横断面图，纵横比例尺均为1：100。地面线是根据横断面测量测得的左右立尺点的高程及相对中心桩的距离绘制而成的。

　　绘制横断面图时，应使各中心桩在同一幅图内的纵列上，自上而下，由左至右布局。在相邻两中心桩之间要保持一定的间距，以便于横断面的设计。

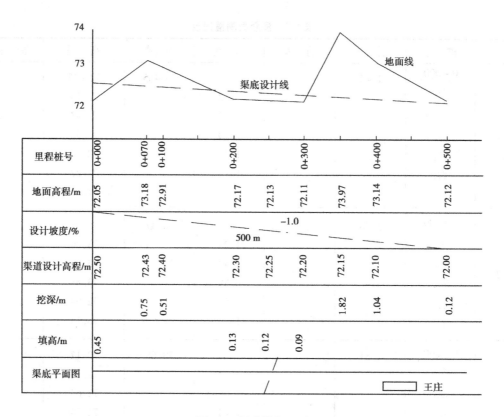

图 5-6　渠道纵断面图

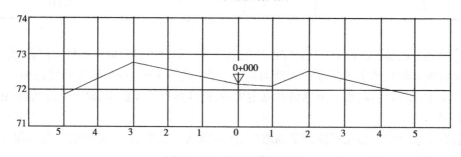

图 5-7　0 + 000 桩横断面图

五、横断面面积与土方计算

1. 挖填断面的确定

渠道纵横断面绘制完成后,即可进行土方计算。

计算土方量之前,应绘制标准断面。标准断面即可直接绘在横断面图上,又可制成模片进行套绘。标准模片的制作是根据渠底设计宽度、深度和渠道内外坡比,在透明的聚酯薄膜上绘制成的。标准断面绘成以后,即可将标准断面套在横断面上。套绘方法是根据纵断面图上各里程桩的设计高程,在横断面图上表示出来,作一标记。然后将标准断面的渠底中点对准该标记,渠底线应与毫米纸的方格网横线平行,这样即套绘完毕。地面线与设计断面线(标准断面线)所围成的面积即为挖方或填方的面积,在地面线以上的部分为填方,在地面线以下的部分为挖方(见图 5-8)。

218

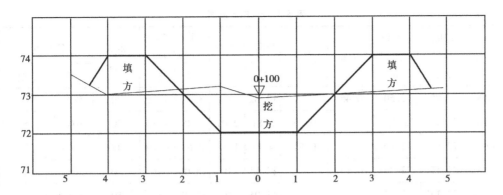

图 5-8　套绘标准断面后的断面图

2. 挖填横断面面积的量测

计算填、挖方面积的方法很多,详见学习情境 4 之子情境 2 场地平整测量。

3. 土石方量计算

在渠道土方计算中常用的方法是均值法,即相邻两断面的挖或填面积的平均值。

$$A = \frac{1}{2}(A_1 + A_2) \tag{5-1}$$

式中　A_1, A_2——相邻两断面挖方或填方的面积;

　　　　A——平均值。

两断面间的挖(填)土方量为

$$V = A \cdot D$$

式中　D——相邻两断面之间的水平距离。

计算土方时,是将纵断面图上各里程桩的地面高程、设计高程、填挖量及各断面的填挖方面积分别填入表 5-3 内,然后求取相邻两断面面积的平均值,也填入表 5-3 的相应表格内,平均断面面积乘以两断面间的水平距离即为挖方或填方量,分别填入相应栏内,见表 5-3。

如果相邻两断面的中心桩,其中一个为挖,另一个为填,则应先找出不填不挖的位置,该位置称为"零点"。如图 5-9 所示,设零点 O 到前一里程桩的距离为 x,相邻两断面间的距离为 d,挖土深度或填土高度分别为 a, b,则

$$\frac{x}{d-x} = \frac{a}{b}$$

$$x = \frac{a}{a+b} \cdot d$$

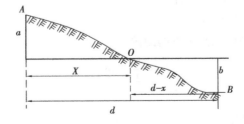

图 5-9　确定零点桩位置的方法

表 5-3　土方计算表

桩　号	地面高程/m	渠底设计高程/m	填/m	挖/m	断面面积/m² 填	断面面积/m² 挖	平均断面面积/m² 填	平均断面面积/m² 挖	距离/m	体积 m³ 填	体积 m³ 挖
0＋000	72.05	72.50	0.45		13.82	0	8.32	1.01	70	582.4	70.7
0＋070	73.18	72.430		0.75	2.81	2.01	3.48	1.80	30	104.4	54
0＋100	72.91	72.40		0.51	4.15	1.58	8.63	0.79	100	863	79
0＋200	72.17	72.30	0.13		13.11	0	13.08	0	50	654	0
0＋250	72.13	72.25	0.12		13.05	0	12.23	0	50	611.5	0
0＋300	72.11	72.20	0.09		11.38	0	8.32	0.63	50	416	31.5
0＋350	73.97	72.15		1.82	5.25	1.25	5.18	1.18	50	259	59
0＋400	73.14	72.10		1.04	5.10	1.10	6.08	1.21	100	608	
0＋500	72.12	72.00		0.12	7.06	1.32	总　计			4 098.3	415.2

例如,设 0＋000 桩至 0＋100 桩有一"零点","该零点"至 0＋000 桩的距离为 x,0＋000 桩挖深 0.5 m,0＋100 桩填高 0.3 m,则

$$x = \frac{0.5}{0.5 + 0.3} \times 100 \text{ m} = 62.5 \text{ m}$$

那么"零点"的桩号为 0＋062.5,该桩号求得后,应到实地补设该桩,并补测横断面,以便将两桩之间的土方分成两部分计算,使计算结果更准确可靠。

六、渠道和堤线边坡放样

1.边桩放样

边桩的放样是对渠道坡顶点和坡脚点的测设,其可根据渠道设计断面图或渠道中心填挖深度进行放样。

1)利用设计横断面图放样边桩

渠道横断面图是渠道施工的主要图纸,渠道的坡脚点和坡顶点与中桩的水平距离可在横断面图上量取,然后用皮尺沿横断面方向从中桩量距,并于放样点设边桩即可。

2)根据渠道中心填挖高度放样边桩

(1)平坦地区的渠道边桩放样

如图 5-10 所示,渠道坡脚点到中桩的距离

$$l = \frac{B}{2} + m \cdot h$$

式中　B——渠道设计宽度;

m——边坡设计坡度;

h——渠道中心填挖高度。

根据算得的距离 l,沿横断面方向以中桩向两边量距,即可钉出渠道边桩。

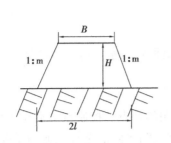 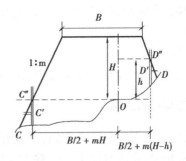

图 5-10　平坦地区渠堤　　　　　图 5-11　倾斜地面的渠堤

（2）倾斜地面的渠道边桩放样

如图 5-11 所示，详见放样方法见学习情境 3 之子情境 3 公路铁路施工测量。

2. 边坡放样

为了指导施工，使填挖的边坡达到设计的坡度，还应把坡度在实地标定出来。

1）用麻绳竹竿放边坡

（1）一次挂线：当渠堤填土不高时，可以用坡脚尺竖立在边坡两边，按设计的坡度进行挂线的方法，一次把线挂好。

（2）分层挂线：当渠堤填土较高时，可以根据填筑高度进行分层填筑，每填一层土，挂一次线，在每层挂线前应标定中线，并用手水准仪抄平，其方法与一次挂线相同。

2）用边坡样板放样边坡

在开挖渠道时，在边坡顶外侧立固定样板，施工时可以随时瞄准。

子情境 2　河道测量

一、河道测量概述

1. 河道工程

河道工程是指在河道上（或岸边）修建水工建筑物，如水电站、拦河坝、桥梁、港口、码头及河道整治等工程。通过测量获取河道有关的水下地形测量资料，是兴建水工建筑物必不可少的测量资料。在水利工程建设方面，利用水下地形测量资料，可以确定河流梯级开发方案、选择坝址、确定水头高度、推算回水曲线；在桥梁工程建设方面，用以研究河床冲刷情况，决定桥墩的类型和基础深度，布置桥梁孔径等；在河道整治和航运方面，为了保证船只安全行驶，用以了解河底地形，查明河中的浅滩、沙洲、暗礁、沉船、沉树等影响船只安全行驶的障碍物；在港口码头建设方面，为了在建港地区进行疏竣工作及停泊巨型轮船而要修建深水码头，需要进行水下地形测量，作为其设计和施工的依据；在科学研究方面，通过水下地形测量和有关河道纵、横断面测量，可以研究河床演变及水工建筑前、后的水文形态变化规律，监视水工建筑物的安全运营，观测水库的淤积情况。

2. 河道工程测量的任务

河道工程测量的主要任务，就是进行河道纵、横断面测量和水下地形测量。为工程施工提供必要的河道纵、横断面和水下地形图。在河道测量中,除了部分陆上测量工作外,主要是水下部分的测量工作。

3. 测量工作内容

测量工作的主要内容有控制测量、水位测量、水深测量、水下地形测量及纵横断面测量等。

二、河道工程控制测量

河道控制测量的方法和陆上相同,但也有其鲜明的特点。控制点沿河岸布设,视野开阔,测区狭长,与水相伴,观测时受水的影响大,因此,在观测时间的选择上尤为重要,应避免受水雾的影响。

河道控制测量是水下地形测量的基础,河流纵、横断面测量的依据,在进行水下地形测量之前,必须在岸上建立河道控制网。如果测区内已有控制点,且其精度与密度均能满足测量的要求,可以不另布设新网。否则,应根据水下地形测量的精度要求,布设适当等级的控制网。布网时应按下列要求进行:

①河道平面控制网应靠近且平行于岸边布设,并尽可能将各横断面的端点、水准基点及临时水准点,直接组织在基本平面和高程控制网内,以减少加密层次,提高测量精度。

②平面和高程控制系统与陆地测图控制系统一致。

③水准点、平面控制点和横断面端点的埋石点数应在任务书中明确规定。平面控制点一般可沿河每隔 2 ~ 4 km 埋设一对固定标石。

④为了减少渡河和测距困难,布设导线时应尽量沿河的一边进行。

1. 平面控制测量

导线、GPS 都可以做河道控制测量,根据工程特点和测量作业条件选择其中的某种方法或多种方法相结合。方法确定后,根据测量要求进行控制点位的设计和埋设,标心必须用不锈钢或铜材制作,以防锈蚀,点位一定要埋设在最高水位线上的稳固地点。

2. 高程控制测量

水准测量、三角高程测量是河道高程测量的主要手段。点位的埋设可与平面控制共点,也可单独埋设。

河道水准测量一般选用三、四等作为高程的首级控制,特别要提出的是跨河水准测量较多,应严格按照有关要求进行。

三、水位测量

1. 水位观测的基本要求

水位观测的目的是得到水下测点的高程,它是用观测时刻的水深间接推求的。由于测量水深的基准是水面,而水面通常是变化的(如海平面因潮汐每天有升有降;在江河中的不同地段,水位也不同),因此,必须对实测的水深值加上改正后,才能推算出成图时所需用的统一高程值。

进行水位改正,必须进行水位观测。水位观测在统一的基准面上进行。目前,我国采用的基准面有以下两种:

1)大地水准面

根据青岛验潮站资料计算的多年平均海平面,称为"1985 国家高程基准"。这是绝对高程。

2）测站基准面

采用观测地点历年的最低枯水位以下 0.5~1.0 m 处的平面为测站基准面，这是相对基准面。

通常的水位观测设备有标尺和自动水位计两大类。使用最广的是立在岸边水中的标尺。标尺一般为木制，上面刻有米、分米和厘米刻划，类似于水准尺。为了减少波浪的影响，提高读取水位的精度，可在标尺周围设置挡浪的设备。在易受水流、漂浮物撞击以及河床土质松软影响而不宜设置直立式标尺时，可设立矮桩式标尺。这种标尺只露出地面 10~20 cm，并在桩顶设置一圆头钉作为高程测量标志。

标尺零点的高程用水准测量的方法与水准点联测求得，设为 H_0。观测标尺时，应尽可能接近它，水面读数至厘米单位。在有风浪时，应取波峰、波谷读数的平均值。所谓水位，即为标尺零点高程加上标尺读数。

进行水下地形测量时，水底测点的高程等于水位减去水深，因此，水位观测应与测量水深同时进行。这一要求在实际工作中很难做到，也不必要。实际工作中，是派专人按规定时刻连续在标尺上读取水位时间间隔因水位升降速度和水深测量的精度要求而定，一般每隔 10~30 min 观测一次，记录水位及观测时刻，并以水位为纵坐标，时间为横坐标，作出水位-时间曲线图备用（见图 5-12）。

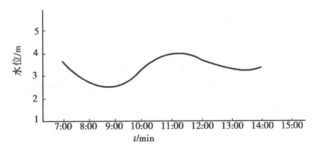

图 5-12　水位-时间曲线图

应当注意，在沿海及受潮汐的河段应根据当地潮位预报，做好最高、最低潮水位的观测工作。当测区有显著的水面比降时，应分段设立标尺进行水位观测，按上、下游两个标尺读得的水位与距离成比例内插，获得测深时的水位。

2. 临时控制点的布设

为了满足水位测量、水深测量、水下地形测量、纵横断面测量等测量工作的需要，在河道控制测量时所埋设的固定标石控制点是远远不够的，也不方便各项测量工作的开展，就需要在基本控制网下进行控制点的加密测量，布设临时控制点。其点位也应选在牢固稳定、视野开阔的地方，可以用木桩或红油漆做标志。临时控制点的发展层次和精度按有关规范要求执行。

3. 同时水位测量

在编制河流纵断面图和计算水面比降时，需要河流在同一时间的各点水面高程。这些高程通常称为同时水位（或称瞬时水位、假定水位）。

为了获得同时水位，若施测河段不长时，可以在拟测水位处于规定的同一瞬间，同时打下与水面齐平的木桩，桩顶的高程即代表该处特定时刻的水面高程，以后将桩顶与水准点进行高程联测，即能获得水面各点的同时水位。

当河段较长时,在测点上测量水深的时刻不会恰好等于标尺上测水位的时刻。这时可通过内插求得任意时刻的瞬时水位;也可根据所绘的水位-时间关系图,用比例尺在上面量取任意时刻的瞬时水位。

下面介绍水底高程 H 的计算:

如图 5-13 所示,设某时刻 t 的瞬时水位为 H_t,标尺零点高程为 H_0,测得瞬间水平面在标尺的读数为 h_t,则水底的高程 H 为

$$H_t = H_0 + h_t$$
$$H = H_t - h \tag{5-2}$$

式中 h ——水深,m。

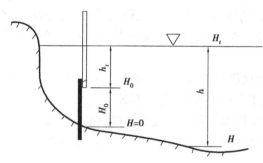

图 5-13   水底高程 H 的计算图

4. 洪水调查测量

进行水位测量时,需要进行历年洪水位和最高洪水位调查测量,首先应到当地水利或水文部门收集有关历年洪水位和最高洪水位的记录资料;也可以询问当地知情的老百姓,察看河岸洪水位痕迹,再测量其高程值。

四、水深测量

通过上节的学习已知,要获得测点水底的高程,除测定水位 H_t 外,还必须测出相应测点的水深 h。常用的测深工具或仪器有测深杆、测深锤和回声测深仪,根据水深、流速和精度要求选用,见表 5-4。

表 5-4   作业设备的选用

水深范围/m	作业设备	测深点深度中误差/m
0 ~ 5	测深杆	0.10
0 ~ 15	测深锤	0.15
0 ~ 20	测深仪	0.20
20 以上	测深仪	水深的 1.5% ~ 2.0%

1. 测深杆测量

测深杆(见图 5-14)可用竹竿、硬塑料管、玻璃钢管或铝合金管等硬质材料为标杆。标杆下端装一直径为 10 ~ 15 cm 的铁板或木板,以防止杆端插入淤泥深处而影响测深精度。

为便于读数,在测深杆上用红油漆每隔 10 cm 作一个标志。而且,为了区别,可以将 1,3,

5 m 漆成白色,并用红漆注明 10 cm 的位置;同样将 2,4,6 m 漆为红色,用白漆标明 10 cm 的位置。分划线要从铁板底的底面起算。测深时测深杆处于铅垂位置,再读取水面与杆相交处的数据。测深杆宜用于测量小于 5 m 的水深。

2. 测深锤测量

当水深较大时可用测深锤测量水深。测深绳一般选用柔软、在水中伸缩性小的材料制成。在测深绳下端系一个 3 ~ 4 kg 的重锤。水深较深时,可用 5 kg 以上的重锤。为了便于读数,绳索上应每隔 10 cm 用不同颜色的色带作为标志(见图 5-15)。

测深锤适合在流速小于 1 m/s 、船速小水深不大于 15 m 的情况下使用。为了保证测量精度,在使用一段时间后,应对绳索长度进行检测。

图 5-14　测深杆　　　　　　　　　　　图 5-15　测深锤

测深时,要求测深绳处于铅垂状态,再读取水面与测绳相交处的数据。

3. 回声探测仪测量

当水域面积较大、水深较深、流速较大时,用前面介绍的传统测深杆、测深锤测量水深,不仅精度较低、费工费时,有时甚至是不可能的,这是可选用回声测深仪测量水深。

1)回声测深仪的基本工作原理

回声测深仪的基本原理是利用声波在同一介质中匀速传播的特性,测量声波由水面至水底往返的时间间隔 Δt,从而推算出水深 h 为

$$h = \frac{1}{2} \sqrt{(c \times \Delta t)^2 - l} \tag{5-3}$$

式中　l ——两换能器之间的距离,又称基线长。

当换能器收、发合一时,式(5-3)可简化为

$$h = \frac{1}{2} c \times \Delta t \tag{5-4}$$

式(5-4)中的水中声速 c 与水介质的体积弹性模量及密度相关,而体积弹性模量和密度又是随温度、盐度及静水压力变动的。时间 Δt 是仪器测量得到的,当声速 c、时间 Δt 确定后,即可得换能器到水底的垂直距离。

2)声速

前面已述,声速 c 与水介质的体积弹性模量 E 和密度 ρ 有关,用公式表示为

$$c = \sqrt{\frac{E}{\rho}} \tag{5-5}$$

用声速仪直接测量,可以适时地获得当时当地的声速,有利于实施测量自动化,但需要用专

用仪器和设备。运用经验公式进行计算,首先必须获得影响水中声速的各种因素的数值,然后再运用声速与各因素的函数表达式,即经验公式进行计算。目前,工程上应用较多的公式为

$$c = 1\,449.2 + 4.6\,t - 0.055\,t^2 + 0.000\,29\,t^3 + (1.34 - 0.01\,t)(S - 35) + 0.168\,P \qquad (5\text{-}6)$$

式中　t——温度;

　　　S——盐度;

　　　P——静水压力。

由式(5-6)可知,声速随着水介质的温度、盐度及静水压力增加而增加。

3)回声测深仪的组成

回声测深仪主要由发射机、接收机、发射换能器、接收换能器、显示设备及电源等部分组成。

发射机主要作用是周期性地产生电振荡脉冲并向海水中发射;接收机能将换能器接收的微弱回波信号进行检测放大,经处理后送入显示设备;发射换能器是一个将电能转换为机械能,再由机械能通过弹性介质转换成声能的电-声转换装置;显示设备的作用是将所测得的水深值显示出来。

目前,许多测深仪都将发射和接收换能器做在一起。实际作业时,每次定位由船上发出信号,马上按一下定标装置,使记录笔在记录纸上画一条测深定位线。在逢5、逢10的定位点上,按定标装置的时间加长一些,使所画的测深定位线粗一些,以便于核对。根据船上与岸上记录的测点定位时的信号,由记录纸上可找出定位点的水深值。

为了保证测深成果可靠,在测前测后,甚至作业中间,可用比测法对回声测深仪进行检查,该法是把船行驶到水流平稳、河床平坦、底质较硬的水深为5 m左右的地方,用测深仪与测深杆同时分别测量水深,当两者之差不超过0.1 m时,即认为测深成果可靠,回声测深仪的技术性能正常。

五、河道横断面测量

为了掌握河道的演变规律以及满足水利工程设计的需要,在有代表性的河段上布设一定数量的横断面,定期地在这些横断面线上进行位置和水深测量,依一定比例尺绘制河道横断面图。

1. 横断面位置及基点测定

根据横断面的用途和设计人员的要求,横断面宜在较大比例尺的地形图上选择,或者在现场根据实地情况与设计人员共同选定。横断面应设在水流比较平缓且能控制河床变化的地方。为了便于进行水深测量,应尽可能地避开急流、险滩、悬崖、峭壁等。其间距视河流的大小和用途而定。一般河段500~1 000 m设一断面,在河流急弯、交叉口以及沿河两岸的城镇等处应加测横断面。对于有特殊要求的河段,如桥址附近、大坝上下游,每隔200 m左右设一断面。

横断面基点应埋设在最高洪水位以上,横断面的编号通常自下游起向上游按河流名称统一编号。横断面基点应与控制点联测确定其平面位置和高程。

2. 横断面方向测定

横断面位置在实地确定后,应在两岸各端点上打一大木桩或埋设混凝土桩。为了防止损坏,可在两端点内侧10~20 m处加设一个内侧桩。横断面方向应垂直于水流方向,横断面的端点应与控制点联测确定其平面位置和高程。

3. 陆地和水下断面测量

陆地断面测量的方法前面已作了介绍,这里不再重复。横断面测量的目的就是在已选定的

横断面方向上测定每个测深点的平面位置和高程。其常用方法有断面索法、极坐标法、交会法和六分仪侧方交会法。前两种方法一般适用于水流平缓的小河;后两种方法适用于大的河流。

极坐标法和交会法的本质特点已熟悉,下面介绍断面索法和六分仪侧方交会法。

1)断面索法

如图 5-16 所示,按事先设计好的断面测线方向,在两岸拉一带有刻划的钢丝绳。工作时,让小船沿这条带有刻划的钢丝绳边定位测深。一条线测好后,同法可进行另一条测线的测量工作。此法定位精度最高。

2)六分仪侧方交会法

六分仪是一种应用平面镜反光作用的测角仪器,因为度盘的弧长通常为圆周的 1/6,故称六分仪,在船上手持操作进行角度观测,具体操作可参考说明书进行。

如图 5-17 所示,应用此法时,要在点 O 和 D 上立标杆。测船行至断面线上时,岸上发出信号,并测出 θ 角,测船上用六分仪观测 α 角,同时进行水深测量。这时起点距 $S = B + A \times \cot \alpha$,$A = OD \times \sin \theta$,$B = OD \times \cos \theta$,测点的间距一般为图上 $0.5 \sim 1.5$ cm。

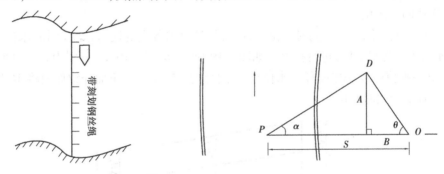

图 5-16　断面索法　　　　　　　　　　图 5-17　六分仪侧方交会法

4.断面图绘制

外业工作结束后,应对观测成果进行整理、检查和计算各测点的起点距和水深。由观测时的水位求出各测点的高程。输入计算机,在 CAD 界面上绘制成横断面图,如图 5-18 所示。在图上应注明垂直、水平比例尺、观测时间以及观测时的平均水位。

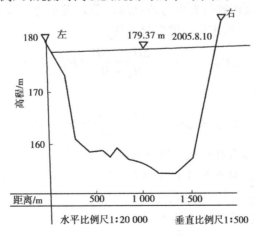

图 5-18　横断面图的绘制

六、河道纵断面测量

1. 测量方法

河道纵断面是沿着河道深泓点(即河床最深点)剖开的断面。横坐标表示河长,纵坐标表示高程,将这些深泓点连接起来,即得到河床的纵断面形状。在河流纵断面图上应表示出河底线、水位线以及沿河主要居民地、工矿企业、铁路、公路、桥梁、水文站、水位站、水准点以及其他水工建筑物的位置和高程。

河流纵断面图一般是利用已收集的水下地形图、河道横断面图及有关的水文、水位资料进行编绘的。若缺少某部分内容时,则需要补测。在收集资料工作完成后,即可编制纵断面图。其步骤如下。

1)量取河道里程

在已有的地形图上,沿河道深泓线从上游(或下游)某一固定地物或建筑物(如桥、坝、水文站及水位站等)开始起算,向下游(或上游)累计,量距读数取至图上 0.1 mm。

2)换算同时水位

为了在纵断面图上绘出同时水位线,应首先计算出各点的同时水位(瞬时水位)。通常是根据工作水位(观测水位)进行换算。如图 5-19 所示,H_A,H_B 和 H_M 分别为某一日期于上游水位站 A、下游水位站 B 和中间任一水位点 M 测得的工作水位。下面介绍如何将 M 点的水位换算为另一日期的同时水位。

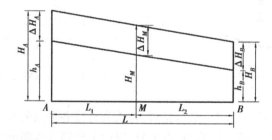

图 5-19 换算同时水位

(1)设定各点间落差改正数的大小与各点间的落差成正比。这时,用下面的公式计算水位点 M 的落差改正数。由上游水位站推算时,可得

$$\Delta H_M = \Delta H_A - \frac{\Delta H_A - \Delta H_B}{H_A - H_B}(H_A - H_M) \tag{5-7}$$

由下游水位站推算得

$$\Delta H_M = \Delta H_B + \frac{\Delta H_A - \Delta H_B}{H_A - H_B}(H_M - H_B) \tag{5-8}$$

式(5-7)和式(5-8)可以互相检核。现举例说明其换算方法。

【例 5-1】 已知水位点 M 在 6 月 15 日 8 时 30 分的工作水位 $H_M = 48.121$ m,试求换算到 6 月 10 日 12 时的同时水位。其步骤如下:

a. 由 A,B 两水位站观测手簿中查得 6 月 15 日 8 时 30 分的水位为 $H_A = 49.232$ m,$H_B = 47.043$ m,其落差为 $\Delta H = H_A - H_B = 2.189$ m,又查得 6 月 10 日 12 时的水位 $h_A = 49.938$ m,$h_B = 46.681$ m。

b. 计算 A,B 两水位站涨落数 $\Delta H_i = H_i - h_i$

$$\Delta H_A = H_A - h_A = 49.232\ \text{m} - 48.938\ \text{m} = 0.294\ \text{m}$$
$$\Delta H_B = H_B - h_B = 47.043\ \text{m} - 46.681\ \text{m} = 0.362\ \text{m}$$
$$\Delta H_A - \Delta H_B = -0.068\ \text{m}$$

c. 利用式(5-7)计算 ΔH_M

$$\Delta H_M = 0.294\ \text{m} - \frac{-0.068}{2.189}(49.232 - 48.121)\text{m} = +0.328\ \text{m}$$

再利用式(5-8)进行检核,得

$$\Delta H_M = 0.362\ \text{m} - \frac{-0.068}{2.189}(48.121 - 47.043)\text{m} = +0.328\ \text{m}$$

d. 计算 M 点 6 月 10 日 12 时的同时水位为

$$h_M = H_M - \Delta H_M = 48.121\ \text{m} - 0.328\ \text{m} = 47.793\ \text{m}$$

(2)各点间落差改正数的大小与各点间的距离成正比,按距离进行内插求改正数,其计算公式如下。

由图 5-19 可知,从上游水位站推算得

$$\Delta H_M = \Delta H_A - \frac{\Delta H_A - \Delta H_B}{L} L_1 \tag{5-9}$$

由下游水位站推算

$$\Delta H_M = \Delta H_B + \frac{\Delta H_A - \Delta H_B}{L} L_2 \tag{5-10}$$

同上例,已知 M 点 6 月 15 日 8 时 30 分所测得的工作水位 $H_M = 48.121\ \text{m}$,求换算到 6 月 10 日 12 时的同时水位。其计算步骤如下:

a. 由 A,B 两水位站观测手簿中查得 6 月 15 日 8 时 30 分水位为 $H_A = 49.232\ \text{m}$,$H_B = 47.043\ \text{m}$,落差 $\Delta H = H_A - H_B = 2.189\ \text{m}$,6 月 10 日 12 时的水位为 $h_A = 48.938\ \text{m}$,$h_B = 46.681\ \text{m}$,从地形图上量出 $L = 8\ \text{km}$,$L_1 = 4.06\ \text{km}$,$L_2 = 3.94\ \text{km}$。

b. 计算 A,B 两水位站涨落数

$$\Delta H_A = 0.294\ \text{m}$$
$$\Delta H_B = 0.362\ \text{m}$$

c. 利用式(5-9)与式(5-10)分别求

$$\Delta H_M = 0.294\ \text{m} - \frac{-0.068}{8.0} \times 4.06\ \text{m} = 0.328\ \text{m}$$

由下游水位站推算进行检核,得

$$\Delta H_M = 0.362\ \text{m} + \frac{-0.068}{8.0} \times 3.946\ \text{m} = 0.328\ \text{m}$$

d. 计算 M 点 6 月 10 日 12 时的同时水位为

$$h_M = H_M - \Delta H_M = 48.121\ \text{m} - 0.328\ \text{m} = 47.793\ \text{m}$$

2. 比例尺的确定

河道纵断面外业测绘完成后,检查成果资料并编制河道纵断面成果表参见表 5-5,此表是绘制河道纵断面图的主要依据。纵断面图一律从上游向下游绘制,垂直(高程)比例尺一般为 1∶200~1∶2 000,水平(距离)比例尺为 1∶25 000~1∶200 000。

表 5-5　河道纵断面成果

序号	元素名称或编号	所在图形	里程/km（按深泓点）		高程/m						备注
			间距	累距	深泓点	同时水位点（化算至年月日）	洪水位（发生日期）	河中及两岸各种地物建筑物及有关元素	堤岸		
									左岸	右岸	
1	横08		0	0		138.17	143.39	148.2	144.80	145.02	
2	横07		1.1	1.1	134.1	137.75	(1924.2)	右铁	144.15	144.47	
3	铁桥		0.15	1.25	133.5			147.7			
4	人民钢厂		0.80	2.05				右铁			
5	横06		0.20	2.25			141.9	144.6	143.55	143.83	
6	清水河		0.15	2.40		136.82	(1910.7)				
7	水7		0.20	2.60	132.8						
8	水6		0.90	3.50	131.8	136.53					
9	水5		0.20	3.70		136.09					
10	横05		0.20	3.90		136.02			142.57	142.87	
11	水4		0.75	4.65	131.3	136.00					
12	红水河		0.10	4.75		135.48	140.22				
13	水3		0.10	4.85			(1924.5)	143.2			
14	红旗镇		0.05	4.90	131.0	135.39					
15	横04		0.25	5.15		135.17			142.20	142.34	
16	横03		0.45	5.60	130.8	134.75			142.15	142.05	
17	水2		0.55	6.15				145.4			
18	水1		0.25	6.40	133.7	134.45	138.5	左铁			
19	横02		0.40	6.80	133.7	134.41	(1931.5)	145.8	141.53	141.38	
20	洪迹点		0.75	7.55	133.0	133.85		左铁			
21	横01		0.45	8.00	130.3	133.32			140.88	140.36	

3. 纵断面图的绘制

根据成果表绘制河道纵断面图,如图 5-20 所示。

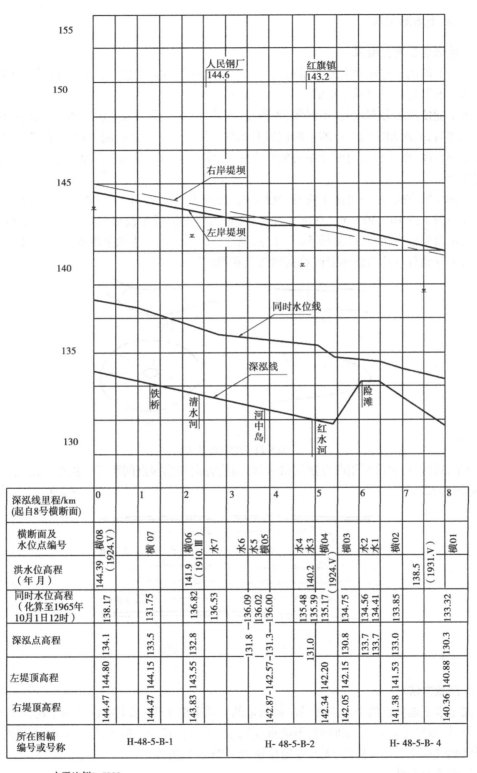

图 5-20　河道纵断面图

七、水下地形测量

1. 地形点位密度要求

河道上的测量与陆地上的测量最大的区别之处在于陆地上的地形特征点是可见的,而河道上水下地形特征点是看不见的。

为了能使测点分布均匀、不漏测、不重复,在实际中,常采用散点法或测深断面法布设测深点。观测时,同时测定测深点的平面位置和水深。测量人员根据待测水域情况,事先在室内设计好待测断面,然后利用前面介绍的放样方法,在实地标定好测深断面和测深点。测深断面也称测深线。

测深线的方向,可与河流主流或岸线垂直(见图 5-21(a)、(b)),可以相互平行,平行线间距一般为图上的 10~30 mm。在河道转弯处,也可将测深线布设成扇形(见图 5-21(c))。测深线还可以呈辐射状布设(见图 5-21(d)),测深点的间距通常为图上的 6~8 mm,也可根据水下地形的复杂程度适当地加密或放宽测深点和测深线。

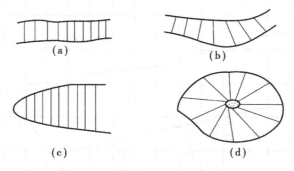

图 5-21　测深线的方向

实际测量时,也可采用散点法测量水深,测线方向和测深点间距完全由船上的测量人员控制(见图 5-22)。

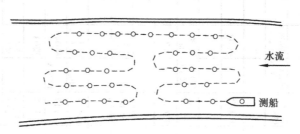

图 5-22　散点法布置测深线

2. 测量方法

测定水下地形点的平面位置是河道测量的一项重要工作,水上定位和陆上定位不同,水上定位时,待测船是运动的、实时的,不能重复测量,因而有其特定的方法。目前,常用的有交会法、断面索量距法、极坐标法、无线电定位法及 GPS 定位法等。

1)前方交会法

这是最常用的一种方法。如图 5-23 所示,以行驶的测船为观测目标,在岸上的两个控制

点 A,B 上架设经纬仪,同时照准目标 P,按角度前方交会法,测量交会角 α, β,可按下面的公式求得待测点 P 的坐标:

$$X_P = \frac{X_A \cot \beta + X_B \cot \alpha - Y_A + Y_B}{\cot \alpha + \cot \beta} \tag{5-11}$$

$$Y_P = \frac{Y_A \cot \beta + Y_B \cot \alpha + X_A - X_B}{\cot \alpha + \cot \beta}$$

注意:

①用无线电联络,确保同步完成 α, β 的观测。

②选好 A,B 点位置,使 α, β 的值尽量保持为 $30° \sim 70°$。

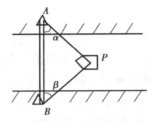

图 5-23　角度前方交会法

2)无线电定位法

无线电定位系统具有全天候连续实时定位的特点,定位精度基本能满足水下地形测量的要求,作用距离远、覆盖范围广,已成为河道测量的主要定位手段之一。无线电定位根据距离或距离差来确定测船的位置,前者称为圆系统定位,后者称为双曲线系统定位。

(1)圆系统定位

如图 5-24 所示,在测量船 P 上设置主电台,主电台包括发射机、接收机、天线和显示设备。在岸上两已知点上设置副台,副台上设有接收机、发射机和定向天线。

定位时,船上主电台发射一定频率的电磁能脉冲,设测得主台至副台 1、副台 2 的距离为 D_1, D_2,分别以副台 1、副台 2 为圆心,以 D_1, D_2 为半径,所画圆弧之交点,即为所测船的位置。

为了使岸上电台都只能回答预先规定的脉冲,船上电台的发射机应发射两种不同频率的脉冲,而岸上电台接收机也应各自调谐到相应的频率。目前,我国使用的这类仪器有国产的 HLC-1,DW-2;国外引进的如 Trisponder,Falcan-LII 等。

此种方法适用的最大测图比例尺为 1∶2 000。其缺点是用户有限,一般来说,同样的岸台,海上能利用的用户只有一个。

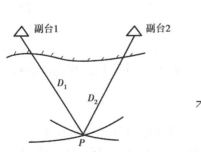

图 5-24　圆系统定位

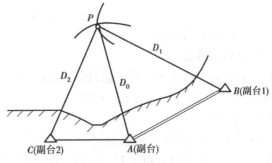

图 5-25　双曲线系统定位

233

（2）双曲线系统定位

双曲线定位又称测距离差定位。它是根据到两个定点的距离为常数的动点轨迹为双曲线的几何原理设计的。如图5-25所示,在陆地的3个控制点A,B,C上设立无线电发射台。其中A为主台,B,C为副台,P为测船位置,船上设有无线电定位仪。

由测船P至岸台的距离分别为D_1,D_2和D_0,若将岸台视为双曲线的焦点,则测船位P就是距离差(D_0-D_1)的双曲线和距离差(D_1-D_2)的双曲线的交点。距离差是由测船接收3个岸台的无线电信号,分别测量它们的相位差求得的。这种无线电定位系统的仪器型号较多,定位速度也快,但由于定位精度一般只能达到$3\sim5$ m,因此,在大比例尺水下地形测量中较少采用。

3）极坐标法

近年来,随着全站仪的普遍使用,用传统的光学经纬仪前方交会法定位已很少采用。新的方法是直接利用全站仪,按极坐标法进行定位。观测值通过无线通信可以立即传输到测船上的便携机中,立即计算出测点的平面坐标,与对应点的测深数据合并在一起;也可以存储在岸上测站与全站仪在线连接的电子手簿中或全站仪的内存中。到内业时由数字测图系统软件自动生成水下地形图。这种定位及水下地形图自动化绘制方法,目前在港口及近岸水下地形测量中用得越来越多。它既可以满足测绘大比例尺(如1∶500)水下数字地(形)图的精度要求,而且方便灵活,自动化程度高,精度高。

4）差分GPS定位

GPS定位技术的应用,可以快速地测定测深仪的位置。GPS单点定位精度为几十米,这对于远海小比例尺水下地形测量来说,可以满足精度要求,但对于大比例尺近海(或江河湖泊)水下地形测量的定位工作就显得不够,必须用差分GPS技术进行定位。

测量时将GPS接收机与测深仪器组合,前者进行定位测量,后者同时进行水深测量。利用便携机(或电子手簿)记录数据,并配备一系列软件和绘图仪硬件,便可组成水下地形测量自动化系统。近10年来,国内外研制开发成了多种商品化的此类系统。如美国的IMC公司生产的Hydro Ⅰ型自动定位系统,野外有两人便可完成岸上和船上的全部操作。当天所测数据只用$1\sim2$ h就可处理完毕,并可及时绘出水下地形图、测线断面图、水下地形立体图等。

该系统是在GPS接收机的基础上,配套差分基准台、无线电传输设备和一系列软件组成。基准台的作用是向船台发送一系列差分定位改正数。船台上启动微机工作软件后,根据不同的定位方式,对GPS接收机的各种状态自动进行设定,不断收集GPS接收机中的测量数据,对来自基准台的差分数据,可自动收集并更新数据。船台软件还可按计划的测线进行导航。比单点定位精度可提高约10倍。可以满足海上较大比例尺水下地形测量、海上工程勘察、海洋石油开采以及海洋矿藏开发等方面的需要。

3.绘图方法及要求

根据外业测量整理出的成果,通过展绘测深点的平面位置,并注记上相应的高程,勾绘出等高线或等深线,从而绘制出水下地形图。

1）计算机绘图

在整理外业观测成果时,可根据野外观测的数据编制程序用计算机解算出测深点坐标。将坐标和相应的高程在计算机中利用工程绘图软件(如南方公司的CASS等系列软件)自动绘制成图,具体的操作在前面的测量中已学习过,这里不再赘述。

2）图解法展点绘图

这是传统的作业方法,应根据外业定位方法、测图比例尺、测区大小及测深点距测站的远近,选用辐射线格网法、圆弧格网法、三杆分度仪法、量角器法及重叠法等进行展点。当用交会法和极坐标法定位和展点时,利用带有直尺的量角器可以方便地根据前方交会法观测值和极坐标法观测值求得测深点 P 的平面位置。

在无线电定位系统中,若采用圆系统定位时,测出测船 P 到两个岸台的距离 D_1 和 D_2 后,即可在预先绘制好的图板上确定其平面位置。

用双曲线系统定位时,也需要事先按照一定距离差的间隔,画出相应双曲线网络图(见图5-26)。实测时,根据每次测得的距离差在图板上用内插求得待定点位置。

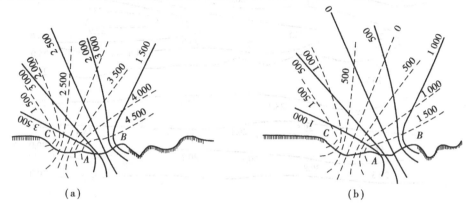

图 5-26　双曲线网络图

测深点的平面位置展位后,应立即注上水底高程。接下来的工作就是勾绘等深线或等高线,等深线的勾绘是水下地形测量中的最后一步工作,也是最重要的工作之一。当展好测深点后,便可根据这些点的高程展绘等深(高)线通过点的位置,从而勾绘出等深(高)线。插入点高程相对于临近图根点的高程中误差,不应大于表 5-6 的规定。

表 5-6　水下地面倾角与等深距的关系

水下地面倾角	0°~2°	2°~6°	6°~25°	25°以上
高程中误差(等深距)	1/2	2/3	1	3/2

注:对作业困难、水深大于 20 m 或工程要求不高时,其等深(高)线插求点的高程中误差可按表中规定放宽 1.5 倍。

图 5-27 是一幅 1∶2 000 水下地形图的一部分,从图可知水下地形图中等高线的一些特点。岸边的等高线与河流方向大体一致,河底等高线凸向上游(山谷的形态),等高线在最低处和岛礁处容易形成闭合(洼地和山顶的形态)。

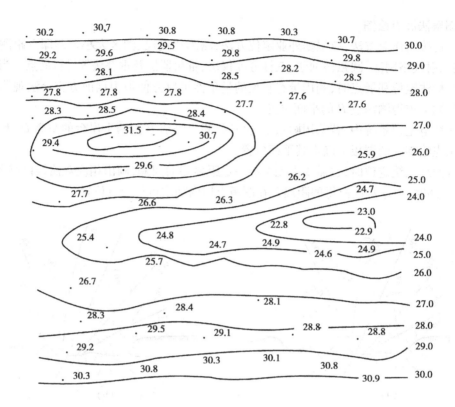

图 5-27 1∶2 000 水下地形图

子情境 3 水利枢纽工程测量

一、控制网布设

1. 平面控制网布设

水利工程是由许多建（构）筑物组成的，结构复杂。各建筑物在平面位置及高程方面都有一定的联系，而建筑物又是分期施工，因此，施工前应建立施工控制网，作为施工放样的依据。

由于水利枢纽多建设在山区，地形起伏大，故应先在施工总平面图上选择通视良好和便于保存的控制网点，并在现场标定。此外，由于枢纽的多数建筑物位于水坝的下游，随着施工的进展，上、下游间的通视将受阻，因此，控制点的分布应以坝下游为重点，适当照顾上游，这样有利于放样，如图 5-28 所示。

从放样使用方便来看，控制点应尽量靠近建筑物，但这样往往容易被施工所破坏，即使点位保存下来，但由于在施工时受到附近的震动、爆破等因素的影响后，也很难保证它的稳定性。因此，控制点的布设又最好是远离建筑区。为了解决这种矛盾，通常施工控制网进行分级布设，即在基本网下加密二级定线网。

一级网，它提供整个工程的整体控制，其点位应尽量选在地质条件好、离爆破震动远、施工干扰小的地方，以便长期保存和稳定不动，故将该级网称为基本网。

二级网,它是以基本网为基础,用插入点、插入网和交会点的方法加密而成的,其点位靠近各建筑物,直接为放样建筑物的辅助轴线和细部服务。这种网点在施工期间要用基本网点来检测并求算其变动后的坐标。当点位遭到破坏时,也可用基本网点恢复其点位,故称该网为定线网。

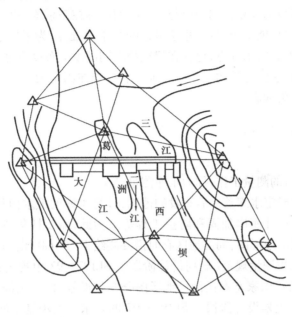

图 5-28　大坝施工控制网

布设施工控制网时,应将坝轴线作为控制网的一边。

由于施工控制网平均边长一般在 1 km 以下,各点高差有时较大。为了提高观测精度,常采用有强制对中标志的混凝土观测墩,如图 5-29 所示。

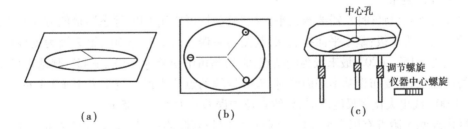

图 5-29　强制对中基座

我国《水利水电工程施工测量规范》(SL52—93,以下简称规范)中按工程规划和不同结构给出了各等级控制网的适用范围。规范对平面控制网的精度标准规定:"无论采取何种梯级布网,其最末级平面控制点相对于同级起始点或邻近高一级控制点的点位中误差不应大于 10 mm。"因而,在选定点位后,应进行精度估算和控制网的优化设计。

2. 高程控制网布设

水上建筑物在高度方面相差悬殊,或在水底,或高耸空中,其高程位置的放样错综复杂。同时,在施工期间及工程竣工后,要对建筑物(如大坝)进行水平位移、垂直位移及倾斜变形观测。为此,须布设高精度的高程控制网。

高程控制网一般分两级布设:一级为基本水准网,另一级为定线水准网。定线水准网是直接作为大坝定线放样的高程控制网,其稳定性是以基本水准网来检测的。基本水准网还作为大坝变形观测的高级控制。

基本水准网的等级应按水利枢纽施工区大小及放样精度要求进行选择。各条水准线路应尽可能联成闭合环,布设的高程控制网应与测图时的高程控制系统一致。

定线水准线路应尽可能缩短,且起止于最近的基本水准点,为了便于高程放样,在施工范围内应布设足够密度的临时水准点,包括在建筑物不同高度上布设临时水准点,尽可能做到只测设一站即可将高程传递到建筑物上。临时水准点可选在固定的岩石上,也可选在浇好的混凝土块上,涂上作红漆为标志。

二、水库施工测量

1.基本测量任务

为修建水库而进行的测量工作,称为水库测量。

在设计水库时,要确定水库蓄水后淹没的范围,计算水库的汇水面积和水库容积,在实地测定水库的淹没界线,设计库岸加固和防护工程等。为此,需要搜集或测绘1:50 000~1:100 000的各种比例尺的地形图;局部地区有时需要测绘1:5 000比例尺的地形图,供设计时使用。在《水利水电工程测量规范(规划设计阶段)》SL197—97中规定:1:5 000,1:10 000比例尺测图应依现行的《国家基本比例尺地形图分幅和编号》的规定编号,同时还应满足《水利水电工程测量规范(规划设计阶段)》SL197—97的要求。大坝是水库的重要组成部分,在技术设计和施工阶段,要进行大比例尺测图及施工测量;在运营管理阶段,要进行变形观测,所有这些测量工作,在相应的章节将专门讲述。本节将介绍50 km²以下测区的控制测量和地形测量的基本任务和特点、水库设计和大坝施工时的库区工程测量。

2.控制测量

1)平面控制测量

在水库的规划设计阶段,需要布设平面控制网时,可应用GPS静态测量的方法布设,也可用常规的方法分为3级:基本平面控制网,其测角中误差为±5″,±10″;第2级为图根控制,其测角中误差为±15″,±20″;最末级为测站点,它的测角中误差为±30″,±45″,测站点可用解析法或图解法测定,需要布设基本平面网时,五等导线的点位中误差应不大于±0.1 m。当需要进行1:1 000或更大比例尺测图时,导线点位中误差不大于±0.05 m。

测区内或测区附近有国家平面控制网点时,应与其联测;如果没有国家平面控制网点,则可采用独立平面坐标系。作为独立平面坐标系的起算数据,可以从国家地形图上图解控制网中某一点概略坐标和某一边的方位角,然后换算为平面坐标系;或者假定平面控制网中某一点的坐标,用罗盘仪测定某一边的磁方位角,但同一工程不同设计阶段的测量工作应采用同一坐标系。

2)高程控制测量

高程控制测量一般分为3级,即基本高程控制、加密高程控制和测站点高程。基本高程控制为四等以上水准测量,或采用GPS(全球卫星定位系统)高程拟合法和GPS大地水准面精化法,它能满足大比例尺测图的基本控制。加密高程控制测量,当测图的基本等高距为0.5 m与0.1 m时,可布设五等水准或解析高程;当基本等高距在2.0 m以上时,可布设五等水准、解析高程及图解高程;测站点高程亦可按基本等高距分别布设五等水准、解析高程和图解高程等。自国家水准点上引测起算数据时,若引测路线的长度大于 80 km,应采用三等水准,小于 80 km,可采用四等水准。引测时,应进行往返观测。

国家测绘局于 1987 年 5 月 26 日发布启用"1985 国家高程基准"。国家新的一等水准同高程起算面,就是采用新的高程基准。"1985 国家高程基准"较 1956 黄海高程系小 0.028 9 m,在联测工作中使用国家新的一等水准测量成果时,应知道这个差数,需要附和到其他等级的水准点上时,则应进行改正。

个别小型水库远离国家水准点,因而不便引测时,可假定起算数据,但同一河流或同一工程的各阶段的测量工作,应当采用同一高程系统。

3. 地形测量

地形测量的成图方法包括航空摄影测量、地面立体摄影测量、白纸测图和数字测图。这些成图方法,在有关课程中均已讲述,现在仅强调一下测绘地物、地貌时应满足的 3 点要求。

1)应详细测绘水系及有关建筑物

对河流、湖泊等水域,除测绘陆上地形图外,还应测绘水下地形图。对大坝、水闸、堤防和水工隧洞等建筑物,除测绘其平面位置外,还应测绘坝、堤的顶面高程;隧洞和渠道则应测量底部高程;过水建筑物如桥、闸、坝等,当孔口面积大于 1 m² 时,需要注明孔口尺寸。根据规划要求,为了泄洪或施工导流需要,对于干枯河床和可以利用的小溪、冲沟等,均应仔细测绘。

2)应详细测绘居民地、工矿企业等

在水库蓄水前必须进行库底清理工作。如果漏测居民地的水井,就不能在库底清理时把井填塞住,水库蓄水后,就可能发生严重的漏水,影响工程的质量和效益。如在测图时漏测了有价值的古坟、古迹等,则在库底清理工作中,有可能把这些文物漏掉,将会对研究祖国文化遗产造成损失。对工矿企业应该认真测绘,以便根据平面位置与高程确定拆迁项目、估算经济损失等。

3)正确表现地貌元素的特征

在描绘各种地貌元素时,不仅用等高线反映地面起伏,还应尽量表现地貌发育阶段,如冲沟横断面是 V 字形,还是 U 字形。鞍部不仅要表现长度和宽度,而且应测定鞍部最低点的高程,供规划设计时考虑工程布局。对于喀斯特地貌,尤其应详细测绘,以防止溶洞漏水或塌陷。

4. 淹没线测量

1)准备工作

在水库设计任务书中,对应测设的各种界线的高程范围、各类界桩高程表、具体目的和要求等,应有明确规定。执行库区测设任务的单位,应搜集资料并鉴定有关测绘资料的可靠程度,经过实地踏勘编制作业计划,并报主管部门审批后方可作业。其计划内容包括:测区概况及地区类别的划分;已有高程控制情况;施测界线的地段及其精度要求;工程的进行程序、工作量的估计、劳力的组合、经费的开支、仪器设备供应计划、仪器检验和有关安全措施等。

在进行水库设计时,如果大坝的溢洪道起点高程已定,则被溢洪道起点高程所围成的面积将全部被淹没。水库回水线是从大坝向上游逐渐升高的曲线,其末端与天然河流水面比较一致。在准备的测绘资料中,应将回水曲线及淹没线的高程分段注记在库区地形图上。表 5-7 为白河水库近期土地征用线和移民线的分段高程。

表 5-7　白河水库近期土地征用线和移民线的分段高程

分段编号	分段起点和终点	各段距离/km	近期土地征用线分段高程/m	近期移民线的分段高程/m
1	白河坝—王庄镇	29.35	1 532.0	1 537.0
2	王庄镇—张集乡	39.05	1 532.1	1 538.6
3	张集乡—瓦窑镇	56.40	1 532.3	1 539.8

根据分段高程,在库区内选择几个有代表性的横断面,各段以本段上游横断面高程作为测设高程。如图 5-30 所示,从坝轴线至回水曲线末端,将库区分为 AB,BC,CD 3 段,各段的起点和终点、各段间距离及各段高程作为测设时的基本数据。

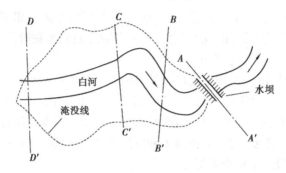

图 5-30　白河水库淹没线示意图

2)界桩测设的基本要求

(1)界桩的布设

界桩应根据库区沿岸的经济价值和地形坡度进行布设。凡是居民地集中、工矿企业、文物古迹、军事设施地区、耕地、大面积的森林等经济价值较高以及地形坡度平缓地区,须每隔 200～300 m 布设一个永久界桩。在永久界桩之间用临时桩加密,一般加密到50～100 m 有一个点。大片沼泽地、水洼地、地面坡度在 20°以上的或永久冻土区、荒凉或半荒凉地区等,可以不在实地测设或根据地形图目估标定界桩位置。永久的、临时的界桩,应目估点绘于库区地形图上,作为库区管理的基本资料。

(2)界桩测设的精度要求

界桩高程应以界线通过的地面或地物标志的高程为准,为便于日后检测,还应测定界桩桩顶的高程。各类界桩高程对基本高程控制点的高程中误差,不得大于表 5-8 的规定。

表 5-8　各类界桩高程中误差

界桩类型	内容说明	界桩高程中误差/m
I 类	居民地、工矿企业、名胜古迹、重要建筑物及界线附近地面倾斜角小于2°的大片耕地	±0.1
II 类	界线附近地面倾斜角小于 2°～6°的耕地和其他有较大经济价值的地区。如大片森林、竹林、油茶林、养牧场及木材加工厂等	±0.2
III 类	界线附近地面倾斜角大于 6°的耕地和其他具有一定经济价值的地区。如有一般价值的森林、竹林等	±0.3

（3）高程控制测量

各种界桩的高程,必须与水库设计用的地形图及计算回水曲线所依据的河道纵横断面图的高程系统一致。界桩测量就是按水库淹没线的高程范围,根据布设的高程控制点,在实地测设已知高程的界桩。测量界桩前,应先施测高程控制路线,其具体要求如下:

①基本高程控制测量。应根据淹没界线的施测范围和各种水准路线的允许长度确定等级,进行布设。通常在二等水准点基础上,布设三、四等闭合水准路线或附和水准路线。

②加密高程控制测量。可在四等以上水准点的基础上,布设五等水准附和路线,允许连续发展3次,线路长度均不得超过30 km。当布设起始于四等或五等的水准支线时,其路线长度不得大于15 km。

③在山区水库测设Ⅲ类界桩和分期利用的土地、清库及近期可能进行经济开发区等界线时,允许布设起止于五等以上水准点的经纬仪导线高程,其附和路线长度应小于5 km,支线长度应小于1 km,路线高程闭合差应小于$0.45\sqrt{L}$(m)(L以km计)。

④凡在水库淹没线范围以内的国家水准点,应移测至移民线高程以上。为测设界桩的方便,可在移民线之上每隔1~2 km利用稳固岩石或地物作出临时水准标志,并用五等水准测定其高程。

3）界桩测设

界桩测设的程序为:布设高程作业路线,即根据界桩类别选择和布设高程测量路线;测定界桩位置;埋设界桩;测定界桩高程等。由于界桩类别不同,界桩精度要求也不同,因此,测设要求应根据界桩类别来确定,如表5-9所示。

表5-9　各类界桩测设要求

界桩类别	界桩高程中误差/m	测设要求	说　明
Ⅰ类	±0.1	应以五等水准转站点为后视,用水准仪以间视法或支站法测设界桩	
Ⅱ类	±0.2	1.与Ⅰ类界桩测设方法相同 2.在视距长度小于100 m、竖直角小于10°时,允许以五等水准转站点作后视,用全站仪或经纬仪支一站测设界桩	
Ⅲ类	±0.3	当竖直角小于10°时,可用全站仪或经纬仪导线高程转站点作后视,以间视法或支站法测设界桩	包括Ⅱ类可放宽0.5倍精度界桩测设
按Ⅲ类放宽0.5倍精度测设的界桩	±0.45	当竖直角小于15°时,可用全站仪或经纬仪导线高程转站点作后视,以间视法或支站法测设界桩	

以高程作业路线上的任何立尺点为已知高程点,作为后视,然后用水准仪或视准轴位于水平位置的全站仪或经纬仪,设一测站,测设界桩的高程,称为支站法。超过一测站时,应往返测并闭合于原已知高程点上。

用水准仪以间视法测设界桩高程(见图5-31),测设步骤如下:

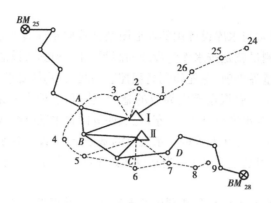

图 5-31　水准仪间视法测设界桩

（1）测设转点 A,B。由水准点 BM_{25} 起，施测水准支线，当所测高程接近界桩设计高程时，在地面设两个立尺转点 A,B。

（2）计算水准仪的视线高程。将仪器安置于 Ⅰ 点，后视转点 A 或 B，读得后视读数为 a_1 或 a_2，则视线高程 $H_{ia} = H_a + a_1$ 或 $H_{ib} = H_b + a_2$。其中，H_a 或 H_b 为转点 A,B 的高程。

（3）计算前视尺上的读数。设尺上的应有读数为 b，界桩的设计高程为 $H_设$，故测设 1 号界桩时，前视尺上的应有读数为 $b_1 = H_{ia} - H_设$。

（4）测量员指挥扶尺员在地面上移动尺子，当视线在尺面截取的读数为 b_1 时，该点就是淹没界线上的一点，立即打木桩标定；然后测出界桩桩顶高程。依前述方法，即可测设 2，3，4，…，9点。

三、水闸施工放样

1. 水闸的施工放样

水闸是由闸墩、闸门、闸底板、两边侧墙、闸室上游防冲板和下游溢流面等结构物所组成的。如图 5-32 所示为水闸平面布置示意图。

水闸的施工放样（见图 5-32），包括测设水闸的轴线 AB 和 CD、闸墩中线、闸孔中线、闸底板的范围以及各细部的平面位置和高程等。其中，AB 和 CD 是水闸的主要轴线。其他中线是辅助轴线，主要轴线是辅助轴线和细部放样的依据。

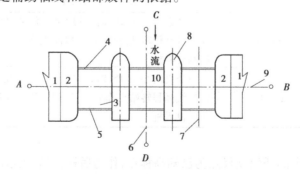

图 5-32　水闸平面位置示意图

1—坝体；2—侧墙；3—闸墩；4—检修闸门；5—工作闸门；
6—水闸中线；7—闸孔中线；8—闸墩中线；9—水闸中线；10—闸室

1）轴线放样

水闸主要轴线的放样，就是在施工现场标定轴线端点的位置，如图 5-32 所示的 A，B 和 C，D 的位置。

主要轴线端点的位置，可根据端点施工坐标换算成测图坐标，利用测图控制点进行放样。对于独立的小型水闸，也可在现场直接选定端点位置。

主要轴线端点 A，B 确定后，精密测设 AB 的长度，并标定中点 O 的位置。在 O 点安置经纬仪，测设中心轴线 AB 的垂线 CD。用木或水泥桩，在施工范围外能够保存的地点选定 C，D 两点。在 AB 轴线两端定出 A'，B' 两个引桩。引桩应位于施工范围外、地势较高、稳固、易保存的位置。设立引桩的目的，是检查端点位置是否发生移动，并作为恢复端点位置的依据。

2）水闸底板施工放样

如图 5-33 所示，根据底板设计尺寸，由主要轴线的交点 O 起，在 CD 轴线上，分别向上、下游各测设底板长度的一半，得 G，H 两点。在 G，H 点分别安置经纬仪，测设与 CD 轴线相垂直的两条方向线，两方向线分别与边墩中线的交点 E，F，I，K，即为闸板底的 4 个角点。

如果施工场地测设距离比较困难，也可利用水闸轴线的端点 A，B 作为控制点，同时假设 A 点的坐标为某一整数，根据闸底板 4 个角点到 AB 轴线的距离及 AB 的长度，可推算出 B 点及 4 个角点的坐标，通过坐标反算求得放样角度，在 A，B 两点用前方交会法放出 4 个角点，如图 5-34 所示。

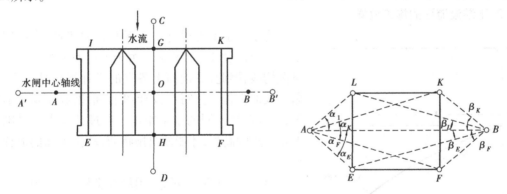

图 5-33　水闸放样的主要点线　　　　图 5-34　用前方交会法放样闸底板

闸板底的高程放样是根据底板的设计高程及临时水准点的高程，采用水准测量法，根据水闸的不同结构和施工方法，在闸墩上标示出底板的高程位置。

3）闸墩的放样

闸墩的放样，是先放出闸墩中线，再以中线为依据放样闸墩的轮廓线。

放样前，由水闸的基础平面图计算有关的放样数据。放样时，以水闸主要轴线 AB 和 CD 为依据，在现场定出闸孔中线、闸墩中线、闸墩基础开挖线以及闸底板的边线等。待水闸基础打好混凝土垫层后，在垫层上再精确放出主要轴线和闸墩中线等。然后根据闸墩中线放出闸墩平面位置的轮廓线。

闸墩平面位置的轮廓线分为直线和曲线。直线部分可根据平面图上设计的有关尺寸，用直角坐标法放样。闸墩上游一般设计成椭圆曲线，如图 5-35 所示。放样前，应按设计的椭圆方程式，计算曲线上相隔一定距离点的坐标，由各点坐标可求出椭圆的对称中心点 P 至各点的放样数据 β_i 和 l_i。

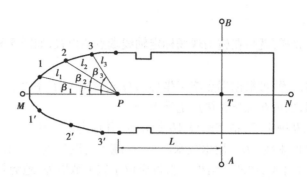

图 5-35 用极坐标法放样闸墩曲线部分

根据已标定的水闸轴线 AB、闸墩中线 MN 定出两轴线的交点 T,沿闸墩中线测设距离 L 定出 P 点。在 P 点安置经纬仪,以 PM 方向为后视,用极坐标法放样 1,2,3 点等。由于 PM 两侧曲线是对称的,左侧的曲线点 $1',2',3'$ 等,也按上述方法放出。施工人员根据测设的曲线放样线立模。闸墩椭圆部分的模板若为预制块并进行预安装,只要放出曲线上几个点,即可满足立模的要求。

闸墩各部位的高程,根据施工场地布设的临时水准点,按高程放样方法在模板内侧标出高程点。随着墩体的增高,有些部位的高程不能用水准测量法放样,这时,可用钢卷尺从已浇筑的混凝土高程点上直接丈量放出设计高程。

2. 下游溢流面的施工放样

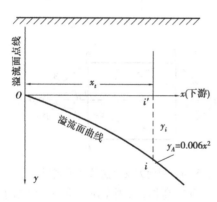

图 5-36 溢流面局部坐标系

为了减小水流通过闸室下游时的能量,常把闸室下游溢流面设计成抛物面。由于溢流面的纵剖面是一条抛物线,因此,纵剖面上各点的设计高程是不同的。抛物线的方程式注写在设计图上,根据放样要求的精度,可以选择不同的水平距离。通过计算求出纵剖面上相应点的高程,才能放出抛物面,故溢流面的放样步骤如下:

(1)如图 5-36 所示,采用局部坐标系,以闸室下游水平方向线为 x 轴,闸室底板下游高程为溢流面的起点,该点称为变坡点,也就是局部坐标系的原点 O。通过原点的铅垂方向为 y 轴,即溢流面的起始线。

(2)烟 x 轴方向每隔 $1 \sim 2$ m 选择一点,则抛物线上各相应点的高程可按下式计算,即

$$H_i = H_0 - y_i \qquad (5\text{-}12)$$
$$y_i = 0.006x^2$$

式中 H_i——i 点的设计高程;

H_0——下游溢流面的起始高程,可从设计的纵断面图上查得;

y_i——与 O 点相距水平距离为 x_i 的 y 值,由图 5-36 可见,y 值就是高差。

(3)在闸室下游两侧设置垂直的样板架,根据选定的水平距离,在两侧样板架上作一垂线。再用水准仪按放样已知高程点的方法,在各垂线上标出相应点的位置。

(4)将各高程标志点连接起来,即为设计的抛物面与样板架的交线,该交线就是抛物线。施工员根据抛物线安装模板,浇筑混凝土后即为下游溢流面。

四、土坝的施工放样

土坝具有就地取材、施工简便等特点,因此,中小型水坝常修筑成土坝。为了确保按设计要求施工,必须将图上设计的位置,正确地测设到施工场地。土坝施工放样的主要内容包括坝轴线的测设、坝身控制测量、清基开挖线的放样、坡脚线和坝体边坡线的放样及修坡桩的标定等。现将各项工作介绍如下:

1.轴线测设

坝轴线的确定有两种情况:一种是由工程设计人员和勘测人员组成选线小组,深入现场进行实地踏勘,根据当地的地形、地质和建筑区域的条件,经过方案比较,直接在现场选定,在河流两岸设立标志桩;另一种是大型坝,一般由选线小组经过现场勘察,图上规划等多次调查研究和方案比较,确定建坝的位置,并在坝址地形图上结合大坝的整体布局,将坝轴线标注在地形图上,如图 5-37 所示。

图 5-37 中,M_1,M_2 坝轴线端点。可以利用控制点 A,B 将 M_1,M_2 的设计坐标放样到地面上,放样坝轴线端点通常采用前方交会法。当坝轴线的两端点在现场标定后,应及时埋设永久性标志。为防止施工时端点桩被破坏,应将端点桩延长至山坡的固定地方,如图 5-37 所示。

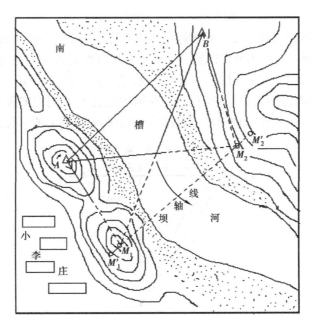

图 5-37　土坝的坝轴线测量

2.坝身控制测量

坝轴线是土坝施工放样的主要依据,但是要进行土坝的坡脚线、坝坡面、马道等坝体各细部的放样时,在施工干扰较大的情况下,只有一条轴线是不能满足施工需要的。因此,坝轴线确定后,还必须进行坝身控制测量。

1)平面控制测量

(1)平行于坝轴线的直线测设。在图 5-38 中,M,N 是坝轴线的两个端点,M',N' 是坝轴线的引桩。将经纬仪安置在 M 点,照准 N 点,固定照准部,用望远镜向河床两岸较平坦处投设 A,B 两点。然后,分别在 A,B 点安置经纬仪,标出坝轴线的两条垂线 CF 和 DE,在垂线上按建筑物的尺寸和施工需要,一般每隔 5 m,10 m 或 20 m,测定其距离,定出 $a,b,c\cdots$ 和 $a_1,b_1,c_1,\cdots$ 点,aa_1,bb_1,cc_1 …直线就是坝轴线的平行线。为了施工放样,应将经纬仪分别安置在 a,b,c 和 a_1,b_1,c_1 等点,将各平行线投测到河床两岸的山坡上,并用混凝土桩标定。

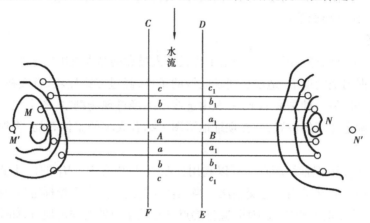

图 5-38　平行于坝轴线的直线

(2)垂直于坝轴线的直线测设。通常将坝轴线上与坝顶设计高程一致的地面点作为零号桩。从零号桩起,每隔一定距离分别设置一条垂直于坝轴线的直线。垂直线的间距随坝址地形条件而定。一般每隔 10~20 m 设置一条垂直线,地形复杂时,间距还可以小些。

测设零号里程桩的方法,如图 5-39 所示。在坝轴线的 M 点附近安置水准仪,后视水准点上的水准尺,得读数为 a,根据求前视尺应有读数的原理,零号桩上的应有读数为

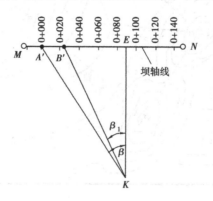

图 5-39　用间接法测定坝轴线里程桩

$$B = (H_0 + a) - H_{顶} \tag{5-13}$$

式中　H_0——水准点的高程;

$(H_0 + a)$——视线高程;

$H_{顶}$——坝顶的设计高程。

在坝轴线的另一个端点 N 上安置经纬仪,照准 M 点,固定照准部。扶尺员持水准尺在经纬仪视线方向沿山坡上、下移动,当水准仪中丝读数为 b 时,该立尺点即为坝轴线上零号桩的位置。

246

坝轴线上零号桩位置确定后,沿坝轴线方向,测设需要设置垂线的里程桩位置。若坝轴线方向坡度太陡,测设距离较为困难,可在坝轴线上选择一个适当的 E 点。该点应位于向上游或下游便于测距的地方。然后,在 E 点安置经纬仪测量垂线 EK,并测量 EK 的水平距离,观测水平角,计算 AE 的距离为

$$\overline{AE} = \overline{EK}\tan\beta \tag{5-14}$$

若要确定 B 点(桩号为 $0+020$),可按下式计算 β_1 角值,即

$$\beta_1 = \arctan\frac{\overline{AE} - 20}{\overline{EK}} \tag{5-15}$$

再用两台经纬仪,分别安置于 K 和 N 点。设在 N 点的仪器照准 M 点,固定照准部;设在 K 点的仪器测设角 β_1;两台仪器视线的交点即为 B 点。其他里程桩可按上述方法放样。

在各里程桩上分别安置经纬仪,照准坝轴线上较远的一个端点 M 或者 N,照准部旋转 $90°$,即可得到一系列与坝轴线垂直的直线。将这些垂线也投测到围堰或者山坡上,用木桩或混凝土桩标志各垂线的端点。这些端点桩称为横断面方向桩,它们是施测横断面以及放样清基开挖线、坝坡面的控制桩。

2)高程控制测量

为了进行坝体的高程放样,除在施工范围外布设三等或四等精度的永久性水准点外,还应在施工范围内设置临时性水准点。这些临时性水准点应靠近坝体,以便安置 $1~2$ 次仪器就能放出需要的高程点。临时水准点应与永久性水准点构成附和或闭合水准路线,按五等精度施测。

3.清基开挖线的放样

清基开挖线就是坝体与地面的交线。为了使坝体与地面紧密结合,必须清除坝基自然表面的松散土壤、树根等杂物。在清理基础时,为了不超量开挖自然表土、节省人力物力,测量人员应根据设计图,结合地形情况放出清基开挖线,以确定施工范围。

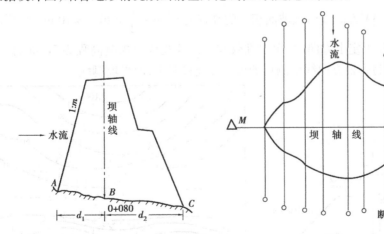

图 5-40　图解法求清基开挖点的放样数据　　图 5-41　标定清基开挖线

放样清基开挖,一般可用图解法量取放样数据。如图 5-40 所示,点在坝轴线上的里程为 $(0+080)$,A,C 为坝体的设计断面与地面上、下游的交点,量取图上 BA,BC 的距离为 d_1,d_2。放样时,在 B 点安置经纬仪,定出横断面方向,从 B 点分别向上、下游方向测设 d_1,d_2。标出清基开挖点 A 和 C。用上述方法定出各断面的清基开挖点,各开挖点的连线即为清基开挖线,如图 5-41 所示与清基开挖有一定的深度和坡度,故应按估算的放坡宽度确定清基开挖线。当

从断面图上量取 d_1 时,应按深度和坡度加上一定的放坡长度。

4. 坡脚线的放样

坝址清基完工后,为了实地标出填土的范围,还应标出坝体与清基后地面的交线,即坡脚线。下面介绍坡脚线的测设方法。施测坡脚线的主要方法有横断面法、平行线法和全站仪设站法。

1)横断面法

采用此种方法应首先恢复被破坏的里程桩,并测量其新的横断面,在新测的断面图上套绘相应的坝体设计断面,在图上量出坡脚点(即两断面交线点)至里程桩平距,根据此平距即可到实地上放样出相应的坡脚点,分别连接上下游坡脚点即得上下游坡脚线。因坡脚线放样精度要求较高,用此法放出的坡脚线是否准确必须加以检验。如果所定坡脚线是正确的,则在此点立尺测得其高程 H_s 后,根据 H_s 及坝顶设计高程 $H_{定}$、坝顶宽度 b 和坝面坡度 $1:m$ 所算得的坝脚轴距 d_s 应该与图上量得的放样距离相等,由图 5-42 可得

$$d_s = \frac{b}{2} + (H_{定} - H_s)m \tag{5-16}$$

式中 m——坝面坡度比分母。

如果按式(5-16)算得的 d_s 和图上量得的平距不相等,说明所放点位有误差。这时,应该在断面方向上移动水准尺,测定立尺点高程,再计算轴距,比较与实地量得此立尺点至里程桩的平距是否相等,若小于 1/1 000,则可定出此立尺点为坡脚点。

2)平行线法

此法是设置若干条与坝轴线平行的方向线,根据各条方向线与坝坡面相交处的高程,在地面上找出坡脚点,然后在方向线的两端埋设混凝土桩作为坡脚点的标记。

如图 5-43 所示,设 AA' 为平行于坝轴线的方向线,距坝顶顶边线 20 m,若坝顶高程为 80 m,边坡为 $1:2$,则 AA' 方向线与坝坡面相交的高程为 $80\ m - \frac{1}{2} \times 20\ m = 70\ m$。放样时将经纬仪安置在 A 点,照准 A' 定出方向线,用水准仪在经纬仪视线内探测高程为 70 m 的地面点,就是所求的坡脚点。将每根方向线所测得的坡脚点连接起来,即得坡脚线。

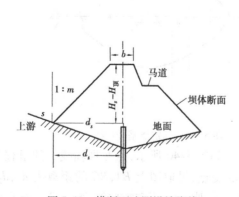

图 5-42　横断面法测设坡脚线

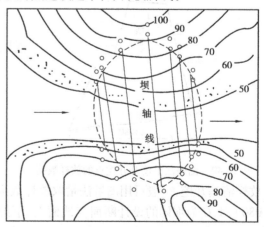

图 5-43　平行线法测设坡脚线

5. 坝体填筑时的边坡放样

坝体坡脚线放出后,就可填土筑坝,为了标明上料填土的界线,每当坝体升高 1.0 m 左右,就要用桩(称为上料桩)将边坡的位置标定出来。标定上料桩的工作称为边坡测设。施工中常采用坡度尺法或轴距杆法。

1)坡度尺法

坡度尺法是根据坝体设计的坡度用木制成的三角板,设坝坡为 1∶m,则坡度尺的两个直角边分别为 1 m 和 m 米。在坡度尺的长直角边上安置一个水准管,放样时如图 5-44 所示,将小绳一端系于坡脚桩上,另一端系于竖立竹竿上,以拉紧的绳子,将坡度尺的斜边紧贴在绳子上,当水准管气泡居中时,绳子的坡度便等于坝体的设计坡度,即可按此绳填土。

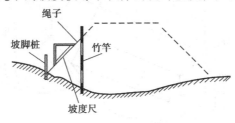

图 5-44　坡度尺法

2)轴距杆法

根据坝体的设计坡度,按式(5-17)可以标出一定高程位置上的坝面点至坝轴线的平距(通常称为轴距)。根据轴距即可定出料桩的位置,检查填筑的坝坡是否合乎设计要求。但这个轴距是竣工后的坝面轴距,上料时必须根据所用土料和轧实方法的不同,加大铺土范围,使经过轧实和修整后的坝面恰好是设计的坝面。放样之前,测量人员可以先编制一份上料桩距一览表,此表按高程每隔 1 m 计算一值。但因填土时里程桩会被掩盖掉,不便从里程桩量距放样。为此,必须在填土范围之外预设一排竹竿,使其离开坝轴线的平距为 5 n(n 为整数),这排竹竿称为轴距杆,如图 5-44 所示。如果欲定轴距为 D 的上料桩,则从轴距杆向内量取 5 n − D 的距离。

随着坝体的升高,轴距杆可以逐渐向坝轴线移近,以便量距放样。但移动后仍应与轴线保持整数距离。

6. 坝体坡面的修整测量

坝体修筑到设计高程后,要根据设计坡度修整坡面,使其符合设计要求。为此,必须测定各处削坡的厚度。测定方法是:在坝坡面上每隔一定距离测设一条与坝轴线平行的直线,根据平行线的轴距 D,设计边坡系数 m 和坝顶宽度 b,按公式

$$H_i = H_顶 - \frac{1}{m}\left(D - \frac{b}{2}\right) \tag{5-17}$$

计算出它们应有的设计高程,再用水准仪检测平行线上各点,测得的高程与设计高程之差即为削坡厚度,在相应点上打一木桩,将削坡厚度用红漆标注在木桩的侧面。

五、混凝土重力坝的施工放样

1. 混凝土坝坝体的控制测量

混凝土坝通常采用分层施工,每一层中还分跨分仓进行浇筑,如图 5-45 所示。坝体细部

常用方向线交会法和前方交会法放样,为此需进行坝体的控制测量。进行坝体控制测量的方法有两种:一是矩形网控制测量法;二是三角网控制测量法。

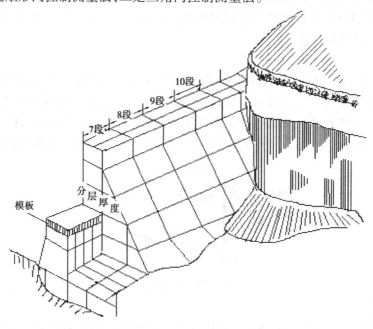

图 5- 45　混凝土坝分段

1)矩形网控制测量

若混凝土坝为直线型大坝,则应按图 5-46 所示布设矩形网。它是由若干条平行和垂直于坝轴线的控制线组成,格网尺寸按施工分段分块的大小而定。

测设时,将经纬仪安置在 A 点,照准 B 点,在坝轴线上选甲、乙两点,通过这两点测设与坝轴线相互垂直的方向线,由甲、乙两点开始,分别沿垂直方向按分块的宽度制订出格网线,并将其连线延伸到开挖区外,在两侧山坡上设置Ⅰ,Ⅱ,Ⅲ,Ⅳ等放样控制点,如图 5- 47 所示。

然后,在坝轴线方向上,按坝顶的高程,找出坝顶与地面相交的两点 Q,再沿坝轴线按分块的长度钉出基点 2,3,4,5,6,7,8,通过这些点各测设与坝轴线相垂直的方向线,并将方向线延伸到上、下游围堰上或两侧的山坡声,设置 1,2,3,4,5,6,7 等控制点。

在测设矩形网的过程中,测设直角时须用盘左和盘右取平均值定点,丈量距离应细心校核,以免发生错误。

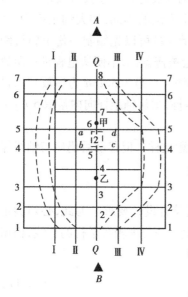

图 5- 46　矩形网
(图中虚线为开挖线)

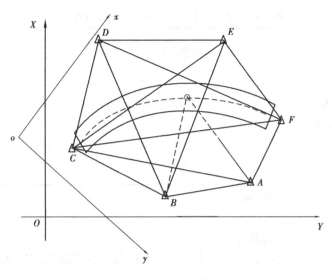

图 5- 47　三角网

2)三角网测量

如图 5- 47 所示,AB 为拱形坝坝轴线的两端点,也为基本网的一条边。可以利用加密网(定线网)的控制点 A,B,C,D,E,F 将坝体控制起来。

2. 控制网的标志

为了减少对中误差和目标照准误差的影响,大坝控制点上一般要建造观测墩,并在墩顶埋设强制对中设备,以便安置仪器和觇标,如图 5- 48 所示。

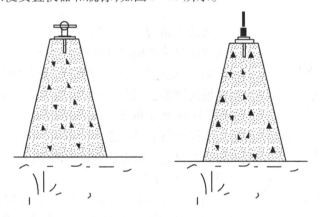

图 5- 48　控制网的标志

3. 混凝土坝的施工测量

由于混凝土坝结构复杂、施工放样难度大等特点,只能根据大坝建筑进度的不同,来探讨不同阶段的放样方法。这里将主要介绍混凝土坝清基开挖线的放样、坡脚线的放样、混凝土坝坝体的立模放样及浇筑高度的放样等。

混凝土建筑物轮廓放样点的放样精度要求,见表 5-10。

表 5-10　混凝土建筑物轮廓放样点的放样精度

建筑物类型	建筑物名称	点位限差/mm	
		平面	高程
混凝土建筑物	主要水工建筑物(坝、厂房、船闸、升船机)、泄水建筑物的主体结构、各种导墙、坝体内的重要结构物(井、孔闸、正垂孔、倒垂孔)等	±20	±20
	其他(面板堆石坝的面板、副坝、围堰、心墙、护坦、护坡、挡墙等)	±30	±30

注:点位限差均相对于邻近基本控制点而言。

1)混凝土坝清基开挖线的放样

清基开挖线是确定大坝基础进行清除基岩表层松散物的范围线,它是根据坝两侧坡脚线、开挖深度和坡度决定的。标定开挖线一般采用全站仪放线法。

全站仪放线法:是目前工程施工放样的常用方法。具体方法是:首先,在 CAD 下,利用 CAD 软件的功能,图解出清基开挖线转点及特征点处的坐标;其次,利用施工控制网的控制点,进行全站仪的设站;最后,调出全站仪的放样功能,进行清基线的放样工作。

2)坡脚线的放样

基础清理完毕,可以开始坝体的立模浇筑,立模前首先找出上、下游坝坡面与基岩的接触点,即分跨线上下游坡脚点。如图 5-49 所示,一般采用逐步趋近法的放样方法(参见学习情境 2)。

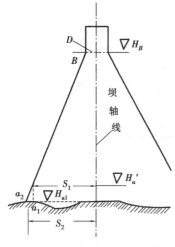

图 5-49　逐步趋近法放样

3)直线型重力坝的立模放样

在坝体分块立模时,应将分块线投影到基础面上或已浇好的坝块面上,模板架立在分块线上,故分块线也称立模线,但立模后立模线被覆盖,还要在立模线内侧弹出平行线,称为放样线,如图 5-46 所示的虚线部分,用来立模放样和检查校正模板位置。放样线与立模线之间的距离一般为 0.2～0.5 m。直线型重力坝立模放样的方法有以下两种:

(1)方向线交会法

如图 5-46 所示的混凝土重力坝,已按分块要求布设了矩形坝体控制网,可用方向线交会法测设立模线。如要测设 2 分块的顶点位置,可在 5 安置仪器照准另一端的 5 点,同时在 Ⅱ 点安置仪器,瞄准另一端的 Ⅱ 点,两架仪器视线的交点即为 a 的位置。在相应的轴线上,用同样的方法可交会出这分块的其他 3 个顶点的位置,得出分块 2 的立模线。利用分块的边长和对角线校核标定的点位,无误后在立模线内侧标定放线的 4 个角顶,如图 5-46 所示 2 的虚线部分。

(2)前方交会法

如图 5-50 所示,由控制点 N_1, N_2, N_3 3 控制点用前方交会法先测设某坝块的 4 个角点 a, b, c, d,它们的坐标由设计图纸上查得,从而与 3 控制点的坐标可计算放样数据——交会角的大小。如要放样 a 点,可以算出放样数据 β_1,β_2, β_3,便可在实地定出 a 点的位置。依次放出 b,c,d 各角点,也应用分块边长和对角线校核点位,无误后在立模线内侧标定放样线的 4 个角点。

方向线交会法简易方便,放样速度也较快,但往往受地形条件的制约,也会因为大坝浇筑逐步升高,挡住方向线的视线不便放样,因此,实际工作中可根据条件把方向线交会法和角度交会法结合使用,这样比较全面而合理。

4)拱坝的立模放样

拱坝坝体的立模放样,一般多采用前方交会法。如图 5-50 所示,坝的迎水面的半径为244 m,以 115°夹角组成一圆弧,弧长为 487.743 m,分为27 跨,按弧长编号,如图 5-51 所示。

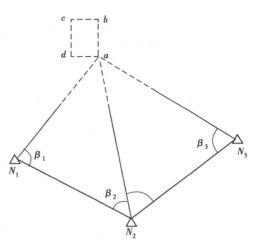

图 5-50　前方交会法

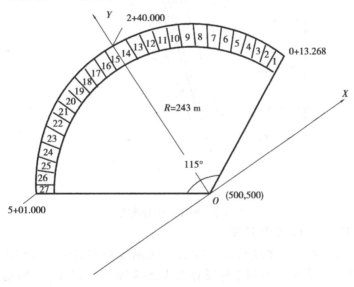

图 5-51　施工坐标系

建立如图 5-51 所示的施工坐标系,其圆心坐标为 $(500,500)$。现以第 12 跨的立模为例介绍放样数据的计算。图 5-52 是跨坝体分跨分块图,图中尺寸可由设计图上获取,一跨分 3 块浇筑,中间第 2 块在浇筑一、三块后浇筑,因此,只要放样出一、三块的放样线。那么如何进行放样呢?请按下列步骤进行。

(1)放样点施工坐标计算

如图 5-52 可知,放样点的坐标可按下式进行计算:

图 5-52 中各放样桩的计算坐标可用下列计算通式表示为

$$\left.\begin{array}{l} x_{ai} = x_0 + \left[R_i + (\mp 0.5) \right] \cos \varphi_a \\ y_{ai} = y_0 + \left[R_i + (\mp 0.5) \right] \sin \varphi_a \end{array}\right\}(i = 1,2,3) \tag{5-18}$$

同理,可求得 b,c,d 各点的坐标。

式中 0.5——放样线与圆弧立模的间距,m。

则每段所对应的圆心角为

$$\varphi_a = (l_{14} + l_{13} - 0.5) \times \frac{1}{R_1} \times \frac{180°}{\pi} \tag{5-19}$$

同理,可以求出 φ_b,φ_c、φ_d 的角度值。

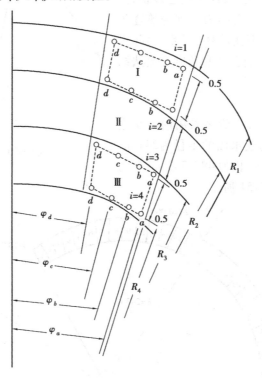

图 5-52 坝体分跨分块图

(2)交会法放样点的计算数据计算

图 5-52 中,a,b,c,d 等放样点是用角度交会法测设到实地的。可利用式(5-19)和式(5-20)计算出各点的坐标,然后利用坐标反算公式,计算放样数据 α,β。但是,如果已知点坐标(测量坐标)和施工坐标不一致,应进行坐标系的转换,以便于计算放样数据和施工放样。通过坐标反算计算放样数据的过程前面已讲过,这里不再重复。

放样完毕后,为使放样点位准确无误,应丈量放样点间的距离,是否与计算距离相等。

5)混凝土浇筑的高程放样

当模板立好后,还应立即进行浇筑高程的放样。其步骤一般在立模前先由最近的临时性水准点即作业水准点在仓内测设两个临时水准点,待模板立好后由临时性水准点按设计高度在模板上标出若干个点,并以规定的符号标明,以控制浇筑的高度。

混凝土浇筑的高程放样点的精度要求,见表 5-11。

表 5-11　混凝土浇筑的高程放样点的精度要求

项　目	相邻两层中心线偏离限差/mm	相对基础中心线的限差/mm
厂房、开关站等各种混凝土建筑物的构架、立柱	±3	±20
闸墩、栈桥墩、船闸、厂房、升船机等地侧墙	±5	±25

知识技能训练 5

1. 渠道中心线测量包括哪些内容？
2. 渠道纵横断面测量如何进行？
3. 如何利用均值法计算土方？
4. 水下地形测量的特点是什么？
5. 什么叫水位？如何测定？
6. 水下地形点平面位置测定常用的方法有哪些？
7. 水下地形点高程测量的主要思想是什么？
8. 水利枢纽施工控制网布设应遵循哪些原则？
9. 水库施工测量的基本任务是什么？
10. 混凝土坝清基开挖线的放样如何进行？
11. 直线型重力坝的立模放样如何进行？

学习情境 **6**

建筑物变形监测

教学内容

主要介绍建筑物在施工、运营管理期间产生变形的主要因素,并针对不同的变形叙述相应的测量方法和精度要求。

知识目标

能基本正确陈述建筑物产生变形的原因;能正确陈述建筑沉降观测基准点、观测点点位的设置及精度指标,外业观测的方法及内业数据处理方法;能正确陈述建筑物水平位移观测控制网的布设方案,水平位移的观测方法;能正确陈述数据处理的方法;能基本正确陈述倾斜观测、挠度观测、裂缝观测、日照变形观测内容和方法。

技能目标

正确地制订建筑物变形监测的方案,能熟练使用精密水准仪、全站仪进行导线测量和水准测量;能使用测量机器人进行外业变形监测;能熟练使用测绘软件处理观测数据;能根据数据进行正确分析和预报。

学习导入

工程建设,已经有数千年的历史了,而变形观测的历史则短得多,在15世纪初,世界上才进行了首次变形观测。从19世纪初,人们开始对建筑物变形给以极大关切,一些国家开始对建筑物进行沉陷和水平位移观测,并成立了一些专业的研究机构。我国目前也很重视对大型工程建筑物的变形观测。

目前,国际、国内变形观测工作对象主要有工程建筑物(包括高层建筑、工业与民用建筑、桥梁、隧道、水工建筑物、古建筑等)的变形、地壳变形等。研究的主要课题有变形观测方案的优化设计、对观测值的评价和筛选、变形测量结果的几何分析和变形原因的解释等。下面简单介绍一下我国变形观测的发展情况。

1. 变形观测的方法和手段

目前,国内变形观测的主要方法仍是常规的大地测量方法,即用经纬仪测角、用测距仪或铟钢尺测距、用精密水准仪测高。20 世纪 80 年代以来,新的观测方法不断出现:

(1)利用地面摄影测量方法作变形观测。

(2)三维变形监测网已用于大坝变形观测。

(3)非大地测量方法和一些专用仪器也越来越多地应用在变形观测中。

(4)GPS 技术在变形观测中的应用。

2. 变形观测方案的优化设计

优化设计的内容包括控制网的图形设计、经济指标制订、精度指标制订、对已有网的改进等。设计的目标函数有精度、灵敏度、可靠性和经济 4 个指标。优化设计方法有两种:一是计算机模拟法,二是计算机解析法。

3. 变形观测的数据处理

观测数据的数据量大、种类多、关系复杂,需把这些数据全部存入计算机中,建立变形观测数据库。

子情境 1　建筑物变形监测概述

一、建筑物变形监测的目的、意义和作用

由于各种因素的影响,在建筑物的施工和使用过程中,都会发生不同程度的变形。所谓变形,是指建造的建筑物(或构筑物)没有维持原有设计的形状、位置或大小,或是建筑的结果引起周围地表及其附属物发生变化的现象。通常是指建筑物的沉降、倾斜、位移以及由此可能产生的裂缝、挠曲、扭转等。对于不同的建筑物其允许变形值的大小不同。在一定限度之内,变形可认为是正常的现象,但如果变形量超过了规定的限度,就会危害到建筑物的正常使用,或者预示建筑物的使用环境产生了某种不正常的变化,当变形严重时,将会危及建筑物的安全。因此,为确保建筑物的安全和正常使用,在建筑物的施工和使用过程中需要对建筑物进行变形监测。

变形监测是指对监视对象或物体(简称变形体)进行测量以确定其空间位置随时间的变化特征,及时发现不正常变形。变形监测又称变形测量或变形观测。

变形监测的任务是周期性地对观测点进行观测,从观测点三维坐标(x,y,z)的变化中了解建筑物变形的空间分布,通过对历次观测结果进行分析、比较,了解其变形随时间的变化情况。从而判断建筑工程的质量、变形的程度以及变形的趋势,对超出变形允许范围的建筑物、构筑物,应及时地分析原因,采取加固措施,防止变形的发展,纠正变形现象,避免事故的发生,同时,通过在施工和运营期间对建筑物进行的变形测量,可以验证地基与基础设计是否合理、正

确,是对建筑设计、施工的一种检验。

建筑物变形监测的作用主要表现在以下两个方面：

（1）掌握建筑物在施工和使用过程中的变形情况，及时发现异常变化，对建筑物的稳定性、安全性做出判断，以便及时采取必要的补救措施，防止事故发生，确保建筑施工质量和建筑物的安全使用。

（2）积累监测分析资料，能更好地解释变形机理，验证变形假说，为灾害预报理论和方法的研究服务；检验工程设计的理论是否正确，设计是否合理，为以后修改设计、制订设计规范提供依据。特别是当工程采用了新结构、新的施工方法或新工艺时，通过变形测量可验证其安全性。

二、变形产生的原因与变形监测分类

了解建筑物变形产生的原因，对制订变形监测方案有着重要的意义。

1. 引起建筑物变形的因素

引起建筑物变形的主要原因可概括为 3 个方面因素：自然因素、与建筑物密切相关因素、人为因素。

自然因素主要是指建筑物地基的工程地质、水文地质以及土壤的物理性质、大气温度等。由于建筑物基础各部位地质条件不尽相同，导致其稳定性不能处处一致，从而产生不均匀沉陷，使建筑物产生倾斜；而由于温度与地下水位的季节性、周期性变化，会引起建筑物呈规律性的变形等。

与建筑物密切相关因素主要是指建筑物本身的荷重、结构及使用中的动荷载、振动或风力等因素引起的附加荷载等。

此外，由于地质勘探不充分、设计错误、施工方法不当、施工质量差以及运营使用不合理的人为因素，也会引起不同程度的建筑变形。

2. 建筑变形分类

依据观测项目的主要变形性质并顾及建筑设计、施工习惯用语，通常将建筑变形分为沉降与位移两类。

（1）沉降类包括建筑物（基础）沉降、基坑回弹、地基土分层沉降、建筑场地沉降等。

（2）位移类包括建筑物水平位移、建筑物主体倾斜、裂缝、扰度、日照变形、风振变形及场地滑坡等。

其他变形分类方法，如分为静态变形和动态变形，或分为长周期变形、短周期变形和瞬时变形等，考虑到依此来归纳建筑变形观测项目实际较为困难，而未采用。

因此，建筑变形监测分为沉降监测与位移监测两类。

三、建筑物变形监测内容与方法

1. 建筑物变形监测的内容

变形观测的任务是周期性地对观测点进行重复观测，求得其在两个观测周期间的变化量。如果要求得瞬时变形，则应采用各种自动记录仪器记录其瞬时位置。

　　变形观测的内容,应根据建筑物的性质与地基情况来定,要求有明确的针对性,既要有重点,又要作全面考虑,以便能够正确反映建筑物的变化情况,达到监视建筑物的安全运营、了解其变形规律的目的。例如:

　　(1)工业与民用建筑物:对于基础而言,主要观测内容是不均匀沉陷。对于建筑物本身来说,则主要是倾斜与裂缝观测。对于工业企业、科学试验设施与军事设施中的各种工艺设备、导轨等,其主要观测内容是水平位移和垂直位移。对于高大的塔式建筑物和高层房屋,还应观测其瞬时变形、可逆变形和扭转(即实时动态变形)。

　　(2)土工建筑物:以土坝为例,其观测项目主要有水平位移、垂直位移、渗透(浸润线)以及裂缝观测。

　　(3)钢筋混凝土建筑物:以混凝土重力坝为例,其主要观测项目分为:外部变形观测,有垂直位移(从而可以求得基础与坝体的转动)、水平位移(从而可以求得坝体的挠曲)以及伸缩缝的观测。内部变形观测,一般是利用电学仪器(或其他仪器)进行定期观测。

　　(4)桥梁:其观测项目主要有桥墩沉陷观测、桥墩水平位移观测、桥墩倾斜观测、桥面沉陷观测、大型公路桥梁挠度观测以及桥体裂缝观测等。

　　(5)地表沉降:必须定期地进行观测,掌握其沉降与回升的规律,以便采取防护措施。

　　为了更全面地了解影响工程建筑物变形的原因及其规律,以及有些特种工程建筑物的要求,有时在其勘测阶段就要进行地表变形观测,以研究地层的稳定性。

2. 建筑物变形监测的方法

　　至于工程建筑物变形观测的方法,要根据建筑物的性质、使用情况、观测精度、周围的环境以及对观测的要求来选定。

　　垂直位移:多采用精密水准测量、液体静力水准测量和微水准测量的方法进行观测。

　　水平位移:对于直线型建筑物,如直线型混凝土坝和土坝,常采用基准线法观测;对于混凝土坝下游面上的观测点,常采用前方交会法;对于曲线型建筑物,如拱坝,可根据在廊道内布设的观测点,采用导线测量的方法;对于拱坝顶部和下游面上的观测点,也可采用前方交会的方法。

　　混凝土坝挠度的观测,一般都是通过竖井以不锈钢丝悬挂的重锤线(通常称为正锤线),在一定的高程面上设置观测点,用坐标仪观测钢丝的位置,从而算得坝体的挠曲程度。

　　坝体和基础的倾斜或者转动,可在横向廊道内用倾斜仪观测,或采用液体静力水准测量,也可以用精密水准测量的方法,测定高差后再计算其转动角。

　　裂缝(或伸缩缝)观测则使用测缝计或根据其他的观测结果进行计算。对于工业与民用建筑物、地表变形观测,也可采用地面摄影测量的方法测定其变形。

四、建筑物变形监测精度

1. 建筑变形监测的精度要求

建筑物变形观测的具体精度指标见表6-1至表6-3。

表 6-1　建筑变形测量的等级及其精度要求

变形测量等级	沉降观测	位移观测	适 用 范 围
	观测点测站高差中误差/mm	观测点坐标中误差/mm	
特级	≤0.05	≤0.3	特高精度要求的特种精密工程和重要科研项目变形观测
一级	≤0.15	≤1.0	高精度要求的大型建筑物和科研项目变形观测
二级	≤0.50	≤3.0	中等精度要求的建筑物和科研项目变形观测；重要建筑物主体倾斜观测、场地滑坡观测
三级	≤1.50	≤10.0	低精度要求的建筑物变形观测；一般建筑物主体倾斜观测、场地滑坡观测

注：1. 观测点测站高差中误差，系指几何水准测量测站高差中误差或静力水准测量观测相邻观测点相对高差中误差；

2. 观测点坐标中误差，系指观测点相对测站点(如工作基点等)的坐标中误差、坐标差中误差以及等价的观测点相对基准线的偏差值中误差、建筑物(或构件)相对底部定点的水平位移分量中误差。

表 6-2　最终沉降量之观测中误差的要求

序　号	观测项目或观测目的	观测中误差的要求
1	绝对沉降(如沉降量、平均沉降量等)	①对于一般精度要求的工程，可按低、中、高压缩性地基土的类别，分别选 ±0.5 mm，±1.0 mm，±2.5 mm ②对于特高精度要求的工程可按地基条件，结合经验与分析具体确定
2	1. 相对沉降(如沉降差、基础倾斜、局部倾斜等) 2. 局部地基沉降(如基坑回弹、地基土分层沉降)以及膨胀土地基变形	不应超过其变形允许值的 1/20
3	建筑物整体性变形(如工程设施的整体垂直挠曲等)	不应超过允许垂直偏差的 1/10
4	结构段变形(如平置构件挠度等)	不应超过变形允许值的 1/6
5	科研项目变形量的观测	可视所需提高观测精度的程度，将上列各项观测中误差乘以 1/5～1/2 系数后采用

表6-3　最终位移量之观测中误差的要求

序　号	观测项目或观测目的	观测中误差的要求
1	绝对位移(如建筑物基础水平位移、滑坡位移等)	通常难以给定位移允许值,可直接由表7-1选取精度等级
2	1. 相对位移(如基础的位移差、转动挠曲等) 2. 局部地基位移(如受基础施工影响的位移、挡土设施位移等)	不应超过其变形允许值分量的1/20(分量值按变形允许值的$1/\sqrt{2}$采用,下同)
3	建筑物整体性变形(如建筑物的顶部水平位移、全高垂直度偏差、工程设施水平轴线偏差等)	不应超过其变形允许值分量的1/10
4	结构段变形(如高层建筑层间相对位移、竖直构件的挠度、垂直偏差等)	不应超过其变形允许值分量的1/6

2.变形测量的精度等级确定原则

对一个实际工程,变形测量的精度等级应先根据各类建(构)筑物的变形允许值按表6-2和表6-3的规定进行估算,然后按以下原则确定:

(1)当仅给定单一变形允许值时,应按所估算的观测点精度选择相应的精度等级。

(2)当给定多个同类型变形允许值时,应分别估算观测点精度,并应根据其中最高精度选择相应的精度等级。

(3)当估算出的观测点精度低于表6-1中三级精度的要求时,宜采用三级精度。

(4)对于未规定或难以规定变形允许值的观测项目,可根据设计、施工的原则要求,参考同类或类似项目的经验,对照表6-1的规定,选取适宜的精度等级。

3.建筑物变形观测的频率

在施工过程中,频率应大些,一般有3天、7天、半月3种周期。到了竣工投产以后,频率可小一些,一般有1个月、2个月、3个月、半年及1年等不同的周期。在施工期间,也可以按荷载增加的过程进行观测,即从观测点埋设稳定后进行第1次观测,当荷载增加到25%时观测1次,以后每增加15%观测1次。竣工后,一般第1年观测4次,第2年观测两次,以后每年1次。在掌握了一定的规律或者变形稳定后,可减少观测次数。这种根据日历计划(或荷载增加量)进行的变形观测称为正常情况下的系统观测。

子情境2　建筑物沉降变形观测

一、建筑物沉降观测概述

1.沉降观测的目的

沉降观测是监测建筑物在垂直方向上的位移(沉降),以确保建筑物及其周围环境的安全。建筑物沉降观测应测定建筑物地基的沉降量、沉降差及沉降速度并计算基础倾斜、局部倾斜、相对弯曲及构件倾斜。

2.沉降产生的主要原因

（1）自然条件及其变化，即建筑物地基的工程地质、水文地质、大气温度、土壤的物理性质等。

（2）与建筑物本身相联系的原因，即建筑物本身的荷重，建筑物的结构、形式，以及动荷载（如风力、震动等）的作用。

3.沉降观测原理

定期地测量观测点相对于稳定的水准点的高差以计算观测点的高程，并将不同时间所得同一观测点的高程加以比较，从而得出观测点在该时间段内的沉降量为

$$\Delta H = H_i^{(j+1)} - H_i^{(j)} \tag{6-1}$$

式中　i——观测点点号；

　　　j——观测期数。

4.沉降观测的程序和要求

沉降变形观测的实施应符合下列程序和要求：

（1）应按测定沉降的要求，分别选定沉降测量点，埋设相应的标石标志，建立高程网，高程测量宜采用测区原有高程系统。

（2）应按确定的观测周期与总次数，对监测网进行观测。新建的大型和重要建筑，应从施工开始进行系统的观测，直至变形达到规定的稳定程度为止。

（3）对各周期的观测成果应及时处理。对重要的监测成果，应进行变形分析，并对变形趋势做出预报。

二、基准点和观测点的设置

变形测量点可分为控制点和观测点。控制点包括基准点、工作基点、联系点、检核点及定向点等工作点。基准点是指在变形测量中，作为测量工作基点及观测点依据稳定可靠的点。工作基点是指作为直接测定观测点的较稳定的控制点。观测点是指设置在变形体上，能反映变形特征，作为变形测量用的固定标志。

1.高程控制点的选点及埋设要求

1）高程控制点的选点要求

（1）基准点应选设在变形影响范围以外，便于长期保存的稳定位置，使用时应做稳定性检测。

（2）工作基点应选设在靠近观测目标且便于联测观测点的稳定或相对稳定位置，使用前应进行稳定性检测。

（3）工作基点与联系点布设的位置应视构网需要确定。作为工作基点的水准点位置与邻近建筑物的距离不得小于建筑物基础深度的 1.5～2.0 倍。工作基点与联系点也可在稳定的永久性建筑物墙体或基础上设置。

（4）观测点应选设在变形体上能反映变形特征的位置，可从工作基点或邻近的基准点和其他工作点对其进行观测。

（5）各类水准点应避开交通干道、地下管线、仓库堆栈、水源地、河岸、松软填土、滑坡地段、机器振动区以及其他能使标石、标志易遭腐蚀和破坏的地点。

为了测定建筑物的沉降,需要在远离变形区的稳固地点布设水准基点。水准基点即是沉降观测的基准点,尽可能埋设在基岩上或原状土层中,确保稳定不变和长久保存。每一测区的水准基点不应少于 3 个。对于小测区,当确认点位稳定可靠时可少于 3 个,但连同工作基点不得少于 3 个。水准基点的标石,应埋设在基岩层或原状土层中。在建筑区内,点位与邻近建筑物的距离应大于建筑物基础最大宽度的 2 倍,其标石埋深应大于邻近建筑物基础的深度。在建筑物内部的点位,其标石埋深应大于地基土压缩层的深度。

在建筑物附近埋设工作基点,直接测定观测点的沉降。为保证工作基点高程的正确性,应定期根据稳定的水准基点对工作基点进行精密水准测量,以求得工作基点垂直位移值,从而对观测点的垂直位移加以改正。

2)高程控制点标石的选型和埋设要求

(1)水准基点的标石,可根据点位所在处的不同地质条件选埋岩层水准基点标石、深埋双金属管水准基点标石、深埋钢管水准基点标石或混凝土基本水准标石,如图 6-1 所示。

(2)工作基点的标石,可按点位的不同要求选埋浅埋钢管水准标石、混凝土普通水准标石或墙脚、墙上水准标志等。

(3)特殊土地区与有特殊要求的高程控制点标石规格及埋设,应另行设计。标石、标志埋设后,应达到稳定后方可开始观测。

2. 观测点的选点及设置要求

进行沉降观测的建筑物上应埋设沉降观测点。沉降观测点的布置,应以能全面反映建筑物地基变形特征并结合地质情况及建筑结构特点确定。沉降观测点的位置和数量取决于基础

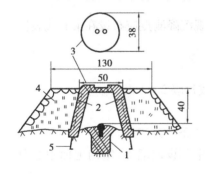

(a)岩层水准基点标石

(b)混凝土基本水准标石

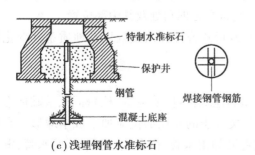

(c)浅埋钢管水准标石

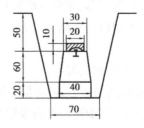

(d)混凝土普通水准标石

263

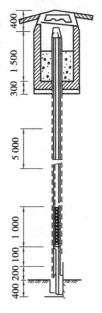

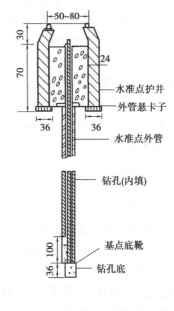

（e）双金属管水准基点标石　　　　　　（f）深埋钢管水准基点标石

图 6-1　高程控制点标石形式（单位：cm）

1—抗蚀金属标志；2—钢筋混凝土井圈；3—井盖；

4—砌石土丘；5—井圈保护层

的构造、荷重及地质情况，应能全面反映建筑物的沉降情况。观沉降测点应布设在最有代表性的地点，本身应牢固稳定能长期保存。

1）观测点的选点要求

（1）建筑物的四角、大转角处以及沿外墙每 10～15 m 处或每隔 2～3 根柱基上。

（2）高低建筑物、新旧建筑物、纵横墙等交接处的两侧。

（3）建筑物沉降缝或伸缩缝的两侧、基础形式改变处及地质条件改变处。

（4）宽度大于 15 m 及膨胀土地区的建筑物，在承重内墙中部设内墙点，室内地面中心及四周设地面点。

（5）邻近堆置重物处、受振动有显著影响的部位。

（6）框架结构建筑物的每个或部分柱基上或沿纵横轴线设点。

（7）电视塔、水塔等高耸建筑物，沿周边在与基础轴线相交的对称位置上，点数不少 4 个。

（8）片筏基础、箱形基础底板或接近基础的结构部分之四角处及其中部位置。

（9）重型设备基础和动力设备基础的四角、基础形式或埋深改变处以及地质条件变化处两侧。

2）观测点的设置

沉降观测的标志，可根据不同的建筑结构类型和建筑材料，采用墙（柱）标志、基础标志和隐蔽式标志（用于宾馆等高级建筑物）等形式。各类标志的立尺部位应加工成半球形或有明显的突出点，并涂上防腐剂。标志的埋设位置应避开如雨水管、窗台线、暖气片、暖水管、电气开关等有碍设标与观测的障碍物，并应视立尺需要离开墙（柱）面和地面一定距离。隐蔽式沉

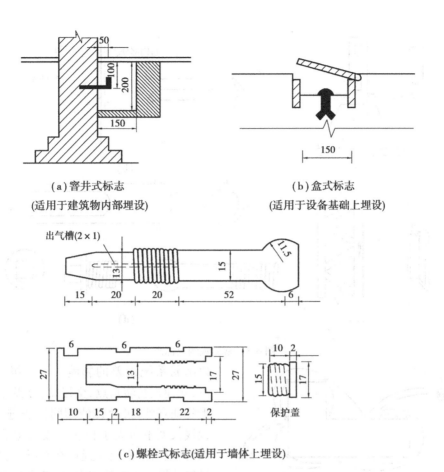

（a）窨井式标志

(适用于建筑物内部埋设)

（b）盒式标志

(适用于设备基础上埋设)

（c）螺栓式标志(适用于墙体上埋设)

图 6-2　隐蔽式沉降观测点标志(单位:mm)

降观测点标志的形式,如图 6-2 所示。

对于工业与民用建筑物,沉陷观测点标志应根据观测对象的特点和观测点埋设的位置来确定。通常采用观测点的标志如图 6-3 所示,其中,图 6-3(a)为钢筋混凝土基础上的观测标志,它是埋设在基础面上的直径为 20 mm、长 80 mm 的铆钉;图 6-3(b)为钢筋混凝土柱上的观测标志,它是一根截面为 30 mm×30 mm×5 mm、长 150 mm 的角钢,以 60°的倾斜角埋入混凝土内;图 6-3(c)为钢柱上的标志,它是在角钢上焊一个铜头后再焊到钢柱上的;图 6-3(d)为隐蔽式的观测标志,观测时将球形标志旋入孔洞内,用毕即将标志旋下,换以罩盖。

三、建筑物沉降观测的方法

1.水准路线的布设

建筑物的沉降观测就是根据水准基点周期性测定建筑物上的沉降观测点的高程,计算最终沉降量的工作。沉降观测的主要方法采用几何水准测量。工业与民用建筑物沉陷观测的水准线路通常以闭合水准路线形式布设,如图 6-4 所示。

沉降观测水准点的布设形式与埋设要求,一般与三、四等水准点相同,但应根据现场具体条件及沉降观测在时间上的要求等具体决定。与一般的水准测量相比较,所不同的是视线长度较短;一次安置仪器可以有几个前视点;在不同的观测周期中,仪器应安置在同样的位置上,

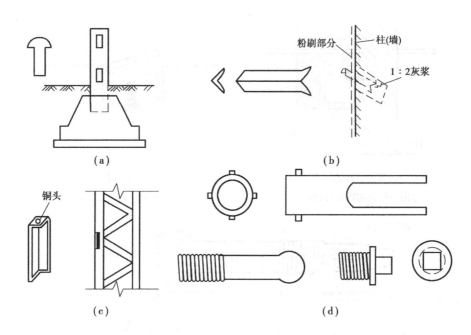

图 6-3　常用观测点标志

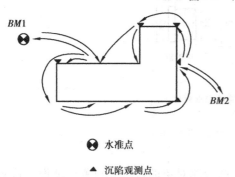

水准点

▲ **沉陷观测点**

图 6-4　沉降观测的水准路线

以削弱系统误差的影响。对二级、三级观测点,除建筑物转角点、交接点、分界点等主要变形特征点外,可允许使用间视法进行观测,但视线长度不得大于相应等级规定的长度。观测时,仪器应避免安置在有空压机、搅拌机、卷扬机等振动影响的范围内,塔式起重机等施工机械附近也不宜设站。每次观测应记载施工进度、增加荷载量、仓库进货吨位、建筑物倾斜裂缝等各种影响沉降变化和异常的情况。

沉降观测点的首次观测的高程值是以后各次观测用以比较的依据,如果精度不够或存在错误,将直接影响观测质量且无法补测,因此必须提高初测精度。对每个沉降观测点的首次高程,观测应在成像清晰、稳定的时间内进行,同期进行两次观测后确定。观测时视线长度一般不应超过 50 m,前后视距离尽量相等。观测时先后视水准点,再依次前视各观测点,最后应再次后视水准点,前后两个后视读数之差不应超过 ±1 m。

2.精度要求

建筑变形观测的精度要求取决于该工程建筑物预计的允许变形值的大小和进行观测的目的。由于观测的精度直接影响到观测成果的可靠性,同时也涉及观测方法及仪器设备等。因此,在进行建筑变形测量之前,必须对建筑变形测量的精度要求进行认真分析。按现行《建筑变形测量规程》将建筑变形测量的等级划分为特级、一级、二级和三级共 4 个等级。各等级的适用范围及其精度要求见表 6-1。确定精度是按下面的方面来进行。

(1)先根据表 6-2,确定最终沉降量观测中误差。

（2）再以最终沉降量观测中误差估算单位权中误差

$$\mu = m_S / \sqrt{2Q_H} \tag{6-2}$$

$$\mu = m_{\Delta S} / \sqrt{2Q_h} \tag{6-3}$$

式中　m_S——沉降量 S 的观测中误差,mm;

　　　$m_{\Delta S}$——沉降差 ΔS 的观测中误差,mm;

　　　Q_H——网中最弱观测点高程(H)的权倒数;

　　　Q_h——网中待求观测点间高差(h)的权倒数。

（3）求出观测值测站高差中误差后,根据表6-1的规定选择测量的精度等级。

对特级或一级沉降观测,应使用 DSZ05 或 DS05 型水准仪、因瓦合金标尺,按光学测微法观测;对二级沉降观测,应使用 DS1 或 DS05 型水准仪、因瓦合金标尺,按光学测微法观测;对三级沉降观测,可使用 DS3 型水准仪、区格式木质标尺,按中丝读数法观测,也可使用 DS1 或 DS05 型水准仪、因瓦合金标尺,按光学测微法观测。光学测微法和中丝读数法的每站观测顺序和方法,应按现行国家水准测量规范的有关规定执行。

3. 沉降观测的频率

沉降观测的时间和次数,应根据工程性质、施工进度、地基土类型和沉降速度大小而定。

（1）建筑物施工阶段的观测,应随施工进度及时进行。一般建筑可在基础完工后或地下室砌完后开始观测,大型、高层建筑可在基础垫层或基础底部完成后开始观测。观测次数与间隔时间应视地基与加载情况而定。民用建筑可每加高 1~2 层观测 1 次;工业建筑可按不同施工阶段(如回填基坑、安装柱子和屋架、砌筑墙体、设备安装等)分别进行观测。如建筑物均匀增高,应至少在增加荷载的 25%,50%,75% 和 100% 时各测 1 次。施工过程中如暂时停工,在停工时及重新开工时应各观测 1 次。停工期间,可每隔 2~3 个月观测 1 次。

（2）建筑物使用阶段的观测次数,应视地基土类型和沉降速度大小而定。除有特殊要求者外,一般情况下,要在第 1 年观测 3~4 次,第 2 年观测 2~3 次,第 3 年后每年 1 次,直至稳定为止。观测期限一般不少于如下规定:砂土地基 2 年,膨胀土地基 3 年,黏土地基 5 年,软土地基 10 年。

（3）在观测过程中,如有基础附近地面荷载突然增减、基础四周大量积水、长时间边疆降雨等情况,均应及时增加观测次数。当建筑物突然发生大量沉降、不均匀沉降或严重裂缝时,应立即进行几天 1 次、或逐日、或 1 天几次的连续观测。

（4）沉降是否进入稳定阶段,有以下 3 种方法进行判断:

① 根据沉降量与时间关系曲线来判定。

② 对重点观测和科研观测工程,若最后三期观测中,每期沉降量均不大于 $2\sqrt{2}$ 倍测量中误差,则可认为已进入稳定阶段。

③ 对于一般观测工程,若沉降速度小于 0.01~0.04 mm/d,可认为已进入稳定阶段,具体取值宜根据各地区地基土的压缩性确定。

四、沉降观测数据处理与分析

每周期观测后,应及时对观测资料进行整理,计算观测点的沉降量、沉降差以及本周期平均沉降量和沉降速度。沉降观测资料整理的主要内容有:校核各项原始记录,检查各次沉降观测值的计算是否正确;对各种变形值按时间逐点填写观测数值表;绘制变形过程线、建筑变形分析图等。

1.原始资料整理

每次观测结束后,应检查记录中数据和计算的正确性,发现问题及时纠正。计算各观测点的高程,列入观测成果表中。

2.计算沉降量

根据各沉降观测点,本次所测高程与上次所测高程之差,计算各观测点此次沉降量和累积沉降量,并将观测及荷载情况记入观测表中,见表6-4所示。

3.绘制沉降曲线

以沉降量 S 为纵轴,时间 T 为横轴,根据每次观测日期及每次沉降量按比例画出各点位置,然后将各点连接起来,并在曲线一端注明观测点号码,便得到建筑物沉降(S)-时间(T)关系的曲线如图6-5所示。以荷重 p 为纵轴,时间 T 为横轴,根据每次观测日期及每次荷重按比例画出各点位置,然后将各点连接起来,便得到建筑物的沉降(S)-荷重(p)-时间(T)关系的曲线,如图6-5所示。

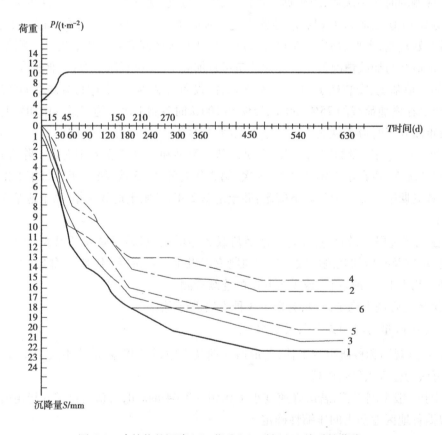

图6-5　建筑物的沉降(S)-荷重(p)-时间(T)关系的曲线

表6-4 沉降观测记录表

观测日期	荷重 /(t·m⁻²)	观测点 1			2			3			4			5			6			工程施工进度情况	荷载情况 /(t·m⁻²)
		高程/m	本次下沉/mm	累计下沉/mm	高程/m	本次下沉/mm	累计下沉/mm	高程/m	本次下沉/mm	累计下沉/mm	高程/m	本次下沉/mm	累计下沉/mm	高程/m	本次下沉/mm	累计下沉/mm	高程/m	本次下沉/mm	累计下沉/mm		
1997.04.20	4.5	50.157	0	0	50.154	0	0	50.155	0	0	50.155	0	0	50.156	0	0	50.154	0	0		
1997.05.5	5.5	50.155	-2	-2	50.153	-1	-1	50.153	-2	-2	50.154	-1	-1	50.155	-1	-1	50.152	-2	-2		
1997.05.20	7.0	50.152	-3	-5	50.150	-3	-4	50.151	-2	-4	50.153	-1	-2	50.151	-4	-5	50.148	-4	-6		
1997.06.5	9.4	50.148	-4	-9	50.148	-2	-6	50.147	-4	-8	50.150	-3	-5	50.148	-3	-8	50.146	-2	-8		
1997.06.20	10.5	50.145	-3	-12	50.146	-2	-8	50.143	-4	-12	50.148	-2	-7	50.146	-2	-10	50.144	-2	-10		
1997.07.20	10.5	50.143	-2	-14	50.145	-1	-9	50.141	-2	-14	50.147	-1	-8	50.145	-1	-11	50.142	-2	-12		
1997.08.20	10.5	50.142	-1	-15	50.144	-1	-10	50.140	-1	-15	50.145	-2	-10	50.144	-1	-12	50.140	-2	-14		
1997.09.20	10.5	50.140	-2	-17	50.142	-2	-12	50.138	-2	-17	50.143	-2	-12	50.142	-2	-14	50.139	-1	-15		
1997.10.20	10.5	50.139	-1	-18	50.140	-2	-14	50.137	-1	-18	50.142	-1	-13	50.140	-2	-16	50.137	-2	-17		
1998.01.20	10.5	50.137	-2	-20	50.139	-1	-15	50.137	0	-18	50.142	0	-13	50.139	-1	-17	50.136	-1	-18		
1998.04.20	10.5	50.136	-1	-21	50.139	0	-15	50.136	-1	-19	50.141	-1	-14	50.138	-1	-18	50.136	0	-18		
1998.07.20	10.5	50.135	-1	-22	50.138	-1	-16	50.135	-1	-20	50.140	-1	-15	50.137	-1	-19	50.136	0	-18		
1998.10.20	10.5	50.135	0	-22	50.138	0	-16	50.134	-1	-21	50.140	0	-15	50.136	-1	-20	50.136	0	-18		
1999.01.20	10.5	50.135	0	-22	50.138	0	-16	50.134	0	-21	50.140	0	-15	50.136	0	-20	50.136	0	-18		

4.提交成果资料

沉降观测工作结束后,应提交下列成果:

(1)沉降观测成果表。

(2)沉降观测点位分布图及各周期沉降展开图。

(3)$U\text{-}t\text{-}S$(沉降速度、时间、沉降量)曲线图。

(4)$p\text{-}t\text{-}S$(荷载、时间、沉降量)曲线图(视需要提交),如图6-5所示。

(5)建筑物等沉降曲线图(如观测点数量较少可不提交)。如图6-6所示,某院大楼等沉降曲线示例(单位:mm)。

(6)沉降观测分析报告。

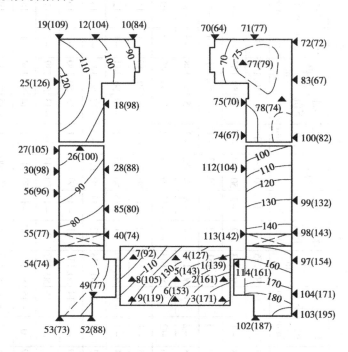

注:图中括号前数字为观测点编号,括号内数字为沉降量

图6-6　某院大楼等沉降曲线示例(单位:mm)

5.沉降观测中常遇到的问题及处理

1)曲线在首次观测后即发生回升现象

在第2次观测时即发现曲线上升,至第3次后,曲线又逐渐下降。发生此种现象,一般都是由于首次观测成果存在较大误差所引起的。此时,如周期较短,可将第1次观测成果作废,而采用第2次观测成果作为首测成果。因此,为避免发生此类现象,建议首次观测应适当提高测量精度,认真施测,或进行两次观测,以进行比较,确保首次观测成果可靠。

2)曲线在中间某点突然回升

发生此种现象的原因,多数是因为水准基点或沉降观测点被碰所致,如水准基点被压低,或沉降观测点被撬高,此时,应仔细检查水准基点和沉降观测点的外形有无损伤。如果众多沉降观测点出现此种现象,则水准基点被压低的可能性很大,此时可改用其他水准点作为水准基点来继续观测,并再埋设新水准点,以保证水准点个数不少于 3 个;如果只有一个沉降观测点出现此种现象,则多数是该点被撬高(如果采用隐蔽式沉降观测点,则不会发生此现象),如观测点被撬后已活动,则需另行埋设新点,若点位尚牢固,则可继续使用,对于该点的沉降量计算,则应进行合理处理。

3)曲线自某点起渐渐回升

产生此种现象一般是由于水准基点下沉所致。此时,应根据水准点之间的高差来判断出最稳定的水准点,以此作为新水准基点,将原来下沉的水准基点废除。另外,埋在裙楼上的沉降观测点,由于受主楼的影响,有可能会出现属于正常的渐渐回升现象。

4)曲线的波浪起伏现象

曲线在后期呈现微小波浪起伏现象,其原因一般是测量误差所造成的。曲线在前期波浪起伏所以不突出,是因下沉量大于测量误差之故;但到后期,由于建筑物下沉极微或已接近稳定,因此,在曲线上就出现测量误差比较突出的现象。此时,可将波浪曲线改成为水平线。后期测量宜提高测量精度等级,并适当地延长观测的间隔时间。

子情境 3　建筑物水平位移观测

一、概述

1. 水平位移观测的内容

建筑物水平位移观测包括位于特殊性土地区的建筑物地基基础水平位移观测、受高层建筑基础施工影响的建筑物及工程设施水平位移观测以及挡土墙、大面积堆载等工程中所需的地基土深层侧向位移观测等,应测定在规定平面位置上随时间变化的位移量和位移速度。

2. 精度要求

(1)先根据表 6-3,确定最终位移量观测中误差。

(2)再以最终位移量观测中误差估算单位权中误差 μ,估算公式为

$$\mu = m_S / \sqrt{2Q_X} \qquad (6\text{-}4)$$
$$\mu = m_{\Delta S} / \sqrt{2Q_{\Delta X}} \qquad (6\text{-}5)$$

式中　m_S——位移分量 S 的观测中误差,mm;

　　　$m_{\Delta S}$——位移分量差 ΔS 的观测中误差,mm;

　　　Q_X——网中最弱观测点坐标的权倒数;

　　　$Q_{\Delta X}$——网中待求观测点间坐标差 ΔX 的权倒数。

(3)求出观测值测站高差中误差后,根据表 6-1 的规定选择位移测量的精度等级。

3. 观测措施

1)仪器

尽可能采用先进的精密仪器。

2)采用强制对中

设置强制对中固定观测墩(见图 6-7),使仪器强制对中,即对中误差为零。目前,一般采

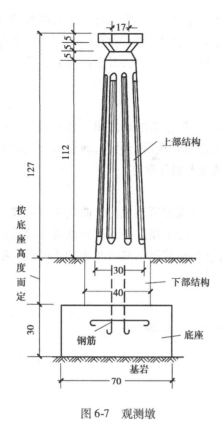

图 6-7　观测墩

用钢筋混凝土结构的观测墩。观测墩各部分有关尺寸可参考图 6-7,观测墩底座部分要求直接浇筑在基岩上,以确保其稳定性。并在观测墩顶面常埋设固定的强制对中装置,该装置能使仪器及觇牌的偏心误差小于 0.1 mm。满足这一精度要求的强制对中装置式样很多,有采用圆锥、圆球插入式的,有采用埋设中心螺杆的,也有采用置中圆盘的(见图 6-8)。置中圆盘的优点是适用于多种仪器,对仪器没有损伤,但加工精度要求较高。

3)照准觇牌

目标点应设置成(平面形状的)觇牌,觇牌图案应自行设计。视准线法的主要误差来源是照准误差,研究觇牌形状、尺寸及颜色对于提高视准线法的观测精度具有重要意义。

一般来说,觇牌设计应考虑以下 5 个方面。

①反差大。

②没有相位差。

③图案应对称。

④应有适当的参考面积。

⑤便于安置。

如图 6-9 所示为一个觇牌设计图案;观测时,觇牌也应该强制对中。

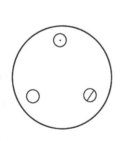

图 6-8　强制对中装置

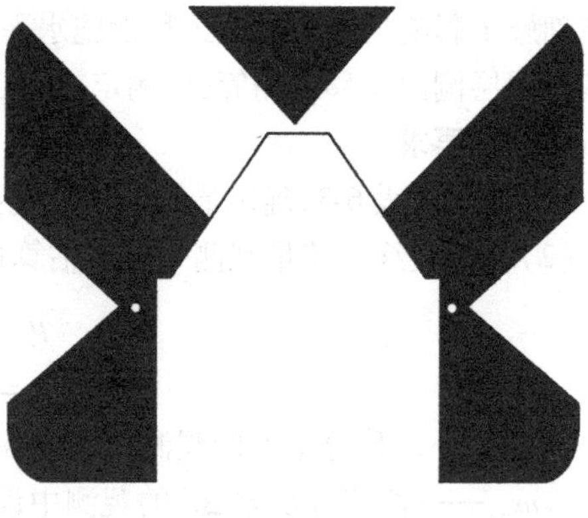

图 6-9　照准觇牌

4. 观测周期

水平位移观测的周期,对于不良地基土地区的观测,可与一并进行的沉降观测协调考虑确定;对于受基础施工影响的位移观测,应按施工进度的需要确定,可逐日或隔数日观测一次,直至施工结束;对于土体内部侧向位移观测,应视变形情况和工程进展而定。

二、基准点和观测点的设置

1. 基准点的设置

（1）对于建筑物地基基础及场地的位移观测，宜按两个层次布设，即由控制点组成控制网、由观测点及所联测的控制点组成扩展网；对于单个建筑物上部或构件的位移观测，可将控制点连同观测点按单一层次布设。

（2）控制网可采用测角网、测边网、边角网或导线网，扩展网和单一层次布网可采用测角交会、测边交会、边角交会、基准线或附合导线等形式。各种布网均应考虑网形强度，长短边不宜悬殊过大。

（3）基准点（包括控制网的基线端点、单独设置的基准点）、工作基点（包括控制网中的工作基点、基准线端点、导线端点、交会法的测站点等）以及联系点、检核点和定向点，应根据不同布网方式与构形，按《建筑变形测量规程》中的有关规定进行选设。每一测区的基准点不应少于2个，每一测区的工作基点也不应少于2个。

（4）对特级、一级、二级及有需要的三级位移观测的控制点，应建造观测墩或埋设专门观测标石，并应根据使用仪器和照准标志的类型，顾及观测精度要求，配备强制对中装置。强制对中装置的对中误差最大不应超过±0.1 mm。

（5）照准标志应具有明显的几何中心或轴线，并应符合图像反差大、图案对称、相位差小和本身不变形等要求。根据点位不同情况可选用重力平衡球式标、旋入式杆状标、直插式觇牌、屋顶标和墙上标等形式的标志。

（6）对用作基准点的深埋式标志、兼作高程控制的标石和标志以及特殊土地区或有特殊要求的标石、标志及其埋设应另行设计。

2. 观测点的设置

1）水平位移观测点位的选设

观测点的位置，对建筑物应选在墙角、柱基及裂缝两边等处；地下管线应选在端点、转角点及必要的中间部位；护坡工程应按待测坡面成排布点；测定深层侧向位移的点位与数量，应按工程需要确定。控制点的点位应根据观测点的分布情况来确定。

2）水平位移观测点的标志和标石设置

建筑物上的观测点，可采用墙上或基础标志；土体上的观测点，可采用混凝土标志；地下管线的观测点，应采用窨井式标志。各种标志的形式及埋设，应根据点位条件和观测要求设计确定。

控制点的标石、标志，应按《建筑变形测量规程》中的规定采用。对于如膨胀土等特殊性土地区的固定基点，也可采用深埋钻孔桩标石，但须用套管桩与周围土体隔开。

三、水平位移观测

水平位移观测的主要方法有前方交会法、精密导线测量法、基准线法等，而基准线法又包括视准线法（测小角法和活动觇牌法）、激光准直法、引张线法等。水平位移的观测方法可根据需要与现场条件选用，如表6-5所示。

表6-5　水平位移观测方法的选用

序　号	具体情况或要求	方法选用
1	测量地面观测点在特定方向的位移	基准线法(包括视准线法、激光准直法、引张线法等)
2	测量观测点任意方向位移	可视观测点的分布情况,采用前方交会法或方向差交会法、精密导线测量法或近景摄影测量等方法
3	对于观测内容较多的大测区或观测点远离稳定地区的测区	宜采用三角、三边、边角测量与基准线法相结合的综合测量方法
4	测量土体内部侧向位移	可采用测斜仪观测方法

1.基准线法

对于直线型建筑物的位移观测,采用基准线法具有速度快、精度高、计算简便等优点。基准线法测量水平位移的原理是以通过大型建筑物轴线(如大坝轴线、桥梁主轴线等)或者平行于建筑物轴线的固定不变的铅直平面为基准面,根据它来测定建筑物的水平位移。由两基准点构成基准线,此法只能测量建筑物与基准线垂直方向的变形。

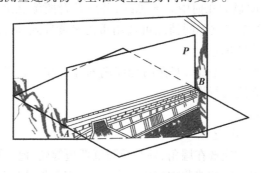

图6-10　基准线法测量水平位移

如图6-10所示为某坝坝顶基准线示意图。A,B分别为在坝两端所选定的基准线端点。当经纬仪安置在A点,觇牌安置在B点,则通过仪器中心的铅直线与B点处固定标志中心所构成的铅直平面P,即形成基准线法中的基准面。这种由经纬仪的视准面形成基准面的基准线法,称为视准线法。

视准线法按其所使用的工具和作业方法的不同,又可分为测小角法和活动觇牌法。测小角法是利用精密经纬仪确地测出基准线方向与置镜点到观测点的视线方向之间所夹的小角,从而计算出观测点相对于基准线的偏离值。活动觇牌法则是利用活动觇牌上的标尺,直接测定此项偏离值。随着激光技术的发展,出现了由激光光束建立基准面的基准线法,根据其测量偏离值的方法不同,该法有激光经纬仪准直法和波带板激光准直法两种。

在大坝廊道的特定条件下,采用通过拉直的钢丝的竖直面作为基准面来测定坝体偏离值具有一定的优越性,这种基准线法称为引张线法。

由于建筑物的位移一般都很小,因此,对位移值的观测精度要求很高(如混凝土坝位移观测的中误差要求小于±1 mm),因而在各种测定偏离值的方法中都要采取一些高精度的措施。

对基准线端点的设置、对中装置构造、觇牌设计及观测程序等均进行了不断的改进。各种基准线法的分类见表 6-6,下面分别对几种方法加以介绍。

表 6-6　基准线法的分类

序　号	名　称	说　明
1	视准线法	有测小角法和活动觇牌法两种
2	激光准直法	有激光经纬仪准直法和波带板激光准直法两种
3	引张线法	

1)视准线法

(1)测小角法

测小角法是利用精密经纬仪精确测定基准线方向 AB 与测站端点 A 到观测点 P_i 的视线方向间的微小夹角 α_i,从而计算观测点相对于基准线的偏离量 D_i,如图 6-11 所示。

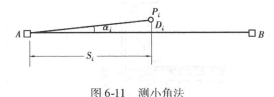

图 6-11　测小角法

$$D_i = \frac{\alpha_i}{\rho''} \cdot S_i \tag{6-6}$$

式中　S_i——端 A 到观测点的距离;

$\rho'' = 206\ 265''$。

将不同周期所观测值加以比较,即可得到该观测点的水平位移情况。基准线应按平行于待测的建筑物边线布置。角度观测的精度和测回数应按要求的偏差值观测中误差估算确定;距离可按 1/2 000 的精度量测。

(2)活动觇牌法

活动觇牌法是视准线法的另一种方法。观测点的位移值是直接利用安置于观测点上的活动觇牌(见图 6-12)直接读数来测算,活动觇牌读数尺上最小分划为 1 mm,采用游标可以读数到 0.1 mm。

观测过程如下:在 A 点安置精密经纬仪,精确照准 B 点目标(觇标)后,基准线就已经建立好了,此时,仪器不能左右旋转;然后,依次在各观测点上安置活动觇牌,观测者在 A 点用精密经纬仪观看活动觇牌(仪器不能左右旋转),并指挥活动觇牌操作人员利用觇牌上的微动螺栓左右移动活动觇牌,使之精确对准经纬仪的视准线,此时在活动觇牌上直接读数,同一观测点各期读数之差即为该点的水平位移值。

2)激光准直法

(1)激光经纬仪准直法

采用激光经纬仪准直时,活动觇牌法中的觇牌是由中心装有两个半圆的硅光电池组成的光电探测器。两个硅光电池各连接在检流表上,如激光束通过觇牌中心时,硅光电池左右两半

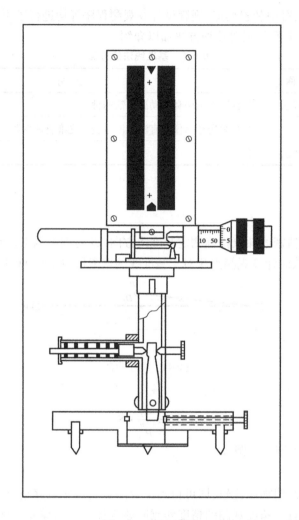

图 6-12 活动觇牌

圆上接收相同的激光能量,检流表指针在零位。反之,检流表指针就偏离零位。这时,移动光电探测器使检流表指针指零,即可在读数尺上读取读数。为了提高读数精度,通常利用游标卡尺,可读到 0.1 mm。当采用测微器时,可直接读到 0.01 mm。

激光经纬仪准直法的操作要点如下:

①将激光经纬仪安置在端点 A 上,在另一端点 B 上安置光电探测器。将光电探测器的读数安置到零上。调整经纬仪水平度盘微动螺栓,移动激光束的方向,使在 B 点的光电探测器的检流表指针指零。这时,基准面即已确定,经纬仪水平度盘则不能再动。

②依次在每个观测点处安置光电探测器,将望远镜的激光束投射到光电探测器上,移动光束探测器,使检流表指针指零,就可以读取每个观测点相对于基准面的偏离值。为了提高观测精度,在每一观测点上,探测器的探测需进行多次。

(2)波带板激光准直法

波带板激光准直系统由 3 个部件组成:激光器点光源,波带板装置和光电探测器。

用波带板激光准直系统进行准直测量如图 6-13 所示。

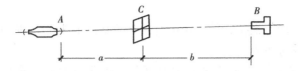

图 6-13　波带板激光准直测量

　　在基准线两端点 A,B 分别安置激光器点光源和探测器。在需要测定偏离值的观测点 C 上安置波带板。当激光管点燃后,激光器点光源就会发射出一束激光,照满波带板,通过波带板上不同透光孔的绕射光波之间的相互干涉,则会在光源和波带板连线的延伸方向线上的某一位置形成一个亮点(采用如图 6-14 所示的圆形波带板)或十字线(采用如图 6-15 所示的方形波带板)。根据观测点的具体位置,对每一观测点可以设计专用的波带板,使所成的像正好落在接收端点 B 的位置上。利用安置在 B 点的探测器,可以测出 AC 连线在 B 点处相对于基准面的偏离值 $\overline{BC'}$,则 C 点对基准面的偏离值为(见图 6-16)

$$l_C = \frac{S_C}{L} \overline{BC'}$$

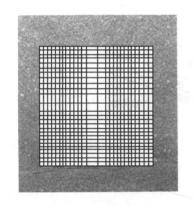

图 6-14　圆形波带板

图 6-15　方形波带板

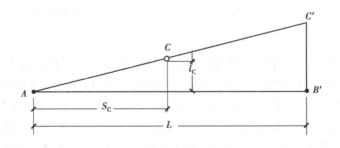

图 6-16　偏离值计算

　　波带板激光准直系统中,在激光器点光源的小孔光栏后面安置一个机械斩波器,使激光束成为交流调制光,这样即可大大削弱太阳光的干涉,可以在白天成功地进行观测。

　　尽管一些试验表明,激光经纬仪准直法,在照准精度上可以比直接用经纬仪时提高 5 倍,但对于很长的基准线观测,外界影响(旁折光影响)已经成为精度提高的障碍,因而有的研究者建议将激光束包在真空管中以克服大气折光的影响。

3)张引线法

在坝体廊道内,利用一根拉紧的不锈钢所建立的基准面来测定观测点的偏离值的方法称为引张线法,可以不受旁折光的影响。

为了解决引张线垂曲度过大的问题,通常采用在引张线中间设置若干浮托装置,它使垂径大为减少且保持整个线段的水平投影仍为一直线。

(1)引张线装置

引张线的装置由端点、观测点、测线(不锈钢丝)与测线保护管4部分组成。

①端点:它由墩座、夹线装置、滑轮、重锤连接装置及重锤等部件组成(见图6-17)。夹线装置是端点的关键部件,它起着固定不锈钢位置的作用。为了不损伤钢丝,夹线装置的V形槽底及压板底部嵌镶铜质类软金属。端点处用以拉紧钢丝的重锤,其重量视允许拉力而定,一般为10~50 kg。

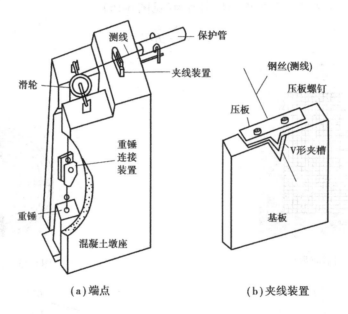

(a)端点   (b)夹线装置

图6-17　引张线的端点

②观测点:由浮托装置、标尺、保护箱组成,如图6-18所示。浮托装置由水箱和浮船组成。浮船置入水箱内,用以支撑钢丝。浮船的大小(或排水量)可以依据引张线各观测点间的间距和钢丝的单位长度重量来计算。一般浮船体积为排水量的1.2~1.5倍,而水箱体积为浮船体积的1.5~2倍。标尺系由不锈钢制成,其长度为15 cm左右。标尺上的最小分划为1 mm。它固定在槽钢面上,槽钢埋入大坝廊道内,并与之牢固结合。引张线各观测点的标尺基本位于同一高度面上,尺面应水平,尺面垂直于引张线,尺面刻划线平行于引张线。保护箱用于保护观测点装置,同时也可以防风,以提高观测精度。

③测线:测线一般采用直径为0.6~1.2 mm的不锈钢丝(碳素钢丝),在两端重锤作用下引张为一直线。

④测线保护管:保护管保护测线不受损坏,同时起防风作用。保护管可以用直径大于10 cm的塑料管,以保证测线在管内有足够的活动空间。

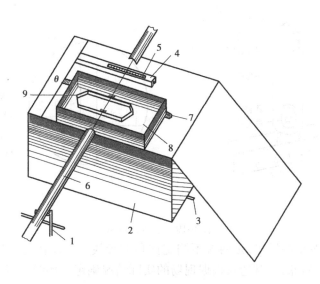

图6-18　引张线观测点

1—保护管支架；2—保护箱；3—钢筋；4—槽钢；

5—标尺；6—测线保护管；7—角钢；8—水箱；9—浮船

（2）引张线读数

引张线法中假定钢丝两端点固定不动引张线是固定的基准线，由于各观测点上的标尺是与坝体固连的，因此，对于不同的观测周期，钢丝在标尺上的读数变化值则直接表示该观测点的位移值。

观测钢丝在标尺上的读数的方法较多，现介绍读数显微镜法。该法是利用由刻有测微分划线的读数显微镜进行的，测微分划线最小刻划为 0.1 mm，可估读到 0.01 mm。由于通过显微镜后钢丝与标尺分划线的像都变得很粗大，因此，采用测微分划线读数时，应采用读两个读数取平均值的方法。图6-19 给出了观测情况与读数显微镜中的成像情形。如图6-19 所示，钢丝左边缘读数为 $a = 72.30$ mm，钢丝右边缘读数为 $b = 73.40$ mm，故该观测值结果为

$$\frac{a + b}{2} = 72.85 \text{ mm}$$

通常，观测是从靠近端点的第 1 个观测点开始读数，依次观测到测线的另一端点，此为一个测回，每次需要观测 3 个测回。各测回之间应轻微拨动中间观测点上的浮船，使整条引张线浮动，待其静止后，再进行下一个测回的观测工作。各测回之间观测值互差的限差为 0.2 mm。

为了使标尺分划线与钢丝的像能在读数显微镜场内同样清晰，观测前加水时，应调节浮船高度到使钢丝距标尺面为 0.3 ~ 0.5 mm。根据生产单位对引张线大量观测资料进行统计分析的结果，三测回观测平均值的中误差约为 0.03 mm。可见，引张线测定水平位移的精度是较高的。

2.精密导线法

精密导线测量对于非直线型建筑物，如重力拱坝、曲线型桥梁以及一些高层建筑物的位移观测宜采用导线测量法、前方交会法及地面摄影测量等方法。用于变形观测的精密导线在布设、观测及计算等方面都具有其自身的特点。

1）导线的布设

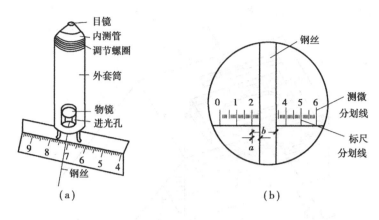

图6-19 引张线读数

应用于变形观测中的导线,是两端不测定向角的导线。可以在建筑物的适当位置(如重力拱坝的水平廊道中)布设,其边长根据现场的实际情况确定。导线端点的位移,在拱坝廊道内可用倒锤线来控制,在条件许可的情况下,其倒锤点可与坝外三角点组成适当的联系图形,定期进行观测以验证其稳定性。如图6-20所示为在拱坝水平廊道内进行位移观测而采用的导线布置形式示意图。

导线点上的装置,在保证建筑物位移观测精度的情况下,应稳妥可靠。它由导线点装置(包括槽钢支架、特制滑轮拉力架、底盘、重锤和微型觇标等)及测线装置(为引张的钢瓦丝,其端头均有刻划,供读数用。固定钢瓦丝的装置越牢固,则其读数越方便且读数精度稳定)等组成。如图6-21所示的微型觇标供观测时照准用,当测点要架设仪器时,微型觇标可取下。微型觇标顶部刻有中心标志供边长丈量时用。

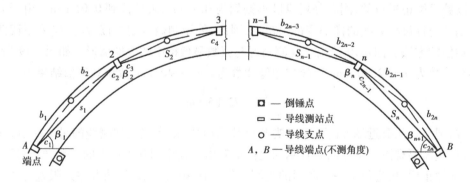

图6-20 某拱坝位移观测的精密导线布置形式

注:S_i——投影边长;β_i——实测折角;b_i——实测边长;c_i——实测投影角端点(用于计算 S_i 的长度)

2)导线的观测

在拱坝廊道内,由于受条件限制,一般布设的导线边长较短,为减少导线点数,使边长较长,可由实测边长(b_i)计算投影边长(S_i)(见图6-20)。实测边长(b_i)应用特制的基线尺来测定两导线点间(即两微型觇标中心标志刻划间)的长度。为减少方位角的传算误差,提高测角效率,可采用隔点设站的办法,即实测转折角(β_i)和投影角(c_i)(见图6-20)。

3)导线的平差与位移值的计算

由于导线两端不观测定向角 β_1,β_{x+1}(见图6-20),因此,导线点坐标计算相对要复杂一些。假设首次观测精密地测定了边长 $S_1,S_2,\cdots,S_x$ 与转折角 β_2,$\beta_3,\cdots,\beta_x$,则可根据无定向导线平差(有兴趣的读者可参看有关参考书),计算出各导线点的坐标作为基准值。以后各期观测各边边长 $S'_1,S'_2,\cdots,S'_x$ 及转折角 $\beta'_2,\beta'_3,\cdots,\beta'_x$,同样可以求得各点的坐标,各点的坐标变化值即为该点的位移值。值得注意的是,端点 A,B 同其他导线点一样,也是不稳定点,每期观测均要测定 A,B 两点的坐标变化值 $(\delta_{xA},\delta_{yA},\delta_{xB},\delta_{yB})$,端点的变化对各导线点的坐标值均有影响,其具体计算方法请参阅有关参考书。

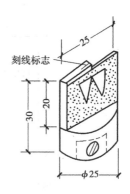

图 6-21　导线测量用的小觇标(单位:mm)

3. 交会法

交会法主要应用于高耸建筑物的水平位移观测。其特点是灵活、简便,如图 6-22 所示。P 为某通讯塔,为监测铁塔整体位移

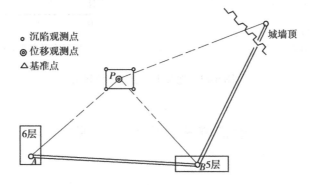

- 沉陷观测点
- 位移观测点
- 基准点

城墙顶

6层

A

B5层

图 6-22　前方交会法观测水平位移

或滑动,在附近两幢楼顶部和一段旧城墙上,分别设置 A,B,C 3 点。通过交会测量求 P 点在不同周期的位移量。量取基线长度,在观测点 P 上建立观测墩,设置供不同方向照准的标志,组成较好的交会图形对观测点定期观测。具体方法与角度交会法相同。采用 J1 型经纬仪测角 4~6 个测回观测,经测站平差,计算出各观测点的坐标,比较不同周期的坐标值,求出位移值。

此外,测量观测点任意方向位移时,可视观测点的分布情况,采用前方交会法或方向差交会法、导线测量等方法。对于观测内容较多的大测区或观测点远离稳定地区的测区,可采用三角测量与基准线法相结合的综合测量方法。通过三角测量或导线测量观测数据,计算各观测点的坐标平差值,比较不同周期的坐标值求出位移值。

四、资料分析

观测工作结束后,应提交下列成果:

(1)水平位移观测点位布置图。

(2)观测成果表。

(3)水平位移曲线图。

(4)地基土深层侧向位移图,如图 6-23 所示。

(5)当基础的水平位移与沉降同时观测时,可选择典型剖面,绘制两者的关系曲线。

(6)观测成果分析资料。

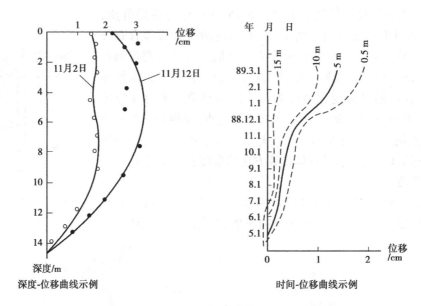

图 6-23　地基土深层侧向位移图

子情境 4　其他变形监测

一、倾斜观测

建筑物产生倾斜的原因主要是地基承载力的不均匀、建筑物体型复杂形成不同荷载及受外力风荷、地震等影响引起基础的不均匀沉降。一般用水准仪、经纬仪或其他专用仪器来测量建筑物的倾斜度。

倾斜观测就是测定建筑物、构筑物倾斜度随时间而变化的工作。建筑物主体倾斜观测,应测定建筑物顶部相对于底部或各层间上层相对于下层的水平位移与高差,分别计算整体或分层的倾斜度、倾斜方向以及倾斜速度。对具有刚性建筑物的整体倾斜,也可通过测量顶面或基础的相对沉降间接确定。

根据观测条件与要求的不同,主体倾斜观测可参见表 6-7 的观测方法。

表 6-7　倾斜观测的方法

序　号	倾斜观测内容	观测方法选取
1	测量建筑物基础相对沉降	1. 几何水准测量 2. 液体静力水准测量(大坝)
2	测量建筑物顶点 相对于底点的水平位移	1. 前方交会法 2. 投点法 3. 吊垂球法 4. 激光铅直仪观测法
3	直接测量建筑物的倾斜度	气泡倾斜仪

1. 水准仪观测

建筑物的倾斜观测可采用精密水准测量的方法（见图 6-24），定期测出基础两端点的不均匀沉降量（差异沉降量）Δh，再根据两点间的距离 L，即可算出基础的倾斜度 α：

$$\alpha = \frac{\Delta h}{L} = \frac{\Delta h}{L} \cdot \frac{180}{\pi} \qquad (6-7)$$

如果知道建筑物的高度 H，则可推算出建筑物顶部的倾斜位移值 Δ：

$$\Delta = \delta = \alpha \cdot H = \frac{\Delta h}{L} \cdot H \qquad (6-8)$$

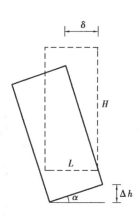

图 6-24　基础倾斜观测

【例 6-1】 某混凝土重力坝在基础廊道上布置了两个沉降观测点 C205，C206，两点相距 20.6 m，现采用精密水准仪按国家二等水准测量要求施测，两期观测高程成果见表 6-8。试计算在这一段时间内该大坝坝体产生的倾斜角 α。

解　经计算，在这一段时间内，C205 点的沉降量为 1.5 mm，C206 点的沉降量为 0.3 mm，两点的差异沉降量为 $\Delta h = 1.2$ mm，已知 $L = 20.6$ m，代入式（6-9），得

$$\alpha = \frac{\Delta h}{L} \cdot \frac{180}{\pi} = 12''$$

表 6-8　沉降观测点高程成果表

点　号	C205	C206
第 1 期高程观测值/m	15.872 8	15.876 1
第 2 期高程观测值/m	15.871 3	15.875 8

2. 经纬仪观测

从建筑物或构件的外部观测时，宜选用下列经纬仪观测法，即测水平角法、投点法、前方交会法等。

1）测水平角法

此法适用于测定圆形建筑物的倾斜。如图 6-25 所示为测定烟囱倾斜的情况。在离烟囱 50～100 m 且相互垂直的两个方向上设置两个固定测站，并在与测站相对的烟囱两侧的上部和下部，分别设置供观测照准的两组标志点"1，2，3，4"和"5，6，7，8"，另外再选两个通视良好的远方固定目标 M_1 和 M_2 作为定向点。观测时，先在测站 1 上测得水平角(1)、(2)、(3)、(4)，由图中可以看出，[(2) + (3)]/2 及 [(1) + (4)]/2 分别表示测站 1 至烟囱上部中心 a 和烟囱勒脚部分的中心 b 的水平方向值。若已知测站 1 至烟囱中心的距离，则由 a 与 b 的水平方向值之差可计算出烟囱顶部在这个方向上的偏移值 a_1。同样，在测站 2 观测水平角(5)、(6)、(7)、(8)，可求得烟囱顶部在另一个方向上偏移值 a_2。然后用矢量相加的方法求得烟囱顶部中心相对勒脚部分偏斜值 Δl 及偏斜方向，计算烟囱的倾斜度。

2）投点法

投点法观测时，应在底部观测点位置安置量测设施（如水平读数尺等）。在每测站安置经纬仪投影时，应按正倒镜法以所测每对上下观测点标志间的水平位移分量，按矢量相加法求得

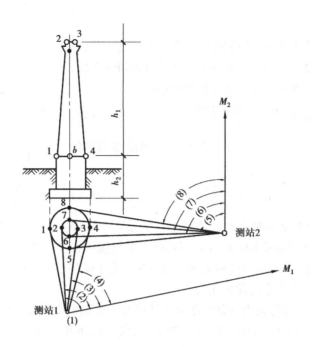

图 6-25　测水平角法

水平位移值(倾斜量)和位移方向(倾斜方向)。

3)前方交会法

所选基线应与观测点组成最佳构形,交会角宜为 60°～120°。水平位移计算,可采用直接由两周期观测方向值之差解算坐标变化量的方向差交会法,也可采用按每周期计算观测点坐标值,再以坐标差计算水平位移的方法。

3. 铅垂观测法

当利用建筑物或构件的顶部与底部之间一定竖向通视条件进行观测时,宜选用铅垂观测方法,即吊垂球法、激光铅直仪观测法、激光位移计自动测记法等。

①吊垂球法:是测量建筑物上部倾斜的最简单方法,适用于内部有垂直通道的建筑物。在顶部或需要的高度处观测点位置上,直接或支出一点悬挂适当重量的垂球,在垂线下的底部固定读数设备(如毫米格网读数板),直接读取或量出上部观测点相对底部观测点的水平位移量和位移方向。

②激光铅直仪观测法:在建筑物顶部适当位置安置接收靶,在其垂线下的地面或地板上安置激光铅直仪或激光经纬仪,按一定周期观测,在接收靶上直接读取或量出顶部的水平位移量和位移方向。

③激光位移计自动测记法:在建筑物底层或地下室地板上安置位移计,接收装置可设在顶层或需要观测的楼层,激光通道可利用楼梯间梯井,测试室宜选在靠近顶部的楼层内。当位移计发射激光时,从测试室的光线示波器上可直接获取位移图像及有关参数,并自动记录成果。

4. 气泡倾斜仪观测

气泡倾斜仪由一个高灵敏度的气泡水准管 e(见图 6-26)和一套精密的测微器组成。测微器中包括测微杆 g,读数盘 h 和指标 k。气泡水准管 e 固定在支架 a 上,a 可绕 c 点转动,a 下装一弹簧片 d,在底板 b 下有置放装置 m。将倾斜仪安置在需要的位置上后,转动读数盘,使测微杆向上或向下移动,直至水准管气泡居中为止。此时,在读数盘上读数,即可得出该处的倾斜度。

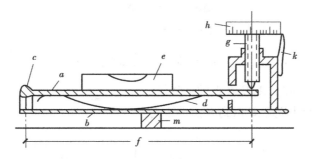

图 6-26　气泡倾斜仪

我国制造的气泡倾斜仪,灵敏度为 $2''$,总的观测范围为 $1°$。气泡倾斜仪适用于观测较大的倾斜角或量测局部区域的变形,如测定设备基础和平台的倾斜。

为了实现倾斜观测的自动化,可采用电子水准器。它是在普通的玻璃管水准器(内装酒精和乙醚的混合液,并留有空气气泡)的上、下面装上 3 个电极形成差动电容器的一种装置。这种电子水准器可固定地安置在建筑物(如大坝、桥梁)或设备的适当位置上,能自动地进行倾斜观测,因而特别适用于作动态观测。当测量范围在 $200''$ 以内时,测定倾斜值的中误差在 $\pm 0.2''$ 以下。

5. 成果提交

倾斜观测工作结束后,应提交下列成果:

(1)倾斜观测点位布置图。

(2)观测成果表、成果图。

(3)主体倾斜曲线图。

(4)观测成果分析资料。

二、挠度观测

1. 挠度观测内容

挠度观测包括建筑物基础和建筑物主体以及独立构筑物(如独立墙、柱等)的挠度观测,应按一定周期分别测定其挠度值及挠曲程度。

建筑物基础挠度观测,可与建筑物沉降观测同时进行。观测点应沿基础的轴线或边线布设,每一基础不得少于 3 点。标志设置、观测方法与沉降观测相同。

建筑物主体挠度观测,除观测点应按建筑物结构类型在各不同高度或各层处沿一定垂直方向布设外,其标志设置、观测方法按倾斜观测的有关规定执行。挠度值由建筑物上不同高度点相对于底点的水平位移值确定。可按下列公式计算挠度 f_c,如图 6-27 所示。

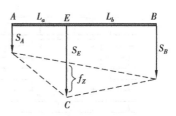

图 6-27　建筑物的挠度观测

$$f_C = \Delta S_{AE} - \frac{L_a}{L_b}\Delta S_{AB} \tag{6-9}$$

$$\Delta S_{AE} = S_E - S_A \tag{6-10}$$

$$\Delta S_{AB} = S_B - S_A \tag{6-11}$$

$$f_Z = \Delta S_{AE} - \frac{1}{2}\Delta S_{AB} \tag{6-12}$$

式中　S_A, S_E, S_B——基础上 A, E, B 点的沉降量；

　　　L_a, L_b——A 点到 E 点、E 点到 B 点的距离。

跨中挠度值为

$$f_Z = \Delta S_{AE} - \frac{1}{2}\Delta S_{AB} \tag{6-13}$$

2.挠度观测的精度

建筑物基础挠度观测,其观测的精度可按沉降观测的有关规定确定。

建筑物主体挠度观测,其观测的精度可按水平位移观测的有关规定确定。

3.提交成果

挠度观测工作结束后,应提交下列成果:

(1)挠度观测点位布置图。

(2)观测成果表与计算资料。

(3)挠度曲线图。

(4)观测成果分析说明资料。

三、裂缝观测

1.裂缝观测内容

建筑物发生裂缝时,为了解其现状及其变化情况,应该进行裂缝观测。根据观测资料分析其产生裂缝的原因和它对建筑物安全的影响,及时地采取有效措施加以处理。

当建筑物多处发生裂缝时,需要对裂缝统一进行编号,并测定在建筑物上的裂缝分布位置,在裂缝处设置观测标志。然后分别观测裂缝的走向、长度、宽度及其变化程度等。常用的观测标志有以下 3 种:

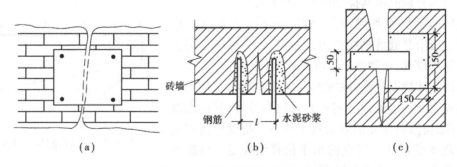

图 6-28　常用的裂缝观测标志

1)石膏板标志

如图 6-28(a)所示,用厚度 10 mm、宽 50 ~ 80 mm 的石膏板(长度视裂缝大小而定),在裂缝两边固定牢固。当裂缝继续发展时,石膏板也随之开裂,从而观察裂缝继续发展的情况。

2)金属棒标志

如图 6-28(b)所示,在裂缝两边钻于,将长约 10 cm、直径 10 mm 以上的钢筋头插入,并使其露出墙外约 2 cm,用水泥砂浆填灌牢固。在两钢筋头埋设前,应先把外露一端锉平,在上面刻画十字线或中心点,作为量取间距的依据。待水泥砂浆凝固后,量出两金属棒之间距并进行比较,即可掌握裂缝发展情况。

3)自铁片标志

如图 6-28(c)所示,用两块白铁片,一片取 150 mm × 150 mm 的正方形,固定在裂缝的一侧,并使其一边和裂缝的边缘对齐。另一片为 50 mm × 200 mm,固定在裂缝的另一侧,并使其中一部分紧贴相邻的正方形白铁片。当两块白铁片固定好以后,在其表面均涂上红色油漆。如果裂缝继续发展,两白铁片将逐渐拉开,露出正方形白铁上原被覆盖没有涂油漆的部分,其宽度即裂缝加大的宽度,可用尺子量出。

2. 提交成果

观测结束后,应提交下列成果:

(1)裂缝分布位置图。

(2)裂缝观测成果表。

(3)观测成果分析说明资料。

(4)当建筑物裂缝和基础沉降同时观测时,可选择典型剖面绘制两者的关系曲线。

四、日照变形观测

1. 日照变形观测的内容

日照变形观测应在高耸建筑物或单柱(独立高柱)受强阳光照射或辐射的过程中进行,应测定建筑物或单柱上部由于向阳面与背阳面温差引起的偏移及其变化规律。

2. 日照变形观测的时间

日照变形的观测时间,宜选在夏季的高温天进行。一般观测项目,可在白天时间段观测,从日出前开始,日落后停止,每隔约 1 h 观测 1 次;对于有科研要求的重要建筑物,可在全天 24 h 内,每隔约 1 h 观测 1 次。在每次观测的同时,应测出建筑物向阳面与背阳面的温度,并测定风速与风向。

3. 日照变形观测的方法

(1)当建筑物内部具有竖向通视条件时,应采用激光铅直仪观测法。在测站点上可安置激光铅直仪或激光经纬仪,在观测点的水平位移值和位移方向,也可借助附于接收靶上的标示光点设施,直接获得各次观测的激光中心轨迹图,然后反转其方向即为实测日照变形曲线图。

(2)从建筑物外部观测时,可采用测角前方交会法或方向差交会法。对于单柱的观测,按不同量测条件,可选用经纬仪投点法、测顶部观测点与底部观测点之间的夹角法或极坐标法。按上述方法观测时,从两个测站对观测点的观测应同步进行。所测顶部的水平位移量与位移方向,应以首次测算的观测点坐标值或顶部观测点相对底部观测点的水平位移值作为初始值,与其他各次观测的结果相比较后计算求取。

4. 提交成果

观测结束后,应提交下列成果:

（1）日照变形观测点位布置图。

（2）观测成果表。

（3）日照变形曲线图（见图6-29）。

（4）观测成果分析说明资料。

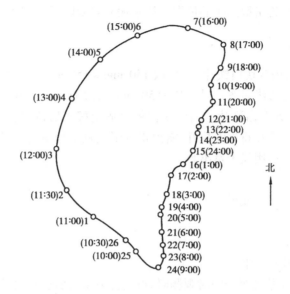

图6-29　某电视塔顶部日照变形曲线图

注：1.图中顺序号为观测次数编号，括号内数字为时间；

　　2.曲线图由激光铅直仪直接测出的激光中心轨迹反转而成。

【技能训练16】　建筑物倾斜观测

1.技能训练目标

（1）掌握建筑物倾斜观测的目的和意义。

（2）掌握建筑物主体倾斜观测的方法和过程。

（3）学会计算建筑物主体的倾斜度。

2.技能训练仪器工具

J2 经纬仪 2 台,经纬仪脚架 2 个,钢尺 1 把,记录板 1 块。

3.技能训练步骤

（1）利用经纬仪在两个互相垂直的方向上进行交会投点。

（2）将建筑物向外倾斜的一个上部角点投影至平地,直接量取其与下部角点的倾斜位移值分量。

（3）计算倾斜位移量 Δ 和建筑物的高度 H。

（4）根据下面公式计算倾斜度

$$\alpha = \frac{\Delta h}{L} = \frac{\Delta h}{L} \cdot \frac{180}{\pi}$$

4.技能训练基本要求

（1）遵照附录"测量实训的一般要求"中的各项规定。

（2）每个学生完成一次倾斜观测的工作。

（3）每个学生根据观测值独立计算倾斜度。

（4）精度要求能够满足《建筑变形测量规程》。

5. 上交资料

（1）原始观测资料。

（2）建筑物主体倾斜图。

（3）技能训练报告。

知识技能训练 6

1. 试述建筑变形监测的目的、意义和作用。

2. 确定建筑沉降变形测量的精度和周期应考虑哪些因素？

3. 建筑物水平位移观测的方法有哪些？

4. 何为挠度观测？它包括哪些类型？

5. 简述用观测水平角测定建筑物倾斜的要点。

6. 如何用经纬仪投影法测定建筑物的倾斜？

7. 说明桥梁挠度观测与其他工程建筑物（如大坝、高层建筑物等）挠度观测在概念上以及观测方法上有何不同？

8. 某混凝土重力坝在基础廊道上布置了两个沉降观测点 C205，C206，两点相距 20.6 m，观测采用精密水准仪按国家二等水准观测要求施测，两期观测高程成果见表 6-9，试计算在这一段时间内该大坝坝体产生的倾斜角 α。

表 6-9

点　号	C205	C206
第 I 期	15.863 4 m	15.843 2 m
第 II 期	15.862 3 m	15.842 6 m

学习情境 **7**

工程测量课程设计

在工程测量这门课程的理论教学与课堂实训结束之后,进行为期一周的课程设计训练,可选择贯通测量、线路测量、变形监测等重要工程测量作为课程设计内容。贯通测量关系到整个矿井的设计、建设和生产,因此,矿山测量人员在贯通工程施工前要制订贯通测量方案。这一方案应包含从地面到井下的各项测量工作内容选择这一内容作为设计题目,其目的在于把该课程的内容串联起来,进行一次系统的训练,既有对矿山测量整体的认识,又有对重要内容的细微分析。线路测量可选择高等级公路道路体任一点的坐标/高程计算,它几乎包含工程测量的全部特点,在工程测量中只要根据设计图提供的几何要素计算出工程点的坐标/高程,配合以基本放样方法就能解决大多数测量问题。变形监测可选择高切坡的检测作为课程设计内容,因为高切坡是重庆的特色,它的测量方法也包含了变形检测的所有内涵。

一、贯通测量方案设计的内容

(1)井巷贯通工程概况。包括井巷贯通工程的目的、任务和要求,井巷贯通允许偏差值的确定。

(2)绘制1:2 000的井巷贯通工程图。

(3)地面控制测量。包括起始数据的检验,测量的方法和仪器选用。如用GPS网,还需用导线。

(4)矿井联系测量。包括测量的方法和精度指标的确定及组织管理。

(5)井下控制测量。包括测量的方法,仪器的选用及精度的确定,人员组织,等等。

(6)贯通测量方法。主要是指巷道掘起过程中,中段和腰段的标定方法。包括标定要素的计算,仪器和方法的选用,人员组织,以及检验方法。

(7)贯通误差预计。绘制1:2 000的贯通测量设计平面图,在图上绘制与工程有关的巷道和井上、下测量控制点确定测量误差参数,并进行误差预计。预计误差采用中误差的两倍,它应小于规定的允许偏差。

(8)贯通测量成本预算。包括工时、仪器折旧和材料耗损等。

(9)贯通测量中存在的问题应采取的措施。

二、高等级公路线路上任一点的坐标/高程计算课程设计内容

(1)工程概况。包括高等级公路某工程段的地理位置、地质条件、测量控制点等。

(2)选择一段 200 m 长路段,包括直线/缓和曲线/圆曲线的三大特征。

(3)提供 1∶1 000 的条带地形图。

(4)给出道路中心线曲线几何要素,两个交点的坐标及桩号。

(5)实测的每隔 20 m 一条的道路横断面图。

(6)4 条设计的道路横断面图。

(7)实测的道路纵断面图,设计的道路纵断面图。

(8)计算出五大桩的桩号/坐标。

(9)计算 20 m 整数倍桩号的中心桩坐标/高程及相应边线桩坐标/高程。

(10)计算土石方工程量。

三、高切坡变形监测方案课程设计内容

(1)工程概况。包括工程所在的地理位置、周边环境、地质水文条件。

(2)允许移动量的确定。

(3)变形监测等级的确定。

(4)观测周期的确定。

(5)观测方法的确定及仪器设备的选择。

(6)首级控制网的布设,水平位移及垂直位移观测点的布设。

(7)测量误差预计。

(8)观测经费预算。

(9)绘制 1∶500 的监测网图纸。

四、工程测量课程设计的教学实施

(1)指导教师 4 名,每名教师指导 10 名左右的学生。

(2)由指导教师提供在工程现场收集到的实际施工测量资料并加工提炼,只给基本资料去除细节内容。

(3)每个学生独立完成 1 份设计,设计报告必须用手写,误差预计图由学生手绘。

(4)在设计过程中教师组织讨论和及时讲评。

(5)提供专门的设计场所,要严格考勤。

(6)用五级制对每个学生的设计给予评分。

学习情境 8

工程测量生产实训

一、实训目的

工程测量的内容包括施工控制测量、地形图的应用与测绘、工程建设中的定线放样方法、施工放样数据计算等。本次实训的重点是隧道施工放样测量、平面曲线的放样算。施工控制测量包括施工平面控制测量和高程控制测量,这与过去所学的控制测量学中控制测量的方法是一致的。因此,本次实训可在已有的控制点上直接进行。

工程测量教学实训是在学期末进行的,是在理论教学和课间实训完成之后,集中时间进行的一次综合性实践操作训练。

工程测量教学注重培养学生理论联系实际、分析问题与解决问题及实际动手的能力,同时锻炼学生的吃苦耐劳和团结协作的精神。实训的主要目的如下:

(1)了解工程测量的工作内容和组织形式。

(2)掌握导线法、中线法放样隧道中线和腰线法放样高程的方法和步骤。

(3)掌握平面曲线中线和边线坐标的计算。

(4)掌握用经纬仪(或全站仪)放样的方法和步骤。

二、实训任务

(1)用经纬仪(或全站仪)放样隧道中线,用水准仪放样高程。

(2)计算曲线放样数据。

(3)每个小组放样一条曲线的五大桩和中线。

三、人员组织

5 人一组,每组设组长 1 人。组长负责日常测量工作安排和本小组成员的考勤。

四、实训时间安排

实训时间总计为 1 周,其计划如下:

(1)实训动员,借领仪器工具,隧道资料计算,熟悉导线点,时间为 1 天。

(2)隧道中线点,高程的放样,时间为 1 天。

（3）曲线坐标计算，实地桩位放样，时间为 4 天。

（4）归还仪器，编写实训总结报告，时间为 1 天。

五、仪器与工具

（1）每组借领全站仪（或经纬仪）1 台（包括三脚架），水准仪 1 台，水准尺 2 根，50 m 钢尺 1 把，2 m 小钢卷尺 1 个，三角板 1 副，记录板 1 个，记录本 1 本，测伞 1 把。

（2）各组自备 HB 铅笔数支，计算器 1 个。

六、实训注意事项

（1）遵照测量实训的有关规定。

（2）实训期间，各小组组长应合理、公平地安排小组工作。每一位小组成员都应轮流担任每一项工种，让所有成员都得到学习和实践锻炼的机会，不能片面追求进度。

（3）实训期间，要特别注意保管好仪器和工具。各小组应安排小组成员专人保管。每天出工和收工时都要清点好仪器和工具。在使用过程中，应爱护仪器工具，不得损坏，发现问题及时向实训指导老师报告。

（4）由于实训场地较为集中，许多控制点各小组可能会共用，因此，各小组之间应加强合作。小组内部成员之间、小组与小组之间应加强团结，以保证共同完成实训任务。同时，还应注意自己和小组成员实训期间的安全和健康问题。

（5）不得缺勤，除遵守学校的有关纪律规定外，还应严格遵守实训纪律。未经指导老师同意，不得私自外出或回家。

七、实训内容、步骤和要求

1. 作业的技术依据

（1）《城市测量规范》（CJJ 8—99）。

（2）《新建铁路工程测量规范》（TB 10101—99）。

（3）《工程测量规范》（GB 50026—2007）。

2. 隧道施工放样

隧道中线放样采用导线法、中线法，用 DJ6 型经纬仪测角，用 50 m 钢尺量距。放样时采用经纬仪正倒镜分中的方法。隧道高程放样采用腰线法，用 DS3 水准仪按照高程放样的方法，标出隧道的坡度。

其具体要求如下：

（1）施工中线分为永久中线和临时中线。永久中线应由洞内基本导线测设或按中线法独立测设。永久中线点的点间距应符合表 8-1 要求。

表 8-1　永久中线点的点间距/m

中　线　测　量	直线地段	曲线地段
由导线法测设中线	150～250	60～100
独立的中线法	不小于 100	不小于 50

（2）用导线法测设中线：宜采用极坐标法测设，由导线点测设中线点。一次测设不应少于3个点，并相互检核。

（3）独立的中线法测设：直线上应采用正倒镜延伸直线法；曲线上宜采用弦线偏角法测设，也可采用其他曲线测设方法。

（4）全断面开挖的施工中线，宜先用激光导向（或指向），后用全站仪、光电测距仪测定。

（5）使用钢卷尺量距时，每尺段距离应丈量两次，两次间钢卷尺应串动1 m以上，读数较差在5 mm以内时取平均值。

（6）洞内施工用高程点，应根据洞内已有的高程控制点加密。用水准测定高程时，应测两次或利用加密点作转点闭合到已知高程点上。

3. 计算

1）曲线坐标计算

公式如下：

第1缓和曲线上：

$$x_i = l_i - \frac{l_i^5}{40R^2 l_s^2}$$

$$y_i = \frac{l_i^3}{6Rl_s} - \frac{l_i^7}{336R^3 l_s^3}$$

圆曲线上：

$$\alpha_i = \frac{180}{\pi R}(DK_i - DK_{ZH} - l_0) + \beta_0$$

$$x_i = R \sin \alpha_i + m$$

$$y_i = R \cos \alpha_i + p$$

第2缓和曲线上：

$$l_i = DK_{HZ} - DK_i$$

$$x'_i = l_i - \frac{l_i^5}{40R^2 l_s^2}$$

$$y'_i = -\left(\frac{l_i^3}{6Rl_s} - \frac{l_i^7}{336R^3 l_s^3}\right)$$

$$x_i = T + T \cos \alpha - x'_i \cos \alpha + y_i \sin \alpha$$

$$y_i = T \sin \alpha - x'_i \sin \alpha - y_i \cos \alpha$$

式中 l_i——放样点至直缓点的距离，m；

α——曲线偏角，左偏为"－"，右偏为"＋"；

l_s——缓和曲线长；

R——曲线半径。

2）放样数据计算

按放样方法的不同来计算放样数据。

4. 曲线放样

曲线放样采用极坐标法，对于不同的工程，既需要放中线，也需要放边线。对于重要点位（如桥墩台中心桩位等），还必须放纵横十字线护桩。在放样中，一般采用正倒镜分中法定点。

其要求如下:

(1)线路路基施工放线的边桩可根据地形的难易情况,采用断面法或逐渐接近法等测设,并应在施工范围以外设置方向控制桩 1~2 个。测设边桩的限差为 1/200。

(2)中线上应测设千米桩和加桩。直线上中桩间距不大于 20 m,一般为 10 m;曲线上中桩间距一般为 5 m。

(3)对于重要点位的纵横十字线护桩测设,一个方向为此中线点位处的切线方向,另一个方向为此中线点位处的法线方向;护桩的个数一般为一个方向 4~5 个。

八、实训总结报告

实训外业完成后,每位学生应完成实训总结报告 1 份,记述自己实训的过程、体会、心得以及在测量知识上的收获。可参照如下格式:

(1)封面:实训项目名称、实训地点、起讫日期、班级、小组编号、编写人和指导教师姓名。

(2)目录。

(3)前言:说明实训的目的、任务和要求。

(4)内容:实训的作业方法、步骤、要求及成果等。

(5)总结:实训中遇到的问题、处理的方法、心得、体会、意见和建议等。

九、实训成果资料

(1)隧道放样原始记录(每小组 1 份)。

(2)曲线坐标成果表和放样数据表(每人 1 份)。

(3)曲线放样原始记录(每小组 1 份)。

(4)实训总结报告(每人 1 份)。

十、实训成绩评定

(1)实训成绩分为优、良、中、及格和不及格 5 个档次。

(2)有下列情况之一者,实训成绩记为不及格:

①凡严重违反实训纪律。

②缺勤天数超过 1 天以上。

③实训过程中发生打架事件。

④发生较大的仪器、工具、用具事故。

⑤私自提前回家。

⑥未交实训成果资料和实训总结等。

(3)评定实训成绩的依据

①测、算、绘的能力,仪器操作的熟练程度。

②实训任务完成的质量和数量,仪器、工具的完好情况。

③实训总结报告的编写能力,分析问题和解决问题的能力。

④每个同学的表现,实训考勤情况,遵守实训纪律的情况,吃苦耐劳的品质,团结协作的团队精神,以及指导教师在巡视和指导过程中,所了解和观察的情况。

⑤必要时进行的口试、笔试或仪器操作考试的成绩等。

附　录

测量实训的一般要求

一、课间实训须知

1. 准备工作

（1）实训前应阅读本指导书中的相应部分,明确实训的内容和要求。

（2）根据实训内容阅读书中的有关章节,明确基本概念和操作方法,使实训能顺利完成。

（3）按本实训指导书中的要求,准备好必备的工具,如铅笔、小刀等。

2. 要求

（1）遵守实训纪律,按时到达实训地点,注意聆听指导教师的讲解。

（2）实训中的具体操作应按指导书中的规定,如遇问题要及时向指导教师提出。

（3）实训中出现的仪器故障必须及时向指导教师报告,不可随意自行处理。

二、仪器与工具借用办法

（1）每次实训所需仪器及工具均在本指导书上写明,学生应以小组为单位于实训上课前向测量仪器室借领。

（2）借领时,各组依次领取仪器,并立即就地清点、检查仪器和工具,然后在登记表上填写班级、组别、日期、仪器、工具及借领人姓名。

（3）实训过程中,各组应妥善保护仪器和工具。各组之间不得随意调换仪器、工具。如果出现损坏或遗失仪器、工具的情况,将按照测量仪器室的有关规章制度处理。

（4）实训完毕后,学生应先将三脚架、钢尺、花杆、尺垫等仪器工具上的泥土清理干净后,再交还测量仪器室(经纬仪、水准仪等精密仪器在室外一般可不做清理),并配合测量仪器管理人员完成仪器工具的归还手续。

三、测量仪器、工具的正确使用和维护

1. 领取仪器时必须检查的内容

（1）仪器箱是否关妥、锁好。

（2）背带、提手是否牢固。

（3）三脚架与仪器是否匹配，三脚架各部分是否完好，联接仪器的联接螺钉以及控制架腿伸缩的螺栓是否正常。以防因三脚架未架牢而摔坏仪器，或脚架不稳定而影响测量精度。

2. 打开仪器箱时的注意事项

（1）仪器箱应平放在地面上才能打开仪器箱，不能把仪器箱托在手上或抱在怀里就开箱，以免摔坏仪器。

（2）开箱后，要观察仪器的安放位置与方向，以免用毕后不能将仪器安放在正确的位置而损坏仪器。

3. 自仪器箱里取出仪器时的注意事项

（1）无论何种仪器，在从箱中取出前一定要放松制动螺钉，以免在取出过程中因强行扭转而损坏仪器的制动装置、微动装置及仪器轴。

（2）从箱中取出仪器时，应一手握住照准部的支架，另一手托住基座部分，轻拿轻放，严禁仅用一只手抓仪器。

（3）取出仪器后，要即时盖好仪器箱，以免尘土进入箱内或丢失校正针、镜头笔、镜头盖、垂球等附件。

（4）取出仪器的过程中，注意不要触摸仪器的目镜与物镜，以免玷污光学透镜。

4. 架设安置仪器时的注意事项

（1）伸缩式三脚架的架腿抽出后，要使三脚架高度适中，并把固定螺钉拧紧，以防止因螺钉未拧紧致使脚架自行收缩摔坏仪器，但也不可用力过猛而造成固定螺钉滑丝。

（2）架设脚架时，三脚架分开的跨度要适中。不得太靠拢，三脚架不稳定，易被碰倒；分得太开容易滑开，都会造成事故。若在斜坡上架设仪器时，应使两条腿在坡下（可稍放长），一条腿在坡上（可稍缩短）。若在光滑的地面上架设仪器时，要采取安全措施（如用细绳将三脚架尖圈起来），防止脚架滑开摔坏仪器。

（3）在脚架安放平稳并将仪器放到脚架上后，要立即旋紧仪器与三脚架间的中心联接螺钉，避免仪器从脚架上掉下摔坏。

（4）仪器箱多用塑料、木质或薄铁皮等材料制成，不能承重，故不要蹬、踢、踩或坐仪器箱。

5. 仪器使用过程中的要求

（1）在阳光下或雨天作业时必须撑伞，防止仪器（包括仪器箱等）被日晒和雨淋。

（2）任何时候仪器旁必须有人守护。在野外作业完后仪器应随身带走，不可随意寄存在私人家中，以免损坏或丢失。

（3）如遇仪器目镜、物镜外表面蒙上水汽而影响观测，应稍等几分钟让水汽散发，严禁用手指或纸巾等擦拭。目镜或物镜上有灰尘时，可用镜头笔或镜头纸清除，不可用其他方法，以免玷污光学透镜。

（4）操作仪器时，用力要轻，动作要准确，各种制动螺钉不能旋得太紧。照准部转不动、各种螺钉拧不动或其他部件搬不动的，都不可强行进行，用力过大或动作太猛都会损坏仪器。

（5）仪器用毕装箱前应放松各个制动螺钉，装入箱内后要把仪器箱试盖一下，在确认安放正确后再将各制动螺钉旋紧，防止仪器在箱内自由转动而损坏某些部件。

（6）观测过程中，观测者的手和身体各部位不要接触脚架，以防破坏已有的对中和整平状态。观测时应一人独立操作，不能多人同时共同操作一台仪器。

（7）仪器的附件用后应放回箱内的固定位置，不可随意放置，以防丢失。在清点好箱内附件数量后，再将仪器箱盖上，扣紧并锁好。

6.常见工具的使用要求

（1）水准尺、花杆、棱镜杆等测量工具不能作为挂路的工具，也不能在地上拖行，要认识到其零端一旦被磨损，将会影响测量成果的精度。

（2）严禁用水准尺、花杆、棱镜杆抬仪器或其他东西，也不能坐在这些工具上面，否则将会导致变形弯曲。

（3）水准尺、花杆、棱镜不能随意靠在墙上、电杆上或树上，一般可平放在地上，以避免滑倒摔断摔坏。

（4）钢尺在使用时，要防止折断，收放时应特别注意。钢尺使用后，应将其擦拭干净，以防生锈或污染。

（5）对讲机、气压计、温度计、袖珍计算机、计算器等其他工具在使用过程中也要注意妥善保管，正确使用，防止丢失或损坏。

四、实训的记录要求

测量记录是将外业观测的结果记录下来，作为内业数据计算的原始依据，因此必须严肃、认真地对待，并严格遵守下述要求：

（1）记录必须有专门的记录格式，一般采用印制好的专用表格。

（2）观测数据必须直接记录在正式表格中，不得用其他纸张记录再行转抄。更不可记在仪器箱上、地面上等地方。

（3）记录均用铅笔（2H 或 3H），字体端正清晰，字体高度应稍大于格子的一半。

（4）观测者读数时应做到果断、规范、清晰、简洁，记录者应大声回读（重复观测者报出的读数）后才做记录，以防止观测者读错和记录者听错等错误。

（5）禁止擦拭、涂改和挖补。出现错误应将错误处用横线划去，并将正确的数字写在原数字的上方，并保持原来错误的数字清晰可辨。凡记录中有修改数字或成果作废时，均必须在备注栏中写明原因（如读错、记错、超限等）。

（6）记录时，各数字之间严禁连环更改。如已修改了后视水准尺的黑面读数，则不准修改后视水准尺的红面读数；已修改了某一目标的盘左水平度盘读数，则不准修改该目标的盘右水平度盘读数；已修改了一个原始读数，则不能修改由该读数计算得出的平均数；如果两个读数均错误，则应重新观测并重新记录。

（7）原始观测值的尾部读数不能修改，出现错误应将该观测值废去重测。废去重测的范围如附表1所示。

附表 1　重测范围

观测值类型	不准更改的部位	应重测的范围
水平角	分及秒的读数	一测回
竖直角	分及秒的读数	一测回
距离	厘米及毫米	一尺段
水准	厘米及毫米	一测站

（8）记录的数字应写齐规定的个数（位数），如水准尺读数 0.62 m 应读记为 0620，水平度盘读数 25°9′应读记为 25°09′00″。观测值记录数字的个数如附表 2 所示。

附表 2　记录位数

观测值类型	数字单位	记录数字个数
水准	毫米（mm）	4 个
角度的分	分（′）	2 个
角度的秒	秒（″）	2 个

（9）在对记录中的观测值进行计算的过程当中，还应注意计算值的取舍进位问题。一般采用四舍六入的方法，即当要取舍的数字小于 4 时就舍，数字大于 6 时就入。而当要取舍的数字是"5"时，则采取"奇进偶不进"的法则，即根据前一个数字是奇数还是偶数来决定取舍。当"5"的前一个数字是奇数时，则"5"可以进上去；当"5"的前一个数字是偶数时，则"5"可以舍去。例如，某 4 个距离的计算值为 43.248 3，32.690 6，27.331 5，102.470 5，在距离观测值保留到 mm（小数点后 3 位）的前提下，这 4 个计算值应为 43.248，32.691，27.332，102.470。

（10）每测站观测完毕后，必须在现场完成表格中的计算和检核，在确认计算正确并符合限差要求后，才可搬站。

参考文献

[1] 赵国忱,李孝文.工程测量[M].北京:煤炭工业出版社,2007.

[2] 黄国斌.建筑工程测量[M].北京:煤炭工业出版社,2004.

[3] 陈龙飞,等.工程测量[M].上海:同济大学出版社,1990.

[4] 张正禄,等.工程测量学[M].武汉:武汉大学出版社,2002.

[5] 陈学平,等.实用工程测量[M].北京:中国建材工业出版社,2007.

[6] 季德斌,邵自修.工程测量[M].北京:测绘出版社,1988.

[7] 中华人民共和国国家标准.GB 50026—2007 工程测量规范[S].北京:中国计划出版社,2007.

[8] 李天和,等.工程测量:非测绘类[M].郑州:黄河水利出版社,2006.

[9] 国家质量技术监督局.GB/T 18314—2001 全球定位系统(GPS)测量规范[S].北京:测绘出版社,2001.

[10] 李青岳,陈永奇.工程测量学[M].修订版.北京:测绘出版社,1995.

[11] 张国良,等.矿山测量学[M].徐州:中国矿业大学出版社,2000.

[12] 周建郑.建筑工程测量[M].北京:中国建筑工业出版社,2004.

[13] 中华人民共和国行业标准.SL197—97 水利水电工程测量规范(规划设计阶段)[S].北京:中国水利水电出版社,1997.

[14] 中华人民共和国行业标准.TB 10101—99 新建铁路工程测量规范[S].北京:中国铁道出版社,1999.

[15] 李正中,等.现代线路工程测量[M].北京:教育教学出版社,2002.

[16] 张正禄.工程测量学[M].武汉:武汉大学出版社,2002.

[17] 黄声享,等.变形监测数据处理[M].武汉:武汉大学出版社,2003.